Jahresringe

Günter Ludwig

JAHRESRINGE

Die Geschichte des Rohstoffes Holz

Verlag Die Wirtschaft Berlin

Inhalt

Prolog

Unter dem weiten Himmel des Erdenballs quoll das Leben in nahezu unendlicher Formenfülle fast über. Emporstrebende Pflanzen und schattenspendende Bäume – vereint in riesigen Wäldern – boten auf den Kontinenten einer artenreichen Tierwelt Raum. Aus den Ozeanen waren vor Jahrmillionen die ersten Lebewesen hervorgegangen und hatten das Land mühsam erreicht. Leben war überall, in den Lüften kreisten kühne Segler. Etwas Entscheidendes schien allerdings noch zu fehlen. Jemand müßte in der Lage sein, das gewaltige Schöpfungswerk zu durchschreiten, es erfassen und zum Nutzen seiner Artgenossen, ja aller Lebewesen auch beherrschen können.

Prometheus, der Sohn des erdgeborenen Japetos, ist bereit, diese Aufgabe zu übernehmen und die großartige Tat der Götter zu vollenden. Mit seinen Händen formt er aus Ton Gebilde nach dem Angesicht der Götter, mit allen guten und bösen Eigenschaften. Als die Arbeit getan ist, haucht Athene, die Göttin der Weisheit, den halbbeseelten Schöpfungen des Titanensohnes göttlichen Atem ein – die ersten Menschen sind entstanden. Aber Prometheus gerät bald in Sorge. Seine Geschöpfe sind hilflose Wesen. Mißtrauisch verfolgen die Götter im Olymp das Treiben des Prometheus. Sie verlangen Verehrung und Tribut. Wieder ist es der kluge Prometheus, der sich für das Wohl seiner

Geschöpfe einsetzt und dafür sorgt, daß die allmächtigen Götter nicht zu viel für sich in Anspruch nehmen. Von dem geopferten Stier erhalten die Fordernden zu Recht nur die weniger guten Fleischstücke und die Knochen. Göttervater Zeus ist erbost, will sich an dem Erdenvolk rächen. Sie sollen es nicht bekommen, das wärmespendende Feuer, das so unentbehrlich ist für ihr weiteres Gedeihen. Der Entschluß des Zeus trifft auch den Sohn Japetos' hart, doch weiß der auch jetzt wieder einen Ausweg. Er stiehlt das Feuer aus dem Olymp und bringt es den Menschen in einem ausgehöhlten holzigen Pflanzenstengel. Mit dem glimmenden Mark des Pflanzenholzes entfacht Prometheus den ersten Holzstoß. Seitdem ist das Feuer auf der Erde in Gebrauch. Die Götter grollen; die Menschen müssen mit ihrem Zorn leben und manche Prüfung über sich ergehen lassen. Doch am härtesten trifft die Strafe des Zeus den Sohn des Japetos. Man schleppt ihn in die Berge des Kaukasus und schmiedet ihn mit Ketten an eine Felswand. Dreißigtausend Jahre soll er dort schmachten. Täglich schickt Zeus dem gequälten Prometheus einen Adler, der die immer wieder nachwachsende Leber mit messerscharfem Schnabel herausreißt.

Choukoutien, etwa 40 km südwestlich von Peking, im ersten Viertel unseres Jahrhunderts. Am *Berg des großen Drachen* findet der schwedische Geologe Andersson bei Geländearbeiten, unweit von dem verschütteten Eingang einer Höhle, zertrümmerte Tierknochen und eigenartig zerbrochene Quarzsplitter. Die Splitter des harten Minerals können nicht auf natürlichem Wege auf das Kalksteinmassiv gelangt sein. An dieser Stelle müssen sich in grauer Vorzeit Urmenschen gelagert haben. Mit selbstgeschaffenen Werkzeugen haben sie hier die Jagdbeute zerlegt und anschließend ihren Hunger gestillt. Andersson ist seiner Umgebung völlig entrückt, er träumt: Kleine, sich mit fremden Lauten verständigende Menschen mit starker Körperbehaarung und hervortretenden Augenwülsten sitzen auf dem Boden, verzehren Fleisch ...

Die Vermutung, daß am Drachenberg Reste von Vorzeitmenschen zu finden seien, hat sich bewahrheitet. Schon bevor Andersson hier mit den Ausgrabungen begonnen hatte, waren immer wieder Stimmen laut geworden die behaupteten, daß die Spur der »Drachenzähne«, einer in chinesischen Apotheken angebotenen Wundermedizin, zu diesem Kalksteinfelsen führe. Reste von Fossilien, daraus bestand die geheimnisvolle Drachenmedizin. Einmal fand sich auch ein menschlicher Backenzahn darunter. So etwas müßte man finden, denkt der schwedische Gelehrte. Aber wo sind die Überreste der Urmenschen, auch sie sollten doch die vielen Jahrtausende überdauert haben?

Dem Schweden gelingt zunächst kein weiterer Fund, aber in dem Probenmaterial entdeckt man später einen weiteren menschlichen Zahn. Die Hoffnung, daß die Suche auch nach den Knochen der Urmenschen erfolgreich sein könnte, erfüllt sich, wenn auch erst nach einigen Jahren. Die zahlreichen Knochenfunde erweisen sich als die Reste eines bisher unbekannten Urmenschen, er erhält den Namen *Sinanthropus pekinensis.* Sechs Meter mächtige Schichten aus Asche und Holzkohle bezeugen, daß der *Chinamensch von Peking* an diesem Ort, der jahrtausendelang ein fester Wohnsitz gewesen sein muß, auch das Feuer zu nutzen wußte.

Man nimmt heute an, daß unsere frühen Vorfahren schon vor über 500000 Jahren den Gebrauch des Feuers für sich entdeckten und seine Erhaltung beherrschten. Bei Choukoutien ging das Feuer nicht aus. Frauen, Kinder und Greise müssen tagaus, tagein Holzstämme und brennbares Unterholz in großen Mengen aus den umliegenden Wäldern herangeschafft haben. Wollten die Höhlenbewohner auf die wohlige Wärme der zuckenden Flammen nicht verzichten, mußten sie ständig nachlegen. Bis der Mensch an jedem beliebigen Ort trockenes Holz zum Brennen bekam, verging sicherlich noch eine lange Zeit. Ein vom Blitz in Brand gesetzter Baum, von glühender Lava entfachtes oder bei hoher Trockenheit sich selbst entzündendes Unterholz, die damals lebenden Menschen konnten auf das Feuer in ihrer Umgebung zurückgreifen. Bevor das Schlagen, Reiben, Bohren und Sägen mit Hilfe von Stein, Holz und Zunder die Feuerherstellung wie für den modernen Menschen mit seinen Zündhölzern fast selbstverständlich wurde, half die Natur aus.

Dennoch: Der Prometheus der Menschheitsgeschichte war ein *Homo erectus*[1]. Mit dem ersten bewußten Verbrennen von Holz, dem damit möglichen Schutz vor umherstreifenden Raubtieren und der oft unerbittlichen Kälte war ein wichtiger Fortschritt in der Urgeschichte der Menschheit erreicht worden. Das Feuer, dem die Bedeutung als Licht der Vernunft und des Selbstvertrauens symbolisch zugeschrieben werden kann, befähigte den Menschen, sich selbst, also aus eigener Kraft, stärker weiterzuentwickeln. Die Götter, von denen die an den Anfang gestellte Sage aus der griechischen Mythologie erzählt, konnte sich der Mensch erst auf einem weit höheren geistigen Evolutionsniveau nach eigener Anschauung »schaffen«.

Das Holz war jedoch schon viel früher in Gebrauch. Bei der Nahrungssuche verwendeten die ersten Menschen einfache Holzstöcke, um nach Wurzeln graben zu können. Zu den ersten primitiven Waffen des Frühmenschen gehörten auch spitze Aststücke und Holzkeulen. Über dem Feuer konnten die Spitzen der hölzernen Lanzen gehärtet werden. Der *Homo erectus* verwendete dafür auch das besonders harte und elastische Holz der Eibe. Als er dann lernte, Feuer selbst zu erzeugen, begann die Entwicklung, die ihn später zum »Beherrscher der Natur« machen sollte.

Einige Völker sind diesen komplizierten Weg allerdings nicht zu Ende gegangen; trotzdem fügen sie sich in ihre natürliche Umgebung hervorragend ein. Wir meinen, daß sie sogar mit der Natur eine Einheit bilden, mit ihr verschmelzen, und nennen sie Naturvölker. Gemessen an unserem Stand der Technik, der Wirtschaft und der Wissenschaft befinden sie sich auf einem sehr niedrigen Niveau. Nehmen wir die Gruppe der Aborigines in Australien, die noch außerhalb oder in Reservaten zum großen Teil nach ihren alten Vorstellungen lebt, und beurteilen sie nach ihrem Wissen von der Erschaffung und dem Lauf der Welt. Sie sind vielleicht nicht mehr so typisch für das heutige Erscheinungsbild der Urbevölkerung angesichts der stärkeren Integration in die weiße Gesellschaft, aber es gibt sie noch. Sie stehen auf der Entwicklungsstufe ihrer Vorfahren, die mit überwiegend hölzernen Geräten und Waffen wie Lanze, Speer, Keule und Bumerang ihre Lebensweise an die extremen Umweltbedingungen angepaßt haben.

Im Bergland von Neuguinea fällen die Eipo noch heute Bäume mit Steinäxten. Lebten die Aborigines und Eipo wie andere Völker auch in jahrtausendelanger Isolation – in anderen Gegenden der Erde gab es, seitdem das Feuer in Gebrauch ist, aus vielfältigen Gründen einen immer umfassender werdenen Aufschwung in allen Lebensbereichen, bis hin zu den Maßstäben der hochtechnisierten Gegenwart. Dabei hat das Holz eine einzigartige Rolle gespielt. Sogar der Werkstoff Stein war bald ohne die Verwendung von Holz undenkbar. Steingeräte mit hölzernen Stielen konnten effektiver eingesetzt werden und waren einfach praktischer. Holz eroberte sich alle neuen Lebensbereiche des Menschen. Die Anfänge der Landwirtschaft waren ohne Grabstock und hölzernen Pflug nicht denkbar.

In vielen Gegenden wurden die Behausungen seit jeher nur aus einem Werkstoff gefertigt: aus Holz. Schließlich sind die ersten Transportmittel, mit denen größere Entfernungen auch mit Lasten problemlos überwunden werden konnten, mit Sicherheit ausgehöhlte Baumstämme oder floßähnliche Gebilde gewesen. Ohne Holz hätte sich auch der Boots- und Schiffbau nicht entwickeln können. Als die ersten Metalle mit Hilfe von Holz und Holzkohle geschmolzen wurden, nahm der Bedarf in den Zentren des altorientalischen Bergwerks- und Hüttenwesens erheblich zu. Rasch versiegten die Bestände der naheliegenden Wälder, und immer größere Entfernungen mußten überbrückt werden, um in den Besitz des Rohstoffs zu kommen. Je nachdem, wie die Machtverhältnisse gelagert waren, Holz wurde wie andere Rohstoffe im friedlichen Handel als Ware betrachtet oder als Tribut den unterworfenen Völkern abgefordert.

Der bedeutendste Holzlieferant der ersten Hochkulturen war das nahegelegene Libanongebirge. In den meist baumarmen Regionen des *fruchtbaren Halbmondes*

[1] Der aufrecht gehende Mensch. Der »Pekingmensch« heißt heute Homo erectus pekinensis.

bildeten sich an den Ufern der Flußtäler Mesopotamiens, Ägyptens und des Nahen Ostens Zivilisationshochburgen heraus, die zu den ältesten der Menschheit zählen. Holz gehört zu den meistverwendeten Rohstoffen und wurde bald zu einem begehrten Importobjekt. Expeditionen zu Wasser und zu Lande wurden ausgerüstet und an die östliche Küste des Mittelmeeres entsandt. Ohne den Holzreichtum des Libanon wären der Prunk mesopotamischer Paläste und Tempel, die gewaltigen Holzunterbauten der ägyptischen Königsgräber, die Innenausstattung der großen Pyramiden und die bis heute erhaltenen Mumiensärge nicht denkbar gewesen. In den Wäldern des Libanon wurden fast drei Jahrtausende lang immer wieder größere Bestände abgeholzt. Der Niedergang der Wälder setzte dort erst in der jüngeren Zivilisationsgeschichte ein.

Auch die geheimnisumwitterten Gestade der fernen Länder im Süden mit ihren exotischen Produkten wären sicherlich noch nicht so früh erreicht worden. Der große Holzbedarf der Tempel erklärt sich auch aus der Bedeutung, die dieser Naturstoff für die Religionen schon immer hatte. Das Holz des Baumes, der mit seinen Wurzeln fest mit der Erde verwachsen war und sich mit seiner Krone in den Himmel reckte, wurde zum Mittler zwischen den Göttern und den Menschen.

Einige Wälder wurden als Sitz der Götter angesehen, Baumgottheiten wachten über das Reich der Toten. Der in vielen religiösen Riten verankerte Baumkult schuf den »Baum des Lebens«, den »Baum der Erkenntnis«, den »Heiligen Baum«, den »Baum des Kreuzes« oder die »Weltenesche«.

Obwohl in der Antike das Metall in einigen Bereichen das Holz ablöste, blieb es besonders auf dem Lande der universale Werkstoff. Als Baumaterial für Wohnhäuser, Schiffe, Brücken und Straßenbefestigungen, als leicht beschaffbarer und zu bearbeitender Rohstoff für hauswirtschaftliche Geräte wie Webstuhl, Waagen, Pressen, Mulden und Tröge war Holz der Werkstoff schlechthin.

Die täglichen Gebrauchsgegenstände, Teller, Löffel, Schalen, Becher und Waffen wie Lanze, Pfeil, Bogen und Musikinstrumente fertigten sich die Landbewohner meist selbst aus Holz an. Es ist daher nicht verwunderlich, daß sich der abstrakte Begriff *Materie* von der griechischen Bezeichnung für *Holz* herleiten läßt. Große Mengen Holz benötigte auch der immer stärker um sich greifende Metallerzbergbau.

Den größten Schlag mußten die einst dichten Wälder Südeuropas jedoch hinnehmen, als auch hier Ackerbau betrieben wurde. Mit Feuer und Axt wurde der Waldboden kultiviert. Oft waren die Nährstoffe des Bodens schon nach wenigen Ernten erschöpft, und die Menschen holzten in anderen Gegenden Wälder ab. Erosion und Überweidung durch zahlreiche Schaf- und Ziegenherden verhinderten, daß sich die Wälder auf natürliche Weise regenerierten. Der griechische Philosoph Platon beschrieb den Boden seiner attischen Heimat als »Knochen eines ausgezehrten Leibes, von dem die besseren und weicheren Teile verschwunden sind und nur das blanke Gerippe übrigblieb.« Heute gehört diese Gegend noch immer zu dem über 5800 km langen Trockenwaldgürtel, der sich vom Nahen Osten über Anatolien entlang der nördlichen Küste des Mittelmeeres bis zur iberischen Halbinsel hinzieht.

Wo jetzt kahle Berge und krüppliger Busch der sogenannte Macchie vorherrschen, standen einst Eichenwälder und in höheren Gebirgslagen Buchen-, Tannen- und Kiefernwälder. Besonders die Römer haben einen sehr großen Anteil an der Entwaldung weiter Teile Südeuropas. Allein die Thermen verschlangen so gewaltige Mengen Holzkohle, daß es lokal sogar zu Schwierigkeiten bei der Brennholzbeschaffung kam.

Vor den dichten, unzugänglichen Wäldern des Nordens hatten die römischen Eroberer seit der Niederlage des Varus im Jahre 9 besonderen Respekt. Die riesigen Waldgebiete mit ihren Bergmassiven stellten für die Heere Roms ein ständiges Hindernis dar. Aus der Sicht der Römer war der Wald ein »Kulturhindernis«. Für die Völker jenseits der Alpen aber war der Wald nicht nur Rohstofflieferant und Jagdrevier, sondern auch ein natürlicher Verbündeter im Kampf gegen die drohende Romanisierung. Allein der völkerverbindende Handel überwand auf friedliche Weise die Naturbarrieren und führte zu einer stärkeren Belebung des Güteraustausches. Kelten, Germanen und Slawen hatten zu ihren Wäldern eine besondere Beziehung. Nachdem der Missionar Bonifatius die *Donareiche* gefällt hatte, Karl der Große die hölzerne *Irminsul* nach der Niederlage der Sachsen stürzen ließ und die Dänen die berühmte *Svantevit-Statue* zu Fall gebracht hatten, brachen die letzten Festen der alten heidnischen Glaubenswelt zusammen.

Wenn wir heute Braunkohlenbriketts oder Steinkohle verfeuern, ist uns nicht immer bewußt, daß wir die inkohlten Überreste von Wäldern vor uns haben, die vor vielen Millionen Jahren große Teile Mitteleuropas bedeckten. So weit reicht die Geschichte des Holzes zurück. Beeindruckend sind noch heute lebende Bäume, die ein erstaunlich hohes Alter besitzen. Einige Grannenkiefern auf den Hochlagen der nordamerikanischen Rocky Mountains haben sich schon als Sämlinge behauptet, als die Pharaonen in Ägypten den Bau der großen Pyramiden vorantrieben. Das sind natürlich Ausnahmen. Bei uns können Eichen allenfalls ein Jahrtausend überdauern, und der Eibe wird nachgesagt, daß sie 2000 Jahre alt werden kann. Die meisten Bäume sind bedeutend kurzlebiger und können vielleicht 500 Jahre erreichen. In zugänglichen Gegenden sind die Bäume allerdings schon in ferner Vergangenheit weit vor ihrer Altersgrenze und sogar vor Erreichen ihres optimalen Holzvolumens auf großen Flächen gefällt worden.

Nach der Völkerwanderung wurden in Mitteleuropa große Flächen urbar gemacht. Dort, wo man die fruchtbarsten Böden antraf, mußte der Wald dem Feldbau weichen. Die großen Rodungen des Mittelalters verdrängten die Laubwälder und schonten nur die Nadelwälder auf schlechten Böden, die einen effektiven Feldbau nicht gewährleisteten. Außerdem ließ die Viehweide die Wälder lichter werden. Im großen Stil wurden die Rodungen auch von den Mönchsorden, den Wegbereitern der Christianisierung, vorangetrieben. Mit dieser Bewegung ging die Feudalisierung einher, und immer mehr Wald, einst wenig beachtetes Niemandsland, kam in den Besitz der Grundherren. Holz wurde nun verstärkt für den Bau von Kirchen und Städten sowie für den Bergbau gebraucht. In dem Maße, wie Kaufleute mit dem Verkauf von Holz an das Ausland große Gewinne erzielten und Fürsten die Wälder als Jagdgebiete beanspruchten, verloren die Bauern ihre Nutzungsrechte. Holz war in Mitteleuropa zu einer begehrten Ware geworden, und das Wachstum der Wälder konnte vielerorts mit dem Einschlag nicht mehr Schritt halten. Aber der Bauer lebte mit dem Wald und von ihm. Da waren Konflikte unvermeidlich. Zur Zeit des deutschen Bauernkrieges war die Forderung nach gerechter Verteilung der Waldbestände und deren »Beholzung« Bestandteil der *Zwölf Artikel*.

Auch die Wirren der Kriege machen sich in den nächsten Jahrhunderten durch beachtliche Rückgänge in den Waldbeständen bemerkbar. Ernsthafte Bemühungen, das Wachstum der Wälder nicht mehr ausschließlich der Natur zu überlassen, werden immer stärker. Neue Belastungen schwächen die Wälder. Die Industrialisierung, die in England ihren Anfang genommen hatte, kommt ohne Holz nicht aus, obwohl die Steinkohle im 18. Jahrhundert die Holzkohle zu verdrängen beginnt. Der Zustand der Wälder ist besorgniserregend. Im Zeitalter der Aufklärung gibt es viele Vorstöße, die Wälder besser zu nutzen.

Erst als die Ideen der Französischen Revolution auch in Deutschland Früchte tragen und mit dem alten Heiligen Römischen Reich deutscher Nation auch die Kleinstaaterei untergeht, kann auch im Forstwesen neues Gedankengut zum Zuge kommen. Französische und deutsche Fachleute setzen Maßstäbe, die in zahlreichen Ländern der Erde bald Anwendung finden. Die ursprüngliche Waldnutzung mit dem ausschließlichen Holzabbau soll der Vergangenheit angehören; mit gezielten Aufforstungen beginnt jetzt der Mensch, in die natürliche Waldentwicklung einzugreifen. Holz wird überall gebraucht, es bleibt immerhin bis zum Ende des 18. Jahrhunderts der wichtigste Rohstoff für Bauwerke, Verkehrsmittel, Maschinen, haus- und landwirtschaftliche Geräte und auch im wesentlichen der Heizstoff für Gewerbe und Haushalt.

Nun ist die Zeit reif für moderne Methoden der jungen Forstwirtschaft. Der bewirtschaftete Wald besitzt jetzt alle Voraussetzungen für das rasche Aufblühen einer eigenen Holzindustrie, die uns noch heute den Bedarf sichert. Der moderne Mensch hat den Blick für die Schönheit des Waldes nicht verloren. Er sieht ihn heute ohne jegliche Verklärung und begreift immer mehr, wie die natürlichen Funktionen dieses vielschichtigen Ökosystems die Umwelt beeinflussen. So sind in der Kunst der Gebrauchswert und die Schönheit des Holzes seit jeher geschätzt worden, ist dieser natürliche Rohstoff in noch anderen Bereichen auch in Zukunft einfach nicht zu ersetzen. In unserer Zeit werden bereits Forstkulturen für die Zukunft konzipiert. Man läßt sich davon leiten, daß unsere Wälder eines Tages höhere Erträge als heute liefern können. Die industrielle Verwertung befindet sich in immer stärkerem Maße auf dem Wege von der konventionell-mechanischen zur effektiveren chemischen Verwertung.

Unsere Wälder haben viele Feinde. Schädlinge und witterungsbedingte Einflüsse wie Sturm und Brände verursachen jährlich Schäden in Millionenhöhe. Besorgniserregend sind auch die schädigenden Wirkungen der industriellen Rauchgase, die grenzüberschreitend die Wälder belasten.

Der Wald ist ein faszinierendes Ökosystem. Jahr für Jahr legt die Wachstumsschicht des lebenden Baumes, das sogenannte Kambium, einen neuen Ring um das alte Holz des Stammes. Die Anzahl und der Abstand der so gebildeten *Jahresringe* geben in unseren Breiten Aufschluß über das Alter und die Milieubedingungen der zurückliegenden Jahrzehnte und Jahrhunderte. So schreibt das Holz eigentlich schon seine eigene Geschichte und wird zum sichtbaren Zeugen der Vergangenheit.

Die Wirtschaftsgeschichte des Holzes ist mit der Geschichte der Wälder untrennbar verbunden. Schließlich sind diese Naturräume die Heimat des Holzes. In mehreren Sprachen kommt dieser innige Zusammenhang auch verbal zum Ausdruck. Das Russische und das Englische kennen für Holz und Wald jeweils nur einen Begriff: *les* und *wood*.

Die folgenden Kapitel sollen nun das Interesse des Menschen und seine Beziehungen zum Rohstoff Holz vom Altertum bis in die Gegenwart näher betrachten. Das Holz und mit ihm folglich der Wald haben dabei die unterschiedlichsten Rollen gespielt. Besonders stark ist das Schicksal der Wälder von ihren sich abwechselnden Besitzern beeinflußt worden. Je nachdem, wie der gesellschaftliche Entwicklungsstand die Rahmenbedingungen vorgab, waren die grünen Holzreservoire zum Teil ausschließlich Rohstofflieferanten, Kulturhindernisse, Jagdreviere, begehrte Spekulationsobjekte, Wirtschaftsregionen und Erholungsräume. Mit den wachsenden Ansprüchen des Menschen haben die Wälder mehrere Funktionen gleichzeitig übernehmen müssen und sind dabei selbst nicht selten in Bedrängnis geraten.

Heute wissen wir, daß sich der globale gesellschaftliche Entwicklungsstand im Zustand der Wälder auf unserer Erde widerspiegelt. Nicht nur Schönheit und Wachstum, sondern auch Versäumnisse, überholtes Gedankengut, widerstrebende Faktoren werden uns unverschlüsselt vor Augen geführt. Wieder verhilft das Holz zu umwälzenden Erkenntnissen! Damit zusammenhängende Zukunftsängste können nur an Macht gewinnen, wenn wir uns die Situation auf unserem »Raumschiff Erde« nicht ausreichend bewußt machen. Hier hilft eine genaue gesellschaftliche Analyse aller Hintergründe, um den Blick klar in die Zukunft richten zu können.

Pieter Bruegel hat 1565 ein Gemälde fertiggestellt, das zum Nachdenken anregen kann. Sehen wir uns das Bild auf dem Farbinnenteil (Seite 150) an und lassen die darin enthaltene Botschaft auf uns wirken. Eingebunden in den Zyklus der Jahreszeiten und unbeirrt von der stürmischen Witterung des düsteren Frühlingstages bewegen sich Bruegels Bauernfiguren. Ihr Tun erscheint uns sinnvoll und notwendig. Mit fast spielerischer Fröhlichkeit, aber selbstbewußt gehen sie zu Werke und versorgen sich mit dem Rohstoff, ohne den ihr und auch unser Leben sicherlich nicht denkbar wäre.

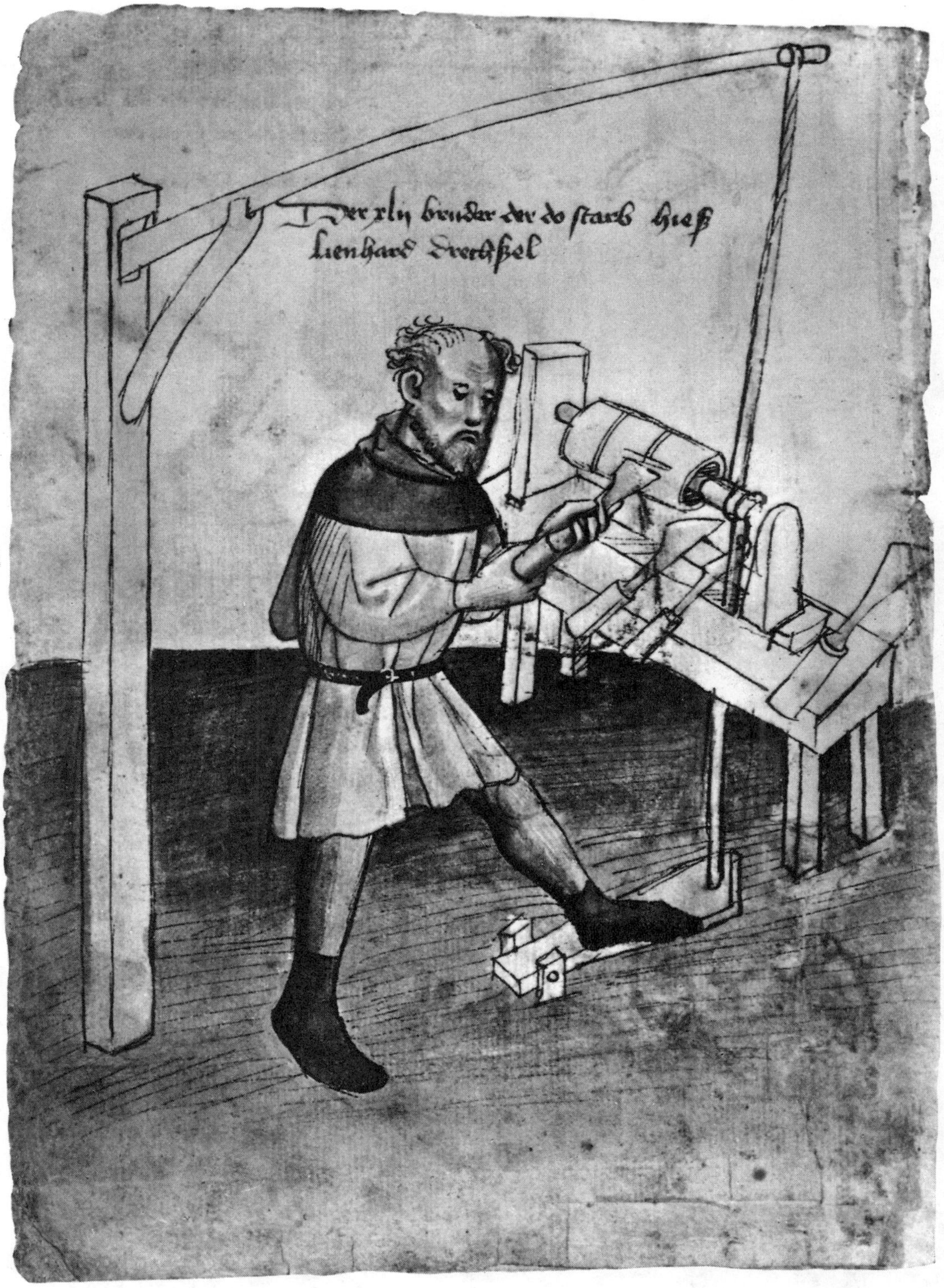

Die Holzbearbeitung
war im Mittelalter hochspezialisiert:
Holzspielzeugmacher.
Aus dem Ständebuch von 1688.

DE RE METALLICA

Sed de machinis tractorijs ſatis: nunc dicā de ſpiritalib. Cùm puteus fuerit ualde profundus ad quē nullus cuniculus, nulláue foſſa latens ex altero pu- teo pertinet: aut cuniculus admodū longus ad quē nullus puteus pertingit, tunc aer, ꝙ extenuari nō poſſit, foſſoribus craſſus offunditur, atq; difficulter ſpirant

An der wiederaufgestellten Holzwand der jüngeren Burg von Behren-Lübchin ist erkennbar, wie die Zapfen jeder einzelnen Bohle durch einen angespitzten Ankerbalken gesichert sind. Eine spezielle Riegelkonstruktion sorgt für zusätzliche Stabilität.

Ohne den Werkstoff Holz konnte der Bergbau über und unter Tage sich nicht entwickeln. Die Abbildung zeigt die sogenannte Böhmische Kunst, beeindruckende Fördertechnik aus dem 16. Jahrhundet. Aus: Georg Agricola- De re metallica, Basel 1556.

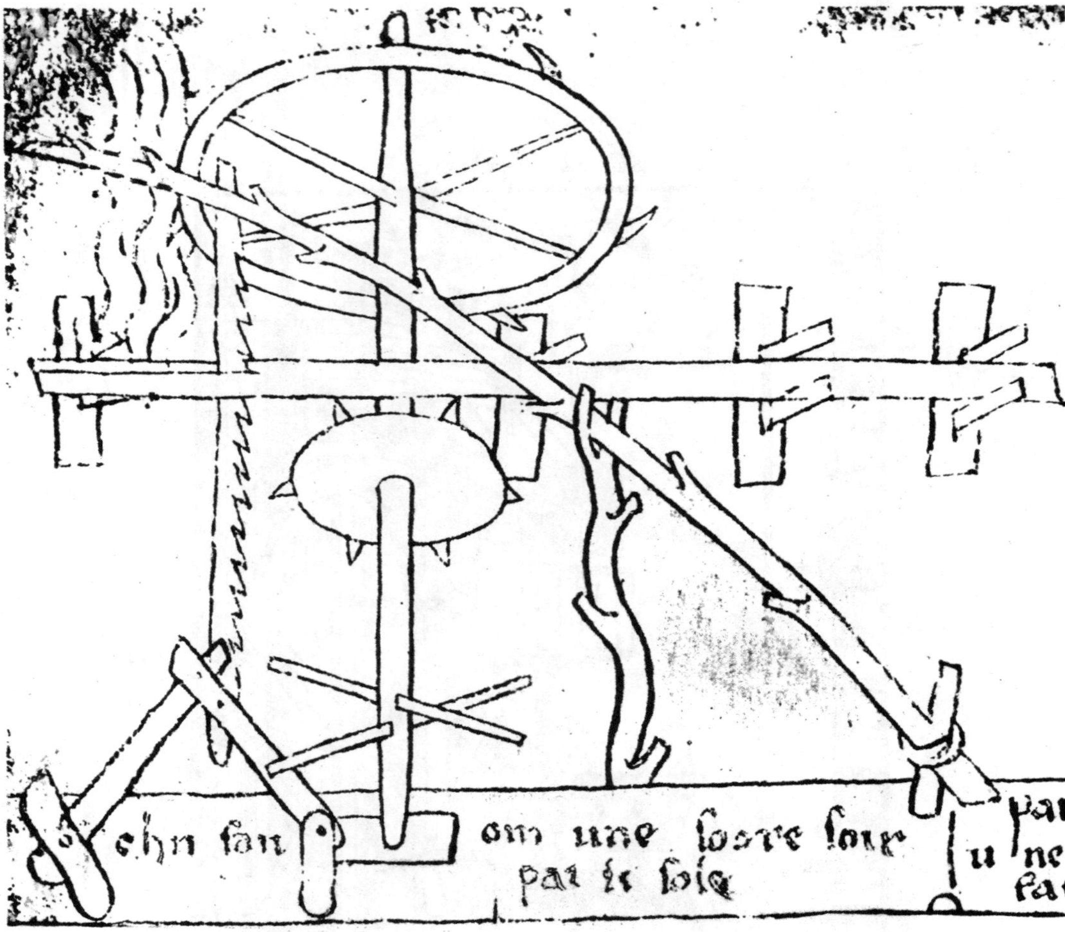

Roden und Siedeln im »Sachsenspiegel« des 13. Jahrhunderts.

Der Entwurf eines automatischen Sägewerks, um 1245.

Der »Ständebaum«
demonstriert den Aufbau der feudalen Gesellschaft.

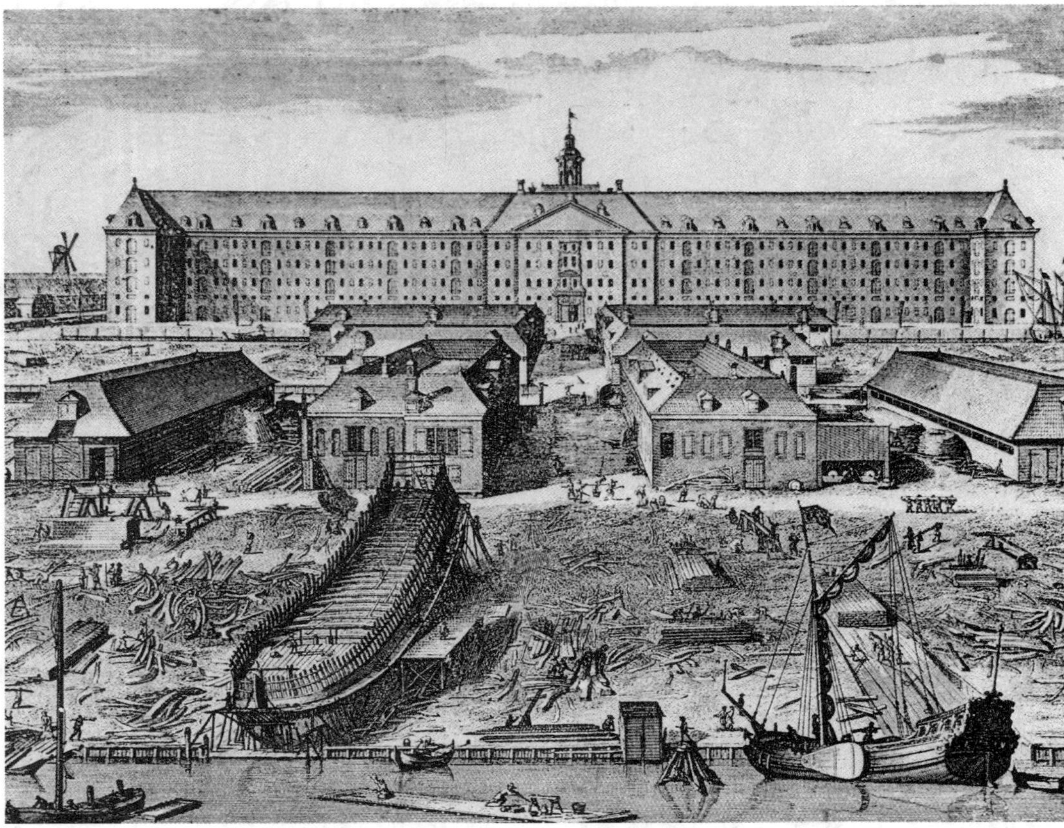

Schiffbau auf einer Werft der ostindischen Kompanie.
Quelle: Pflugk-Hartung, Weltgeschichte.

Oberberghauptmann
Johann Carl von Carlowitz (1645–1714).

In Notzeiten war das Holz der Umgebung meist die einzige verfügbare Energiequelle, wie diese Darstellung aus dem 19. Jahrhundert so eindrucksvoll zeigt.

Friedrich Wilhelm Leopoldt Pfeil (1783–1859) inmitten seiner Eberswalder Schüler.

Vor über 100 Jahren wurde
von Prof. Dr. A. Stöckhardt, Tharandt,
die Rauchschadensforschung begründet.

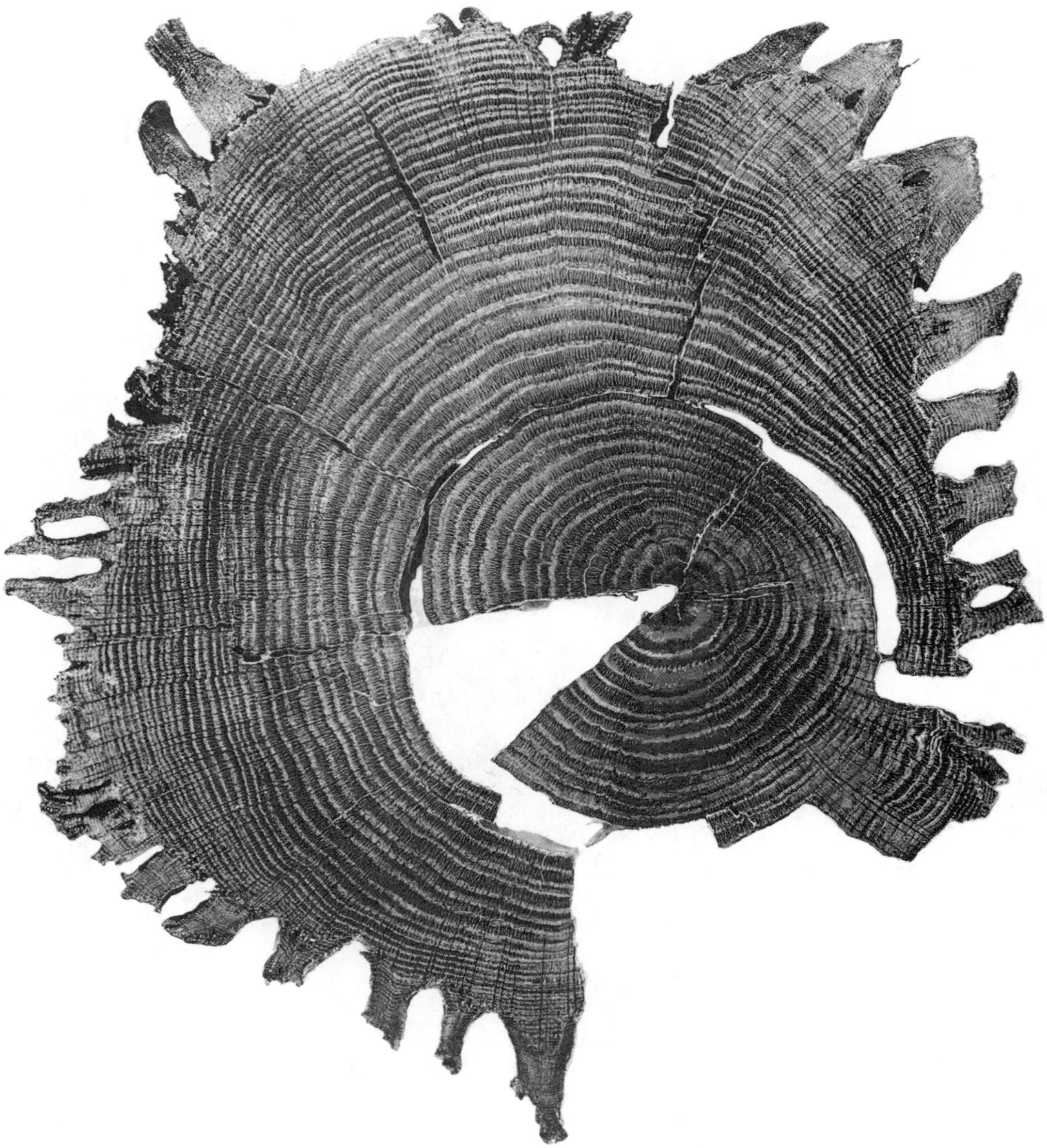

Die Dendrochronologie
kann mit jahrgenauen Daten arbeiten.
Im Jahre 17. v. u. Z. wurde diese 91jährige Eiche
für den Brückenbau gefällt.

Erstes Kapitel

IM ZEICHEN DER ZEDER

Gilgamesch richtete seine Sehnsucht auf das »Land des Lebens«, sein ganze Sehnen und Trachten ging dahin, seinen Namen wie den der Götter zu machen. Uns so beriet er mit seinem Freunde und Gefährten Enkidu, wie es ihm ums Herz war. Enkidu aber riet ihm, sich an Utu zu wenden. Denn das »Land des Lebens«, das »Land des Zedernschlags«, konnte er ohne Zustimmung von Utu nie erreichen. Da wandte sich Gilgamesch an Utu. Er opferte ihm ein weißes und ein braunes Zicklein und trug ihm seinen Wunsch vor, in das »Land des Lebens« zu gelangen. Utu aber ward durch das Opfer und die schöne Rede des Gilgamesch sehr gnädig gestimmt und versprach ihm seinen Beistand. Gilgamesch aber suchte sich unter Kampfgefährten all jene aus, die ohne Heimat waren und kein Elternhaus kannten. Mit ihnen zog er hin gen Westen in das Land des Zedernschlags. Utu aber half ihnen auf ihrem Marsche über die Berge. Nachdem sie den siebenten Berg überwunden hatten, standen sie vor dem Berg mit dem Land des Lebens. Da fiel Gilgamesch in einen tiefen Schlaf. Als er nach einem merkwürdigen Traum wieder erwachte, standen Enkidu und seine Gefährten vor ihm. Sie hatten vor, wieder umzukehren. Denn unheimlich war ihnen Huwawa, der Wächter im Lande des Lebens, geworden. Aber es gelang Gilgamesch seinen Freund davon zu überzeugen, allein mit ihm den

Weg fortzusetzen. Als sie dann den Wald betreten hatten, bemerkte Huwawa ihre Ankunft schon von weitem. Sieben Bäume mußten sie fällen, bevor sie in das innere Gemach des Wächters vordrangen. Gilgamesch erbarmte sich des um Gnade flehenden Huwawa und beschloß, ihm das Leben zu schenken. Aber Enkidu widerstand ihm und dachte an die Folgen, denn er traute der Reue des Huwawa nicht. Dieser merkte es wohl und ereiferte sich gegen den mitleidlosen Enkidu, ohne jedoch Erfolg zu haben, denn die Helden töteten Huwawa und kehrten mit seinem Haupte zurück und brachten es vor Enlil und Ninlil.

Beeindruckende und ausgedehnte Bestände müssen die Bäume östlich des Tigris und im Amanusgebirge vor über 4500 Jahren gebildet haben, um als *Land des Lebens* ihrem Namen gerecht zu werden. Das kraftstrotzende, nahezu unversiegbare Wachstum dieser Wälder wird damals die scheinbare Existenz ewigen Lebens besonders verdeutlicht haben. Ewiges Leben, danach soll der Held Gilgamesch gesucht haben. Unsterblich wie die Götter, diese Eigenschaft wollte er im *Land des Lebens* für sich erringen. So berichten keilschriftliche Überlieferungen aus dem alten Mesopotamien. Da wird von dem Sieg des Gilgamesch über den Wächter des Zedernwaldes, aber auch von dem Tod des Gefährten Enkidu und dem endgültigen Scheitern seines sehnlichsten Wunsches erzählt. Die Götter duldeten keine Eigenmächtigkeiten, auch die Herrscher nicht, die in ihrem Namen regierten. Holz aus dem Zedernwald aber wurde gebraucht.

Bei den Sumerern und Altbabyloniern werden die ersten Handelszüge in die Zedernregionen[1] einen unauslöschlichen Eindruck hinterlassen haben. Das ist nicht verwunderlich, denn diese immergrünen Nadelbäume können zwei- bis dreitausend Jahre alt werden, erreichen Durchmesser von über 2 m und werden bis zu 30 m hoch. Die Schilderungen der Reisenden fanden ihren Niederschlag in einem der ältesten Heldengedichte der Menschheit, dem Gilgamesch-Epos. Legende und Wirklichkeit vereinen sich in der Gestalt des Recken Gilgamesch. Es ist unklar geblieben, ob Gilgamesch als König von Uruk um 2700/2600 v. u. Z. wirklich gelebt hat oder ob er auch eine Geburt der Sage ist.

Erst von einem späteren Stadtkönig ist durch Überlieferung belegt, daß Bauholz aus dem Amanusgebirge bezogen wurde. Holz gehört zu den begehrtesten Rohstoffen in der baumlosen Schwemmlandebene Mesopotamiens. Nicht nur der Boots- und Schiffbau war von den Holzlieferungen existentiell abhängig. Noch mehr Holz benötigten die Baumeister für die prachtvollen Monumentalgebäude der Herrscher, und so floß das Holz aus den bewaldeten Gebirgsregionen wie ein unendlicher Strom über Jahrhunderte in die Zentren des Zweistromlandes. Doch das Schicksal des reichen Zedernlandes, das auch treffend *Land des Zedernschlags* genannt wurde, war vorgezeichnet. Raubbau und andere schädigende Einflüsse schufen trostlose, öde Flächen, wo einst mächtige Bäume standen. Neue Waldgebiete mußten gefunden werden, denn der Bedarf an Hölzern blieb weiterhin sehr groß. Mesopotamische Überlieferungen des 2. Jahrtausends v. u. Z. siedeln den Zedernwald im Libanon an. Lange bevor im *Land des Lebens* Händler aus dem Zweistromland auftauchten, hatten die Ägypter auf dem Seewege die Küste des heutigen Staates Libanon erreicht und waren bis zu den Zedernwäldern vorgedrungen. In der baumlosen Niltalebene herrschte zu allen Zeiten eine starke Nachfrage nach Holz.

[1] In altorientalischen und antiken Texten ist der Begriff Zeder (Cedrus libani) auch auf andere Holzarten übertragen worden.

Schiffe für den Pharao

In irgendeinem Sommer vor mehr als 4500 Jahren wird es gewesen sein ... Mehrere ägyptische Schiffe, aus Sykomoren[2] und kurzem Akazienholz zusammengedübelt, werden von geschäftigen Sklaven zum Auslaufen klargemacht. Das Ziel der Reise sind die Wälder nordöstlich des Reiches. Eine weite Reise – dazu muß das Meer befahren werden. Mit kritischen Blikken beobachten Aufseher die letzten Handgriffe an dem mächtigen Tauwerk, das den gesamten Rumpf jedes einzelnen Schiffes umgibt. Es sind vor allem die Seile und Stricke, die den ersten Seeleuten des Mittelmeeres ein Gefühl der Sicherheit geben werden. Sie halten die kurzen Planken zusammen und spannen den gesamten Schiffskörper wie einen Bogen.

Mit Stürmen ist zu dieser Jahreszeit nicht zu rechnen, aber die Fahrt auf dem einheimischen Strom ist mit einer auf dem »Großen Wasser« sicherlich nicht zu vergleichen. Auf dem Meer füllt eine kräftige Brise die Segel und bringt die kleine Flotte gut voran. Das Land bleibt in Sichtweite, und nach insgesamt fünf Tagen Fahrt ist man am Ziel. Hier strecken die majestätischen Bäume ihre Stämme hoch in den Himmel und verbreiten einen angenehmen Duft. Die Zedernwälder sind erreicht. Beeindruckt und anfänglich nicht ohne Furcht betreten die Seeleute die ungewohnte Landschaft.

Die Fahrt auf dem Mittelmeer war für die Ägypter ohne Gefahren; die frühe Seefahrt übte sich ohnehin ausschließlich in der Küstenschiffahrt. Nur im Winter tobten Stürme und zerwühlten die Wasseroberfläche. Die erste große ägyptische Flottenexpedition in das Land der Zedern, die uns schriftlich überliefert ist, wurde etwa um 2500 v. u. Z. unternommen. Zu dieser Zeit regierte Snofru, der erste Pharao der 4. Dynastie. König Snofru, der Vater des Cheops, der als Bauherr der ersten geometrisch korrekten Pyramide in die Geschichte des Alten Reiches eingegangen ist, besaß eine unvorstellbare Machtfülle. Snofru verfügte frei und absolut über sein Amt, selbst die Schlüsselpositionen des Obersten Richters und des Obersten Beamten waren noch kein Privileg des Aristokratengeschlechts.

Doch ungeachtet der großen Machtkonzentration wuchsen die Widersprüche, zu weit war die »göttliche Ordnung« von den Interessen und Bedürfnissen des unterdrückten Volkes entfernt. Außenpolitisch gab sich Pharao Snofru sehr aggressiv. Die innere Festigkeit des Staates verband er mit bedeutenden Eroberungen. Feldzüge nach Nubien und Libyen erbrachten nach den Überlieferungen über 8000 Gefangene und 200000 Stück Vieh. Aus Phönikien, der Heimat der berühmten Zeder, ließ er Holz auf dem Seewege nach Ägypten einführen.

Eine Tafel aus hartem, schwarzem Diorit, die im Museum von Palermo aufbewahrt wird, gibt Aufschluß über die Holzexpedition aus der Zeit des Pharao Snofru. Folgender Text ist für alle Zeiten in Stein gemeißelt worden: »Wir brachten vierzig Schiffe beladen mit Zedernstämmen/ Wir bauten Schiffe aus Zedernholz/ Ein ›Lob der zwei Länder‹ – Schiff von 50 Metern Länge/ und aus Meru-Holz zwei Schiffe, 50 Meter lang/ Wir machten die Türen des Königspalastes aus Zedernholz«. Bei der Anzahl der Schiffe gehen die Historiker davon aus, daß die Besatzungen vielleicht bis zu 4000 Mann stark waren. Ohne daß von einer militärischen Aktion im eigentlichen Sinn gesprochen wurde, mußten zahlreiche Bogenschützen die Arbeiten in den Wäldern sichern. Auf eine Eroberung der küstennahen Gebiete haben die Ägypter offensichtlich weitgehend verzichtet.

Einheimische Arbeitskräfte benötigte man nicht, denn Sklaven aus dem Pharaonenreich verrichteten das kraftraubende Fällen der Bäume. Im Umgang mit den Anwohnern der dünn besiedelten Küste vermieden die Ägypter jede Willkür, denn die Schiffsführer mußten auch an die Rückfahrt denken. Das hieß in erster Linie, den Proviant für die großen Besatzungen zu sichern. Wegen ungünstiger Windverhältnisse konnte sich die Heimreise bis zu zehn Tagen ausdehnen. Ohne die Bereitschaft der Einheimischen, mit den Ägyptern Handel zu treiben, war die Aussicht auf Erfolg gering. Das ging nur ohne Gewalt – zu schnell wären sonst die Küstenbewohner mit ihrer Habe in den unzugänglichen Bergen verschwunden. Von Anfang an pflegten die Ägypter auch zu

[2] Das Holz des ägyptischen Feigenbaumes (Ficus sycomorus) diente wegen seiner Widerstandsfähigkeit gegen Feuchtigkeit auch zur Herstellung von Mumiensärgen. Als Fruchtbaum durfte er jedoch nicht uneingeschränkt geschlagen werden.

den Herrschern der Hafenstadt Gubla[3], die bereits im 3. Jahrtausend v. u. Z. einen ihrer Höhepunkte durchlebte, ein gutes Verhältnis. Ägyptische Votivgaben und Geschenke sollten Götter und Stadtfürsten zufriedenstellen. Das Hinterland von Gubla (Byblos) war in jener Zeit sehr waldreich und wird wohl das älteste und bedeutendste Gebiet des ägyptischen Holzimports an der Mittelmeerküste gewesen sein. Der Handel mit Byblos und den anderen Städten an der Küste Phönikiens war schon lange in Gang und wurde stetig ausgebaut. Handelsschiffe, auch wenn sie das Rote Meer befuhren, erhielten den Namen Byblosschiffe. Gold und Gewürze aus Nubien, Kupfer und prächtige Türkise aus den Sinai-Bergwerken, Leinen und Elfenbein wurden hier gehandelt. Die Waren fanden ihren Gegenwert nicht nur in Bauholz und Lederwaren, sondern auch im Silber vom Taurus-Gebirge und glasierten Vasen von Kreta. Byblos lieferte außerdem die großen Mengen an Harz, die für den Totenkult gebraucht wurden. Die 40 Schiffe des Pharao Snofru haben sicherlich außer Holz auch andere Waren in den Heimathafen zurückgebracht. Angesichts des riesigen Aufwandes an Schifffen und Menschen erscheint die mitgebrachte Holzmenge nicht sehr groß. Aber das ist auch nicht verwunderlich. Bei dem großen Eigengewicht der Schiffe blieb die Fracht von vornherein begrenzt. Auf große Besatzungen, die schwere Ruder bedienten, konnte auch nicht verzichtet werden, denn auf der Rückreise nach Ägypten erschwerten die Strömung und auch der Wind die Fahrt der Schiffe. Nach den Angaben des »Palermosteins«, des ältesten Zeugnisses der Holztransporte, sind außer den Palasttüren nur drei Schiffe gebaut worden. Schiffe aus kostbarem Holz können allein dem Pharao als repräsentative Fahrzeuge gedient haben. Für Handels- und Frachtschiffe wurden lediglich spezielle, stark beanspruchte Teile aus Zedernholz gefertigt. Die importierten Hölzer schufen bald die Voraussetzungen für umwälzende Neuerungen im Schiffsbau. Die kiellosen Schiffe der Ägypter benötigten kräftige Steuerruder. Auch hierbei bewährte sich besonders das Holz der Zeder, denn im Wasser war es sehr haltbar. Für die Masten eignete es sich weniger, dafür war es einfach zu schwer. Die *Aleppokiefer* (PINUS HALEPENSIS) und die *Kilikische Tanne* (ABIES CILICICO), die auch aus diesen Wäldern stammten, leisteten dabei gute Dienste. 1954 wurde am Fuß der gewaltigen Cheopspyramide[4] ein einmaliger Fund gemacht. Ausgräber brachten das »älteste erhalten gebliebene hölzerne Wasserfahrzeug der Welt« ans Tageslicht. Beim Bau des Cheops-Schiffes sind schon über 20 m lange Zedernholzplanken verwendet worden. Die Planken blieben allerdings auch weiterhin ohne Metallteile miteinander verbunden.

Einen sehr großen Teil des Libanonholzes verarbeiteten ägyptische Handwerker für die prunkvollen Innenausstattungen der Tempel. Bereits das Fällen der Zedernbäume gehörte zum religiösen Ritus. »Es ist das Holz, das er (der Gott Amun) liebt,« läßt Tutmosis III., über tausend Jahre nach der ersten großen Zedernexpedition des Pharao Snofru, verkünden. Nach dem Tode seiner königlichen Stiefmutter Hatschepsut setzte er als Alleinherrscher die Truppen nach Palästina und Syrien in Marsch. Die Königin Hatschepsut, einerseits unfähig das Heer zu führen, andererseits nicht gewillt, die Macht ihres Stiefsohnes zu vergrößern, ist durch eine friedliche Mission in die Geschichte eingegangen. Die Reise nach Punt, dem fernen Land an der Küste des heutigen Somalia, war ein großer Erfolg. Nach Theben kehrten vollbeladene Schiffe aus dem »Gottesland« Punt zurück. Wohlriechende Harze, wertvolle Hölzer, darunter große Mengen Ebenholz, Weihrauch, Elfenbein, Leopardenfelle, Affen, Hunde und vieles mehr wurde der Königin Hatschepsut zu Füßen gelegt. Aus Dankbarkeit opferte man Aman, dem König der Götter, allerlei Kostbarkeiten wie Gold, Silber und edle Steine. Fahrten nach Punt sind auch schon im Alten und Mittleren Reich unternommen worden.

Als die fremden Herrscher Ägyptens besiegt waren, strotzte das Reich am Nil vor Reichtum und ging einer neuen Blütezeit entgegen. Unter Tutmosis III. erreichte das ägyptische Reich seine größte Ausdehnung und erstreckte sich vom 4. Nilkatarakt in Nubien bis zum Euphrat. Die Prunkentfaltung bei Hof schuf wieder eine starke Nachfrage nach Hölzern. Der Pharao ließ die Zedernwälder von Byblos zur königlichen Domäne erklären. In jedem Jahr gelangten Zedern und andere Bäume

[3] Bekannter ist die griechische Bezeichnung Byblos; heute Djebel, etwa 30 km nördlich von Beirut gelegen.

[4] Pharao Cheops, der Sohn des Snofru, regierte etwa 2545–2520 v. u. Z.

pünktlich an den Hof. Königsschiffe wurden im Libanon gebaut und, reichlich gefüllt mit anderen Tributen, zur Metropole am Nil gebracht.

In diesem Zusammenhang muß man wissen, daß nach altägyptischer Ideologie alle Länder außerhalb des Reiches Untertanen des Gottes Amun-Re waren. Handelsbeziehungen, auch wenn man sie auf der Grundlage des gegenseitigen Vorteils unterhielt, verstanden die Ägypter als Tributleistungen. Eine wirtschaftliche Ausplünderung des Holzlandes mit allen negativen Folgen lag nicht im Interesse der Ägypter. War die Macht der Pharaonen groß, konnte die starke Position Ägyptens andere Konkurrenten im Holzgeschäft oder generell im Handel ausschalten. Die aufwendigen Zedernexpeditionen in den Libanon wurden eingestellt.

Der Bau von Schiffen im Ursprungsland des Holzes gestaltete sich rentabler. Zur Zeit des achten Feldzuges in Asien ließ Tutmosis III. zahlreiche Kampfschiffe aus Libanonhölzern von sachkundigen Bauleuten zimmern. Diese Schiffe, vermutlich waren es größere Ruderboote, mußten erst einmal einen Landweg von ungefähr 350 km auf sich nehmen, um in die Nähe ihres Einsatzortes zu gelangen. Ochsenkarren sollen nach überlieferten Inschriften den Transport der Schiffe vom Libanon bis zum Euphrat unter großen Mühen übernommen haben. Das Holz, das in die Städte am Nil kam, wurde in zahlreichen Werkstätten von Schnitzern, Tischlern und Zimmerleuten zu den unterschiedlichsten Produkten verarbeitet. Gebraucht wurde eine ganze Reihe von Hölzern: Zypresse, Zeder, Ebenholz, Ulme, Eibe, Esche, Kiefer, Tanne, Sykomore, Buchsbaum, Dattelpalme, Tamariske, Wacholder, Eiche, Buche und Birke. Mit einfachen, aber wirkungsvollen Geräten wie Säge, Stechbeitel, Dechsel (Queraxt) oder Drillbohrer bewiesen die alten Ägypter bereits eine hohe Kunstfertigkeit in der Holzbearbeitung. Bei der Herstellung von Prunkmöbeln wurden sogar Furnierarbeiten ausgeführt. Die Oberflächen wurden von Kunsthandwerkern mit feinem Sandstein poliert. Eine besonders kunstvoll gestaltete Holzskulptur einer Königin entstand zur Zeit der 18. Dynastie um 1365 v. u. Z. Königin Teje, die Hauptgemahlin des Pharao Amenophis III. und Mutter des thronfolgenden Sohnes Amenophis IV. (Echnaton), hat über zehn Jahre selbst die alleinige Macht ausgeübt. Das im Laufe der Jahrtausende gedunkelte rötliche Eibenholz gibt ungeschminkt die strengen Züge dieser einst schönen und einflußreichen Frau im ägyptischen Reich wieder.

Der Holzmangel blieb ein schwacher Punkt in der ägyptischen Wirtschaft. Ägypten brauchte nach wie vor Holz in großen Mengen, vor allem für die Grabstätten der Toten[5]. Schon lange wurden auch die Wohlhabenden in kastenförmigen Zedernholzsärgen bestattet. Unterirdische Grabanlagen mit zum Teil hölzernen Decken in verschiedenen Ausmaßen unterstrichen die gesellschaftliche Stellung, die der Tote zu Lebzeiten besessen hatte. Somit erhielten auch die reichen Untertanen für das Jenseits eine angemessene feste Wohnstätte. Die auf den Innenseiten der Särge abgebildeten Gegenstände, angefangen vom Handspiegel bis zu Pfeil und Bogen, sollten den Verstorbenen mit Hilfe der Magie ständig zur Verfügung stehen. Zum Totenkult gehörte es auch, daß von den Angehörigen regelmäßig Speiseopfer dargebracht wurden. Im Ägyptischen Museum in Berlin befindet sich unter zahlreichen Holzexponaten der hölzerne Opferkasten des Sen aus der Zeit des Mittleren Reiches. Besucher sind immer wieder überrascht, wenn sie die mehrere tausend Jahre alten Gegenstände aus Holz betrachten. Neben der vorzüglichen Erhaltung fällt sofort die Frische des Holzes an den unbemalten Stellen der Särge auf. Eigentlich sehen sie eher wie Nachbildungen aus und sind doch echt. Dieser Umstand ist nicht nur der Haltbarkeit, insbesondere der Zeder oder anderer Hölzer, sondern vor allem den besonders günstigen klimatischen Bedingungen, der großen Trockenheit im Niltal, zu verdanken.

[5] Über die Friedhöfe hielt die Göttin Hathor ihre schützenden Hände. Im Alten Reich war sie in Unterägypten auch Baumgöttin.

Zu Beginn der 21. Dynastie (um 1080 v. u. Z.) begibt sich der Beamte Wenamun aus dem oberägyptischen Theben im Nildelta an Bord eines Schiffes, das ihn zum »großen syrischen Meer« bringen soll. Die Reise geht wieder einmal ins Zedernland. Wenamuns Mission steht unter einem besonderen Zeichen. Für die Erneuerung der Tempelbarke des Gottes Amun-Re und für den Innenausbau der Gotteshäuser wird dringend kostbares Holz (Zeder und Tanne) aus dem Libanon benötigt. Von den bevorstehenden Schwierigkeiten und Demütigungen ahnt der Würdenträger des Amuntempels noch nichts. Bisher verlief alles planmäßig. Das Empfehlungsschreiben, das er in Theben vom König und Hohepriester Herihor erhalten hat, verfehlte in der unterägyptischen Stadt Tanis nicht seine Wirkung. Hier, im Machtzentrum des Königs Smendes, war er freundlich aufgenommen worden. Wenamun ist mit sich zufrieden. Seine Mission wird gelingen, schließlich ist er ein Abgesandter des Gottes Amun-Re. Mit den Mächtigen in Byblos wird er schon fertig werden.

Gewiß, die Zeiten, in denen alle Länder vor den Pharaonen erblaßten, sind vorbei. Aber die Macht des Gottes ist ungebrochen, das muß dem Herrscher von Byblos unmißverständlich klargemacht werden. Ein Abbild des Gottes, der auch der Herr über den Libanon ist, befindet sich im Reisegepäck. Es wird die Forderung nach dem Holz augenfällig unterstützen.

Mit diesen Gedanken im Kopf mag Wenamun öfter auf die Wogen des Mittelmeeres geschaut haben. Für die Bezahlung der Hölzer haben ihm seine Auftraggeber nicht sehr viel anvertraut. In Beuteln und Krügen versteckt, besitzt Wenamun insgesamt ungefähr 455 Gramm Gold und nahezu 3 Kilo Silber. Selbst davon behält er bald nur noch einen Teil. An Bord des Schiffes befinden sich nicht nur ehrenhafte Seeleute, sondern auch Diebe. Als Wenamun den Diebstahl bemerkt, liegt das Schiff im Hafen von Dor an der Küste Palästinas vor Anker. Die hier lebenden Tjeker[6] empfangen den ägyptischen Gesandten außerordentlich freundlich. Bei seiner Ankunft werden Fleisch, Brot und Wein an Bord gereicht. Wenamun begibt sich unverzüglich zum Herrscher von Dor und beschwert sich über den Diebstahl, der im Hafen geschehen ist. Doch der Fürst von Dor erklärt sich als nicht zuständig, denn der Dieb muß ein Mitglied der Besatzung sein. Aber nach dem Dieb soll gesucht werden.

Neun Tage vergeblichen Wartens vergehen, dann verläßt Wenamun die Hafenstadt und setzt seine Reise fort. Nach einem kurzen Aufenthalt in Tyros reist er weiter nach Byblos, dem Ziel seiner Fahrt. Bevor er dort dem Fürsten sein Anliegen vorträgt, ist die Reisekasse wieder aufgebessert. Leute aus der Stadt Dor waren ihm über den Weg gelaufen. Ihnen hatte er kurzerhand etwa die gleiche Menge Silber, die ihm auf dem Schiff gestohlen wurde, entwendet. Er hat nun unerbittliche Feinde, und auch in Byblos ist man sehr abweisend. Alles scheint sich gegen ihn verschworen zu haben. Von den Boten des Fürsten Zakarbaal muß sich Wenamun nun täglich – und das an neunundzwanzig Tagen – sagen lassen, daß er sich entfernen soll.

Bald will Wenamun aufgeben. Ein Schiff nach Ägypten ist sein sehnlichster Wunsch. Selbst das ist nicht so einfach und ohne den Fürsten von Byblos unmöglich. Da wendet sich plötzlich und unerwartet das Blatt für den unglücklichen Ägypter. Der Gescholtene glaubt seinen Ohren nicht zu trauen, als er an diesem Tag von dem Boten aufgefordert wird, mit der Statue des Amun-Re vor dem Stadtfürsten zu erscheinen. Vielleicht kann er bei dieser Gelgenheit endlich sein Anliegen vortragen. Der Wunsch geht in Erfüllung: Wenamun steht in einem Gemach des Palastes vor dem Fürsten Zakarbaal.

Nun kann der ungeduldige Ägypter dem Fürsten erklären, weshalb er gekommen ist. Er erinnert daran, daß aus Byblos schon seit vielen Generationen Zedern- und Tannenholz nach Ägypten verschifft wurde. Da muß sich Wenamun anhören, daß in der Vergangenheit für die Hölzer aus Byblos anständig bezahlt wurde. Sechs Schiffe habe ein Pharao mit den Erzeugnissen Ägyptens angefüllt und hierher geschickt. Wenamun beschwört Ruhm und Größe des Ägyptischen Reiches, verweist auf die mitgebrachte Götterstatue, die Gesundheit und Leben verleihen soll –

[6] Die Tjeker gehörten zu den neuangesiedelten Volksgruppen der »Seevölker«.

vergebens. Der selbstsichere Fürst gibt sich mit dem wenigen Gold und Silber nicht zufrieden. Wenamun muß versprechen, daß aus dem Nildelta weitere wertvolle Güter und Lebensmittel kommen. Nun erst läßt Zakarbaal mit sich reden. Wenamun muß jedoch in Byblos bleiben. Vorerst sollen sieben Stämme auf ein Schiff verladen und nach Ägypten gebracht werden. Erst als goldene und silberne Gefäße, feines Leinen, Rinderhäute, Taue, 20 Säcke Linsen und 30 Körbe Fisch von dort in Byblos eintreffen, gibt der Fürst den Befehl, 300 Männer und 300 Ochsen abzustellen und das gewünschte Holz zu schlagen. Im Jahr darauf werden die Holzstämme ans Ufer geschleppt und für die Verschiffung bereitgehalten. Endlich kann Wenamun an die Heimreise denken, doch da ereignet sich wieder ein unliebsamer Zwischenfall. Die Tjeker, denen der Ägypter das Silber abgenommen hat, erscheinen im Hafen mit elf Schiffen und fordern seine Auslieferung. Somit befindet sich nicht nur Wenamun, sondern auch Zakarbaal in einer mißlichen Lage. Im Interesse der Handelsbeziehungen stellt er sich schützend vor den Ägypter, jedoch ohne die Tjeker zu verärgern. Einen Abgesandten des Amun kann er nicht zum Gefangenen machen, läßt er die verbündeten Tjeker wissen. Aber gleichzeitig gibt er zu bedenken, daß sie Wenamun ja auch auf offener See stellen können. Ein weiser Entschluß, dem der ägyptische Beamte sicherlich sein Leben verdankt. Auf allerlei Umwegen soll Wenamun dann doch noch unversehrt in seine Heimat am Nil zurückgekehrt sein.

Die Reisegeschichte des Beamten aus dem oberägyptischen Theben ist auf einem Papyrus der Nachwelt erhalten geblieben. Obwohl der Bericht sicherlich literarisch ausgeschmückt wurde, läßt er doch zumindest eine Schlußfolgerung über die wirtschaftspolitischen Zustände zur Zeit des Neuen Reiches zu. Da ist die geringe Autorität des Gottesgesandten aus dem Reich der Pharaonen. Das Selbstbewußtsein des Königs Zakarbaal und das bestimmte Auftreten der Tjeker könnten als ein Ausdruck der wirtschaftlichen Erstarkung und des Aufschwungs in den phönikischen Küstenstädten Byblos, Tyros und Sidon gewertet werden. Als Wenamun seine Reise nach Phönikien unternahm, war das außenpolitisch geschwächte Ägypten im Innern gespalten. Der König von Unterägypten besaß nur formell die Macht über das gesamte Reich. Herihor, der thebanische Hohepriester, verstand sich auch als König und beherrschte Oberägypten. Mit dem wachsenden Einfluß der Amun-Priesterschaft nahm die Bedeutung der Tempel zu. Gerade für die Umgestaltung und Vergrößerung der Tempelanlagen wurde wieder viel Holz aus dem Libanon benötigt. Und das in großen Mengen – für die hölzernen Flaggenmasten beiderseits des Einganges und für die Innenausstattung, insbesondere für den Raum mit dem Heiligtum.

Das Libanonhaus

In der Sagenwelt des Orient taucht immer wieder der Name eines Königs auf: Salomo, der »Friedliche«, der Sohn des David. Die Weisheit des Salomo, »der unendlich reich war, der Handel und Gewerbe förderte, der die Geister beschwor und der selbst mit den Tieren sprechen konnte«, wurde sprichwörtlich. Die Geschichte seines Reiches ist eng mit der von Tyros und dem Zedernholzgeschäft verknüpft. Von dem schwindenden Einfluß des Nilreiches, der uns heute noch durch die Worte des Wenamun so anschaulich illustriert wird, profitieren in der Folgezeit nicht nur die Fürsten der phönikischen Städte. In dem Schatten ihres geschäftigen Treibens entwickelte sich allmählich ein Großreich, das bald ein mächtiger Faktor auch im Zederngeschäft wurde. David, der König von Juda, eroberte Jerusalem und regierte danach als König von Israel (997–965 v. u. Z.). Es gelang ihm, die eingewanderten Philister zu unterwerfen und Moab, Aram, Ammon und Edom in seinen Machtbereich einzugliedern.

Dieses erste und einzige Großreich im Raum Palästina-Syrien erstreckte sich in seinen Grenzen vom Roten Meer bis an die Osthänge des Libanongebirges. Alle wichtigen Karawanenwege zwischen Ägypten und Kleinasien führten durch das David-Reich. Bei dieser überaus exponierten Lage und der Nutzungsmöglichkeit von eigenen Bodenschätzen – von Kupfer- und Eisenerzen – ist es nicht verwunderlich, daß sich in dem auf einfacher bäuerlicher Produktion beruhenden Staatswesen einige Wirtschaftszweige besonders herausbildeten und auch der Handel sehr starke Impulse bekam. Salomo, Sohn und Nachfolger des David, wußte, wie man die eigenen Reichtümer und die Vorteile des Handels nutzen konnte. Eine straffe Zentralverwaltung zwang die unterworfenen Stämme zu harter Fronarbeit und die restliche Bevölkerung zu gewaltigen Steuerleistungen. Zur Aufrechterhaltung der Macht stand ein schlagkräftiges Heer mit über 10000 Kämpfern zu Verfügung. Salomo hatte die Struktur der Armee grundlegend geändert. An die Stelle der schwer beweglichen Bauernaufgebote traten nun schnelle Streitwageneinheiten, die jede beliebige Gegend des Reiches problemlos erreichen konnten.

Jerusalem als Zentrum der Macht wurde prachtvoll ausgebaut. Für die Bundeslade[7] und Kultgegenstände ließ Salomo einen Tempel und für sich einen weitläufigen Palast errichten. Neben Quadersteinen und Lehmziegeln gingen in die Bausubstanz vor allem kostbare Hölzer aus dem Libanon ein. Mit dem König von Tyros wurde ein Vertrag vorbereitet, und »Hiram sandte zu Salomo und ließ ihm sagen: ›Ich habe die Botschaft gehört, die du mir gesandt hast. Ich will alle deine Wünsche nach Zedern- und Zypressenholz[8] erfüllen. Meine Leute sollen die Stämme vom Libanon hinabbringen ans Meer, und ich will sie in Flöße zusammenlegen lassen auf dem Meer bis an den Ort, den du mir sagen lassen wirst, und will sie dort zerlegen, und du sollst sie holen lassen. Aber du sollst auch meine Wünsche erfüllen und Speise geben für meinen Hof.‹ So gab Hiram Salomo Zedern- und Zypressenholz nach allen seinen Wünschen. Salomo aber gab Hiram zwanzigtausend Sack Weizen zum Unterhalt für seinen Hof und zwanzigtausend Eimer gepreßten Öls. Das gab Salomo jährlich dem Hiram.« (1. Könige, 5).

Der Bau wuchs in die Höhe, »und er deckte das Haus mit Balken und Tafelwerk von Zedern. Und er baute Gänge um das ganze Haus herum, je fünf Ellen[9] hoch, und verband sie mit dem Hause durch Balken von Zedernholz … und Salomo baute das Haus und vollendete es. Er bedeckte die Wände des Hauses innen mit Brettern von Zedernholz. Vom Boden des Hauses bis an die Decke täfelte er es innen mit Holz, und den Boden des Hauses täfelte er mit Brettern von Zypressenholz. Und er baute zwanzig Ellen von der Rückseite des Hauses entfernt eine Wand aus zedernen Brettern vom Boden bis an die Decke und baute so im Innern den Chorraum, das Allerheiligste. Die Tempelhalle vor dem Chorraum war vierzig Ellen lang. Innen war das ganze Haus lauter Zedernholz mit gedrehten Knoten und Blumenwerk, so daß man keinen Stein sah. Den Chorraum machte er im Innern des Hauses, damit man die Lade des Bundes des Herrn darin stellte. Und vor dem Chorraum, der zwanzig Ellen lang, zwanzig Ellen breit und zwanzig Ellen hoch war und überzogen mit lauterem Gold, machte er den Altar aus Zedernholz … Ebenso machte er auch an der Tür der Tempel viereckige Pfosten von Ölbaumholz und zwei Türen von Zypressenholz, so daß jede Tür zwei Flügel hatte, die sich drehten, und machte Schnitzwerk darauf von Cherubin[10], Palmen und Blumenwerk und überzog es mit Gold« (1. Könige, 6).

Nach dem Alten Testament währte der Bau des Tempels sieben Jahre. An den Palastbauten mit der Säulenhalle (Eingangshalle), der Audienzhalle (Thronsaal), den Privatgemächern und dem *Libanonwaldhaus* »baute Salomo dreizehn Jahre, bis er sie ganz vollendet hatte« (1. Könige, 7). Interessant ist das *Libanonwaldhaus* deshalb, weil gerade hier besonders viel Holz verarbeitet wurde: »So baute er das Libanonwaldhaus, hundert Ellen lang, fünfzig Ellen breit und dreißig Ellen hoch. Auf drei Reihen von Zedernsäulen legte er eine Decke von Zedernbalken und deckte auch mit Zedernholz die Gemächer über den Säulen; und es waren fünfundvierzig Säulen, je fünfzehn in einer Reihe …« (1. Könige, 7). Im Innern konnte mit Sicherheit der Eindruck entstehen, als befinde man sich in einem Wald.

Warum wurde gerade Zedernholz in verschwenderischer Fülle bei der Fertigung der salomonischen Prachtbauten eingesetzt? Nun, in erster Linie waren die importierten Stämme notwendige Bestandteile der Baukonstruktion. Aber sie besa-

[7] Die tragbare heilige Lade war eine vergoldete Kiste aus Akazienholz. Sie enthielt die steinernen Tafeln mit den zehn Geboten Moses' aus der Zeit der Wanderungen.

[8] Der Nutzwert des Zypressenholzes war außerordentlich hoch. In den Bibelzitaten stimmen allerdings die botanischen Bezeichnungen nicht immer mit den heutigen überein.

[9] Eine Elle entspricht ungefähr einem halben Meter.

[10] Geflügelte Wesen.

ßen auch eine religiöse Bedeutung. Die majestätische Zeder als der höchste Baum des Libanon galt immer noch als *König der Bäume,* wurde verehrt und symbolisierte Stärke und Würde. Die wohltuende Umgebung angenehm duftender Zedern hat seit eh und je die Poeten angeregt. Das war auch zu Salomos Zeiten so. Auch er, der König, »dichtete von den Bäumen, von der Zeder an auf dem Libanon bis zum Ysop[11] ...« (1. Könige, 5). Die Zeder hat im Laufe der Geschichte einer ganzen Reihe von Göttern gedient. In den Glaubensvorstellungen der Hebräer werden die Zedern des Libanon nun zu den Bäumen Jahwes, des Gottes Israel. Jahwe erscheint aber auch als Zerstörer des Zedernwaldes. Altertumsforscher sehen daher Parallelen zu Ba'al, dem kanaanäischen[12] Wettergott. Auch für den Ba'al von Ugarit wurde ähnlich wie für Jahwe in Jerusalem ein Tempel errichtet.

Die Beziehung wird noch deutlicher, wenn man bedenkt, daß es Fachleute aus Phönikien waren, die den Tempel des Jahwe nach einem bereits bekannten Bauplan errichteten. Gott Jahwe wird nun in einem Tempel im phönikischen Stil gepriesen; das spricht für die überlegene Kultur der Tyrer. Ob die Zahlenangaben über den Gegenwert der Holzlieferungen, die Maßangaben der Tempel- und Palastkonstruktionen oder die botanischen Gattungsnamen exakt sind, kann teilweise in Zweifel gestellt werden. Sicher ist, daß der hölzerne Werkstoff aus dem Libanon in dem baumarmen Reich des Salomo wertvoll und kostbar war.

Großes Augenmerk legte Salomo auf den Fernhandel. Erfahrungen und die notwendigen Verbindungen besaßen hier die benachbarten Phöniker. Zu den Küstenstädten am Mittelmeer, vor allem zu Tyros, hat König Salomo stets gute Beziehungen unterhalten. Sicherlich auch deshalb, weil die Phöniker zu mächtig waren, um sich unterwerfen zu lassen. Die wirtschaftliche Stärke der Stadtstaaten wog die politische Macht, die Salomo in seinem Reich besaß, mit Sicherheit auf. Wer im Fernhandel ein gewichtiges Wort mitreden wollte, der mußte natürlich auch eigene Schiffe besitzen. Die Hebräer aber hatten es nie gelernt, seetüchtige Schiffe zu bauen und mit ihnen umzugehen. Hier waren die Phöniker die richtigen Partner, aber was hatte man ihnen zu bieten? Landwirtschaftliche Produkte, wie Weizen und Olivenöl, waren ja bei den Phönikern sehr gefragt, aber auch für Land, ja für ganze Städte gaben die Nachbarn kostbares Zedernholz und Gold. Der Vertrag mit dem tyrischen König ist sicherlich auch deshalb zustandegekommen, weil Salomo bereit war, eine ganze Reihe von Städten abzutreten: »Als nun zwanzig Jahre um waren, in dem Salomo die beiden Häuser baute, des Herrn Haus und des Königs Haus – dazu hatte Hiram, der König von Tyros, Salomo Zedernbäume und Zypressen und Gold nach all seinen Wünschen gegeben –, da gab der König Salomo Hiram zwanzig Städte im Land Galiläa« (1. Könige, 9). Die Zusammenarbeit zwischen Salomo und dem König von Tyros auf dem Handelssektor ist auch überliefert.

Das Alte Testament erwähnt den Bau eines Hafens mit großen Werftanlagen am Golf des Roten Meeres. Nicht nur das Holz zum Bauen der Schiffe, auch die Spezialisten dazu kamen aus Phönikien. Die Gründung dieses gemeinsamen Seehandelsunternehmens wird so beschrieben: »Und Salomo baute auch Schiffe in Ezjon-Geber, das bei Elath liegt am Ufer des Schilfmeers[13] im Lande der Edomiter. Und Hiram sandte auf die Schiffe seine Leute, die gute Schiffsleute und auf dem Meer erfahren waren, zusammen mit den Leuten Salomos« (1. Könige, 9). Vereint mit den wagemutigen Phönikern, das versprachen abenteuerliche Reisen zu fernen Gestaden zu werden. Und in der Tat, von Ezon-Geber fuhren Schiffe bis zum sagenumwobenen Land Ophir, vielleicht dem »Punt« der Ägypter. Edelmetalle, Elfenbein, seltene Tiere und wohlriechende Hölzer kamen nach Jerusalem und vermehrten den Reichtum Salomos.

Doch das Reich, einst von David mit dem Schwert zusammengefügt, trug bereits den Keim des Unterganges in sich. Nicht nur im Inneren verstärkten sich die Widersprüche, auch von außen drohte Gefahr. Die Familienbande zu Ägypten brachten zwar Frieden, aber als Salomo nicht mehr lebte, erwiesen sie sich als unbeständig. Uneinigkeit, Spaltung und der Ansturm der Assyrer besiegelten nach zwei Generationen das Schicksal der israelischen Großmacht für alle Zeiten.

[11] Ein Busch, der im Gegensatz zur Zeder das Niedrige versinnbildlichte.

[12] Im Alten Testament wird der südsyrisch-palästinische Küstenstreifen als Kana'an bezeichnet. Die Küstenstädte zwischen Tyros im Süden und Arados im Norden mit ihrem Hinterland wurden von den Griechen Phönikien genannt.

[13] Gemeint ist der Golf von Akaba.

Fast endlos scheint der Zug der hölzernen Kampfwagen zu sein. Die Erde dröhnt unter dem Hufschlag der Zugpferde. Ein dichter Staubschleier vermischt sich am Horizont mit den Rauchschwaden der Überreste von abgebrannten Dörfern und Städten. Zurück bleiben niedergemetzelte Krieger, Bauern und Bürger. Wer lebend in die Hände der Assyrer fällt, kommt auf noch grausamere Art ums Leben. Gefangene werden auf angespitzte Holzpfähle gespießt und verenden unter großen Qualen.

Der Mann, in dessen Namen dies alles geschieht, fährt mit seinem Wagen an der Spitze des räuberischen Heeres: Der Herrscher Assurnarsipal II. Assur schickt sich wieder einmal an, die angrenzenden Länder zu überfallen und tributpflichtig zu machen. Erst als die reichen Phönikerstädte Tyros, Sidon und Byblos sich mit Gold, Silber und anderen Kostbarkeiten freikaufen, ist der Kriegssturm im 9. Jahrhundert v. u. Z. vorbei. So überraschend die pfeilschnellen Wagen in Syrien erschienen waren, so schnell verschwanden sie auch wieder mit dem Tribut.

Die Kampfwagen, die den Krieg auf Rädern möglich machten, haben ihre eigene Geschichte. Das Rad ist als Bestandteil eines Gefährts ungefähr so alt wie die ersten Zivilisationen, eigentlich sogar etwas älter. Seit der zweiten Hälfte des 4. Jahrtausends v. u. Z. ist es im südlichen Mesopotamien nachweisbar, aber es fand mit Sicherheit auch sehr früh bereits in anderen Regionen der Erde Verwendung. Die alten Sumerer haben beim Lastentransport auf Rundhölzern wohl erkannt, welche enorme Erleichterung hölzerne Räder auf einer Achse bringen können: Ein Gestell zur Aufnahme von Lasten auf Rädern – der Wagen war erfunden. Kultwagen spielten in Mesopotamien die gleiche Rolle wie in Ägypten die Schiffe als entsprechende Götterfahrzeuge.

Die ersten Räder, die von Archäologen im Original gefunden wurden, weisen eine sehr einfache Konstruktion auf. Man nahm drei oder mehrere abgerundete Bretter, verband sie mit Leisten, und fertig war das Scheibenrad. Für schnelle Fahrten mit feurigen Pferden war ein Wagen mit Scheibenrädern jedoch nicht geeignet. Dazu mußte das schwere Scheibenrad durch ein leichteres und vor allem elastisches Rad ersetzt werden. Schon am Ende des 3. Jahrtausends hatte sich der Fortschritt Bahn gebrochen. Das Speichenrad besaß die geforderten Eigenschaften. Anfangs wurden die Einzelteile des neuen Rades, Nabe, Speichen, Felge und Reifen, völlig aus Holz gefertigt. Später haben Bronze und Eisen die Gebrauchseigenschaften wesentlich verbessert. Dabei hat besonders die Kriegstechnik auf die Weiterentwicklung des Rades starke Impulse ausgeübt. Ein überraschender Sieg mit Hilfe von hölzernen Streitwagen gelang erstmals den asiatischen Hyksos, als sie 1650 v. u. Z. in Ägypten einfielen und in kurzer Zeit das bis dahin unbezwungene Großreich niederrangen. Das Überraschungsmoment muß so groß gewesen sein, daß eine Gegenwehr von Seiten der Ägypter in vielen Fällen aussichtslos erschien.

Aber die Ägypter lernten von den Eindringlingen. Nachdem sie vertrieben werden konnten, fertigten ägyptische Stellmacher in wahrer Meisterschaft zweirädrige Fahrzeuge, die für den militärischen Einsatz und für die Jagd hervorragend geeignet waren. Das dazu notwendige Hartholz mußte aus dem Libanon importiert werden, und so ist es auch verständlich, daß für einen derartigen Wagen ein hoher Tauschwert üblich war. König Salomo soll pro Kampfwagen nach den Angaben im Alten Testament (1. Könige, 10) 600 Silberstücke, das entsprach dem Wert von 4 Pferden, bezahlt haben. Als zunehmend starke Reiterabteilungen in den Kämpfen über Sieg oder Niederlage entschieden, verschwanden die von zwei oder vier Pferden gezogenen Streitwagen aus dem Schlachtgeschehen.

Kelten und Etrusker haben später die altorientalischen Vorbilder übernommen, aber schon bei den Römern waren Kampfwagen nur noch bei Wettrennen im Zirkus und bei Triumphfahrten üblich. Im Gegensatz zu den immer prunkvoller ausgestatteten Wagen haben sich die bäuerlichen Gefährte mit den primitiven Scheibenrädern über lange Zeiten eigentlich wenig verändert. Auch in anderen Bereichen ist durch das Rad schon sehr früh vieles bewegt worden. Seit dem Altertum ist im Niltal und im Vorderen Orient das Schöpfrad bei der Bewässerung landwirtschaftlicher Nutzflächen eingesetzt woden. Als hölzerne Rolle in Hebezeuge eingebaut, half es auch, schwere Lasten zu bewältigen. Truppen aus Mesopotamien waren schon mehrmals mit unvorstellbarer Grausamkeit bis an die Küste des Mittelmeeres vorgedrungen. In der Regierungszeit des assyrischen Königs Tiglatpilesar I. (reg. 1115–1077 v. u. Z.) soll auch eine Zedernholzexpedition in den Libanon geschickt worden sein. Nach dem Erscheinen des legendären Gilgamesch ist dies die erste gesicherte mesopotamische Unternehmung im Zedernland. Für die Expedition aus dem Zweistromland war der Transport des Holzes bis zu den assyrischen Machtzentren weitaus schwieriger als für die Ägypter, die fast ausschließlich den Wasserweg nutzen konnten. Natürlich waren die Assyrer bestrebt, den ungünstigen Landweg so weit wie möglich abzukürzen. Nach dem Einschlagen wurden die Hölzer zuerst von der phönikischen Küste in die Häfen Nordsyriens verschifft und verflößt. Aber dann stand eigentlich nur noch der nördliche Karawanenweg zur Verfügung. Das bedeutete immerhin 600 Kilometer Landweg! Ein Kamelrücken trug vielleicht zwei Balken von ungefähr 3 Meter Länge. Wagen konnten auf den schlecht passierbaren Strecken kaum eingesetzt werden.

Es gab allerdings noch eine andere Möglichkeit, aber auch die war nicht weniger beschwerlich. Sobald die Karawanen den Euphrat erreicht hatten, wurde das Holz auf Schiffe verladen und stromabwärts in bequemer Fahrt bis nach Babylon gebracht. Von hier war der Tigris rasch zu erreichen. Allerdings mußten die Schiffsleute nun gegen die Strömung ankämpfen, das heißt, die Transportschiffe mußten mühselig getreidelt werden, denn die assyrischen Metropolen lagen stromaufwärts.

Für den Palast Sargons II. (721–705 v. u. Z.) in Khorsabad haben Künstler die Holzbeschaffung aus dem Libanon meisterhaft dargestellt. Reliefs zeigen, wie die Bäume gefällt und mit Hilfe eines großen Menschenaufgebotes zur nahen Mittelmeerküste gebracht wurden. Auch die Weiterbeförderung des Holzes mit Transportschiffen wurde nach dem Willen des Herrschers in Stein verewigt. Dabei ist zu erkennen, daß Holzstämme sowohl auf die Schiffe direkt verladen als auch in Schlepp genommen wurden.

So wie Assur in den eroberten Gebieten auf seine Stärke pochte und als grausame Besatzungsmacht auftrat, konnte von einem gegenseitigen Handel keine Rede mehr sein. Söldner übernahmen die Sicherungsarbeiten und meist auch den Abtransport des Holzes. Das garantierte den freien Abzug des Beutegutes. Die Bevölkerung in den Waldgebieten wurde dabei nicht geschont, sondern mußte harte Frondienste leisten. Aufwendige Expeditionen, wie sie auch bei den Ägyptern anfangs üblich waren, sind wohl mit wachsender assyrischer Macht im Libanon eingestellt worden. Die assyrischen Königsschriften sprechen nicht nur von der Eroberung der Libanonwälder durch das Schwert, sondern auch von Holztributleistungen der unterworfenen phönikischen Könige.

Der Assyrer Asarkaddon (reg. 680–669 v. u. Z.) rief nach Herrschermanier die Vasallen zusammen und »ließ sie unter schrecklichen Schwierigkeiten nach Ninive, der Stadt seiner Herrschaft, als Baumaterial für seinen Palast mächtige Balken, lange Bohlen und dünne Bretter von Zedern und Zypressen transportieren, Produkte der Sirara- und Libanonberge.« Auch unter dem nachfolgenden assyrischen König Assurbanipal (reg. 668–629 v. u. Z.), der durch gnadenlose Unterdrückung und neue Eroberungen, vor allem Ägyptens, dem Reich zu seiner größten Ausdehnung verhalf, mußten die Phöniker weiterhin ihre Wälder plündern lassen. Doch zunehmend entzogen sich die geschundenen Waldbewohner der Fron, man floh mit der wenigen Habe in entlegene Gebirgswinkel. Als in Ägypten Aufstände entbrannten, begann die Macht Assurs zu zerbröckeln.

Die Babylonier rissen im Bündnis mit den Medern die Macht in Mesopotamien an sich und zerstörten Ninive. Die neuen Herren haben bei der Holzbeschaffung wohl weniger Terror angewandt, sicherlich um die verschreckte Bevölkerung wieder in ihren Heimatorten zu Arbeitsleistungen heranziehen zu können. Trotz der günstigeren Lage der babylonischen Machtzentren am Euphrat blieb der Transport des Holzes für den Bau von Tempel- und Palastanlagen auch weiterhin ein schwieriges Unterfangen. Nebukadnezar II. (605–562 v. u. Z.)[14] ließ deshalb vom nordöstlichen Libanon auf dem Wege zum Euphrat umfangreiche Straßenbauarbeiten durchführen. In übersteigerter Form preist eine Inschrift diese Leistung des babylonischen Königs, des Erben Assurs: »Was

[14] Er beherrschte Mesopotamien, Syrien und Palästina. Die sich widersetzende Stadt Jerusalem ließ er zerstören, den Tempel des Salomo in Brand setzen und die Bevölkerung deportieren.

kein früherer König vermocht hatte, führte ich aus. Ich durchschnitt steile Berge, spaltete Felsen, öffnete Wege und baute auf diese Weise eine glatte Straße für die Zedern«. Unter Nebukadnezar II. entwickelte sich Babylon zur größten und prächtigsten Stadt des Altertums. Für den riesigen Tempelturm, den »Turm zu Babel« will der selbstherrliche Herrscher das Bauholz mit den eigenen Händen geschlagen haben. 80 Jahre nach seinem Tode wird die prunkvolle Stadt von den Persern zerstört und fällt zunehmend in die Bedeutungslosigkeit. Am 10. Juni 323 v. u. Z. stirbt hier der am Fieber erkrankte, noch nicht 33 Jahre alte Eroberer Alexander der Große.

Paradies im Niedergang

Unermüdlich rammen vom Morgen bis zum späten Abend die Krieger des großen makedonischen Feldherrn Baumstämme in den aufgespülten Meeresboden. Mit jedem Pfahl bildet sich ein immer größer werdendes Rost, in das Gestein gefüllt wird. Keine leichte Arbeit, denn zu den körperlichen Mühen kommt eine ernsthafte Bedrohung. Je näher sich der so entstehende Damm Alexanders von Makedonien an die schwer befestigte Seestadt Tyros heranschiebt, desto gefährlicher wird der Geschoßhagel der Phöniker.

Unter großen Anstrengungen wird nach sieben Monaten unter dem Schutz der eigenen Flotte die Stadtmauer erreicht. Das ehemals 600 Meter vom Ufer entfernte Tyros gehört nun zum Festland. Der Sturm auf die einstige Stadt des Königs Hiram, die vielen Angriffen trotzte, die durch Nebukadnezar II. von Babylon erst nach dreizehnjähriger Belagerung eingenommen wurde, kann beginnen. Das waffenstarrende Tyros mit seinen hohen, zu Festungen ausgebauten Häusern sieht den Anstrengungen des Feindes nicht mehr so gelassen entgegen. Langsam schleicht sich Furcht in die Reihen der Eingeschlossenen, und dazu besteht auch Grund. Wahre Ungetüme sind die 50 Meter hohen Belagerungstürme; mit 20 Stockwerken rollen sie langsam und schwerfällilg über den künstlichen Damm. Hölzerne Türme auf Rollen, die Tod und Verderben bringen, besiegeln das Schicksal der Tyrer. In aller Eile sind diese riesigen Belagerungstürme, die größten in der Geschichte der Kriegstechnik, von makedonischen Pionieren gezimmert worden. Ohne die nahen Wälder des Libanon wäre ein Triumph des Alexander in dieser kurzen Zeit sicherlich unmöglich gewesen.

Alexander hat sich nicht nur einmal des Reichtums der Zedernwälder bedient. Kurz vor seinem Tode soll das letze Mal auf seinen Befehl Holz für den Bau von Schiffen geschlagen worden sein. Schon lange bevor der Makedonierkönig mit der Selbstverständlichkteit des Siegers, wie die anderen Eroberer zuvor, die Wälder des Libanon heimsuchte, müssen die Holzbestände merklich zurückgegangen sein. Bevor die Macht der Achämeniden durch Alexander gebrochen wurde, geboten die Perser über ein Reich, das in seiner Ausdehnung größer als alle anderen der Vergangenheit war. Auch Syrien, das Libanongebirge und Ägypten gehörten dazu. Für die persischen Palast- und Tempelbauten sind Nadelhölzer aus dem Libanon auf den wohl längsten Landweg geschickt worden. Eine Inschrift Dareios' I. (reg. 522–486 v. u. Z.) aus Susa gibt Auskunft wie die Hölzer in die persische Metropole gelangt sind: »Das Zedernholz, es wurde von einem Berg namens Libanon gebracht. Die Assyrer führten es nach Babylon ein. Von Babylon brachten es die Karer und Ionier nach Susa.« In der jahrtausendelangen Nutzung der Wälder des Libanon sind wahrscheinlich die Perser die ersten gewesen, die gezielte Schutzmaßnahmen für die Libanonwälder einleiteten. Die Ägypter hatten bereits unter Tutmosis III. die Wälder unter königlichen Schutz stellen lassen, doch in der Zeit der assyrischen Schreckensherrschaft wurden die Bestände weder geschont noch geschützt.

In die 445 v. u. Z. geschaffene Provinz Judäa wurde vom persischen Großkönig Artaxerxes I. ein Statthalter geschickt, der auch den Wiederaufbau des zerstörten Jerusalem organisieren sollte. Dieser Statthalter, ein gewisser Nehemia stammte aus Babylon und war jüdischer Abstammung. Das notwendige Bauholz ist nach den Schriften des Alten Testaments (Nehemia 2.) auch aus dem Libanon beschafft worden. Aber um in Besitz des Holzes zu kommen, mußte Nehemia seinen Herrn um »Briefe an Asaph[15], den obersten Aufseher über die Wälder des Königs«, bitten. Hierbei handelt es sich also schon um einen königlichen Forstbeamten, der über die Bestände wachte und nur im Einverständnis mit der höchsten Instanz, dem persischen Großkönig, Holz bereitstellen konnte.

Wie die Perser haben auch die Römer, nachdem die Reiche des Alexander und seiner Nachfolger längst nicht mehr existierten, die Libanonwälder unter besonderen Schutz gestellt. Kaiser Hadrian (76 bis 138 u. Z.) ließ die Grenzen des Hochwaldbereiches im Libanon durch beschriftete Stelen markieren. Daraus ging eindeutig hervor, daß der römische Staat der Besitzer der Wälder war und daß eine unbefugte Nutzung Strafen nach sich zog. Da aus der Verbreitung der noch erhaltenen Stelen auf die Größe der einstigen Schutzgebiete geschlossen werden konnte, haben Experten einen interessanten Vergleich angestellt. Das natürliche Verbreitungsgebiet der Zedern bewegt sich im wesentlichen innerhalb dieser Grenzmarkierungen. Daraus folgt, daß trotz der Nutzung und des Raubbaus über Jahrtausende hinweg die Ausdehnungsgrenzen der typischen Libanonvegetation, zumindest bis in diese Zeit noch nicht verschoben waren. In anderen besetzten Gebieten des heutigen Nahen Ostens haben die Römer die Vegetation nicht geschützt. Um ihre Macht gegen den Willen der unterdrückten Bevölkerung durchzusetzen, wurde soviel Terror angewandt, daß in der Folge der Ereignisse sogar ganze Landschaften einen völlig anderen Charakter bekamen. Als römische Truppen in Judäa einmarschierten, um Jerusalem zu erobern, fanden sie eine blühende Umgebung mit Weingärten und besonders zahlreiche Feigen- und Olivenbäumen vor. Römische Steuerlast entfachte den jüdäischen Krieg, und Titus, der Sohn des Kaisers Vespasian (9–79 u. Z.), wurde zum Vollstrecker der fremden Macht bestellt.

Im belagerten Jerusalem geht der Hunger um, doch die Stadt hält sich zäh und verbittert. Nachts klettern Überläufer, Nahrungssuchende und Umherirrende über die Mauern und schleichen in die römischen Lager. Auf Befehl des Titus wird jeder Aufgegriffene ans Kreuz geschlagen. Bis zu 500 Menschen werden so jeden Tag vor der Stadt an die Balken gepflockt. Ein Wald von Kreuzen säumt bald die Hügel, und erst als das Holz zur Neige geht, wird das grausame Treiben eingestellt. Als Jerusalem endgültig fällt und auch der wiedererrichtete Tempel zum zweiten Mal zerstört wird, ist die einst blühende Gegend von einer kahlen, trostlosten Landschaft geprägt. In der baumlosen Umgebung spendet auch der Ölberg keinen Schatten mehr. Der lebensverzehrende Krieg löscht in kurzer Zeit das Werk vieler Generationen aus. Das unerbittliche Vernichtungswerk schont weder Mensch noch Natur. Wie aber ist das »Land des Lebens«, das »Paradies« in den Libanonwäldern, bis auf wenige, heute noch existierende Restbestände zusammengeschmolzen?

Die Antwort hört sich widersprüchlich an: eigentlich eher auf friedliche Art und Weise. Die Zeder hatte einst in dem küstennahen Libanon sehr günstige Verhältnisse vorgefunden. Auch auf steinigem Boden konnte sie durch starke Vermehrung ihr Überleben sichern. Doch in byzantinischer Zeit erfolgten einschneidende Veränderungen der Umweltbedingungen, die das einstige »Paradies« langsam in den Untergang trieben. Immer mehr Menschen siedelten sich auf den Gebirgsterassen und am Fuße des Libanon an, denn es gab hier fruchtbaren Boden. Das warme Mittelmeerklima mit der hochliegenden Baumgrenze ließ die Bodennutzung bis fast unter den Kamm des Gebirgszuges zu. Bewässerungsprobleme gibt es hier nicht, denn im Libanon[16] fallen auf Grund der herausragenden Höhe die größten Niederschläge Vorderasiens. Schafe und Ziegen waren die hauptsächlichen Waldzerstörer. Sie fanden reichlich Nahrung, darunter immer wieder den Jungwuchs der Libanonbäume. So schrumpften über Jahrhunderte die Bestände ohne Zukunft dahin. In moderner Zeit taten Holzungen für den Brennstoffbedarf der Eisenbahn und die Köhlerei ein übriges.

Heute sind ehemals dichtbestockte Gebirgsregionen waldlos. Nur in kleinen Restwaldungen bildet die berühmte Libanonzeder noch größere Haine. Der Zeder wird nachgesagt, daß sie 2000 bis

[15] Wörtlich: »Wächter des Paradieses des Königs«. Paradiesgarten Gottes ist ein persisches Lehnwort und bedeutet im Altertum Einhegung.

[16] Höchste Erhebung: Kurnet es-Sauda = 3083 m; durchschnittliche Niederschlagsmenge in Küstennähe etwa 1000 mm, im Gebirge zum Teil sogar über 1500 mm.

3000 Jahre alt werden kann. Aber das Alter der heute mächtigsten Bäume wird auf etwa 700 bis 900 Jahre geschätzt. »Salomos Zedern« stammen somit bestenfalls aus der Zeit der Kreuzzüge. Die letzten Zedernbestände wurden von der Kirche in Besitz genommen und streng gehütet. Bei den christlichen Maroniten gilt die Jungfrau Maria auch als »Zeder vom Libanon«. An der Beweidung der Gebirgshänge hat sich nichts Grundlegendes geändert; die Viehzucht des Libanon besitzt auch in unseren Tagen eine große wirtschaftliche Bedeutung. Die Libanesen sind jedoch um verstärkte Aufforstung bemüht und wissen um die Bedeutung dieses Baumes. Nicht umsonst ziert auch eine Zeder die Nationalflagge. Wenn im Land endgültig Frieden herrscht, wird der majestätischen Zeder als Symbol unzerstörbarer Lebenskraft wieder stärker Geltung verschafft werden können.

Zweites Kapitel

DIE EROBERUNG DES URWALDES

Das Gebirge war reich an Schluchten und der Boden uneben; die Bäume standen dicht und übermäßig hoch, so daß die Römer schon vor dem Überfall Mühe genug hatten, Bäume zu fällen, Wege zu bahnen und, wo es nötig war, Gewässer zu überbrücken. Sie hatten auch viele Wagen und Lasttiere, wie in Friedenszeiten, bei sich. Desgleichen folgten ihnen Kinder, Weiber und sonstiges Gefolge in nicht geringer Zahl, so daß sie schon deshalb in weit ausgedehnter Marschlinie dahinzogen. Zu gleicher Zeit setzten heftiger Sturm und Regen ein und brachten die Römer noch weiter auseinander. Auf dem Boden, der um die Baumwurzeln und -stämme herum schlüpfrig wurde, hatten sie keinen sicheren Tritt mehr. Baumwipfel, die, vom Sturmwind abgebrochen, herabstürzten, machten die Verwirrung nur noch größer. In dieser hilflosen Lage wurden die Römer jetzt von allen Seiten und ganz plötzlich von den Germanen umzingelt.

Da diese die Fußpfade kannten, brachen sie immer aus dem dichtesten Gestrüpp hervor. Anfangs schossen sie bloß aus der Ferne; dann aber, als sich bei den Römern niemand zur Wehr setzte und viele verwundet wurden, rückten sie dicht an sie heran. Da die römischen Truppen nämlich ohne jede Ordnung und in buntem Gemisch zwischen Wagen und Unbewaffneten marschierten, konnten sie ihre Glieder nicht

gleich schließen und waren an den einzelnen Punkten jedesmal an Zahl geringer als die angreifenden Barbaren. Sie hatten daher viel zu leiden, ohne irgendwie selbst dem Gegner etwas anhaben zu können. Als sie einen Platz fanden, der sich, soweit es in den Waldungen überhaupt möglich war, zur Rast eignete, schlugen sie ein Lager auf. Die Mehrzahl der Wagen und das andere nicht unbedingt notwendige Gerät verbrannten sie oder ließen es auch daselbst zurück. Am folgenden Tage zogen sie dann in etwas besserer Ordnung weiter und hatten wirklich das Glück, zu einer Lichtung zu kommen, allerdings auch nicht ohne Verlust. Auf dem Weitermarsch gerieten sie von neuem in Waldungen. Sie wehrten sich zwar gegen ihre Angreifer, aber gerade das wurde wieder ihr Verderben. Wenn sie sich nämlich auf engem Raum zusammendrängten, um in geschlossenen Gliedern, Reiterei und Fußvolk zu gleicher Zeit, gegen den Feind vorzugehen, waren ihnen die Bäume ebensosehr wie ihre Nebenmänner im Wege.

Cassius Dio, dem griechischen Historiker und Senator in römischen Diensten aus Nikaia in Bithynien verdanken wir die ungeschminkte Darstellung der Ereignisse aus dem Jahre 9, die als die Schlacht im Teutoburger Wald in die Geschichte eingegangen sind. Aus Furcht, lebend in die Hände der Feinde zu gelangen, stürzten sich der Oberbefehlshaber der römischen Legionen in Germanien, Quinctilius Varus, und seine obersten Offiziere in ihre eigenen Schwerter. Römische Eroberungspläne waren in den Urwäldern des Nordens endgültig gescheitert. Hier gab es keine Wege, geschweige denn Straßen wie im verkehrsmäßig erschlossenen Süden, und auch die Orientierung war nur sehr schwer möglich. Wer sich hier als Eroberer mit Roß und Wagen schwerfällig seinen Weg bahnen mußte, lief Gefahr, vollständig aufgerieben zu werden. Und so passierte es: Der meisterhaft beherrschte Kampf in »geschlossenen Gliedern, (mit) Reiterei und Fußvolk« war in dieser Umgebung für die Römer nicht möglich; sie wurden isoliert und auf engstem Raum zusammengedrängt. Im Kampf Mann gegen Mann konnte sich die römische Kampftechnik nicht entfalten, dabei »waren ihnen die Bäume ebensosehr wie ihre Nebenmänner im Wege.«

Da die Germanen im Wald einen natürlichen Verbündeten sahen, wurde auch in späteren Zeiten dieser schutzbietende Raum gerade wegen der Abgeschiedenheit und Wegelosigkeit ein bevorzugter Aufenthaltsort im Volkskrieg gegen äußere Feinde und Aggressoren. Im Schutz der vertrauten Umgebung konnten den Eindringlingen von meist unterlegenen Kräften empfindliche und vernichtende Schläge beigebracht werden.

Nach der Niederlage der Legionen des Quinctilius Varus war der Traum von einer größeren römischen Provinz im Norden Germaniens ausgeträumt. Die Donau-Main-Rhein-Linie markierte nun die Grenze zum Imperium Romanorum. Die Römer mußten in der Zukunft immer wieder spüren, wie sehr die naturverbundenen »Barbaren« selbstbewußt zum Angriff übergingen, und antworteten mit dem Bau des *Limes*[1], eines durch Kastelle, Wälle und Holzpalisaden gesicherten, insgesamt 584 km langen Grenzabschnittes vom Rhein bis zur Donau.

»Als die Germanen nach ihrer Gewohnheit aus Bergwäldern und dunklen Schlupfwinkeln unsere Truppen überfielen und jedesmal einen sicheren Rückzug in die Tiefe der Wälder hatten, ließ der Kaiser Domitianus Augustus limetes anlegen ...«, schreibt der römische Beamte Frontinus über die Gründe, die zum Bau des Limes geführt haben. Fast 200 Jahre hat dieses unnatürliche Bauwerk überdauert, bis es im Jahre 260 von den Alamannen überrannt wurde. Der gerodete Wald überwucherte wieder die geschlagenen Schneisen. Erst im 19. und 20. Jahrhundert hat der Spaten der Archäologen Überreste des Limes ans Tageslicht gebracht.

Was waren das für Wälder, vor denen die sieggewohnte römische Streitmacht

[1] Bedeutete ursprünglich Grenzrain, Feldweg oder Schneise. Militärische Anlagen wurden erst Ende des 1. Jh. errichtet.

kapitulierte? Bei Plinius Secundus, der Offizier der römischen Reiterei in Germanien war, lesen wir: »Wälder bedecken das ganze Germanien und verbinden die Kälte mit dem Dunkel«. Auch Tacitus, der Verfasser der »Germania«, vermittelt uns ein düsteres Bild: »Das Land zeigt zwar im einzelnen einige Unterschiede, doch im ganzen macht es mit seinen Wäldern einen schaurigen, mit seinen Sümpfen einen widerwärtigen Eindruck.«

Im Gegensatz zu den verkehrstechnisch gut erschlossenen und zum Teil entwaldeten Provinzen im Westen und Süden, erschien das Land jenseits des Limes, das freie Germanien, wegen seiner Undurchdringlichkeit geradezu kulturfeindlich. Für das römische Heer wie für den römischen Kaufmann waren die Wälder des Nordens gleichermaßen Hindernisse auf dem Weg ihrer Bemühungen. Von ihnen wurden sogar die Gebirge statt *montes* als Wälder (silvae) bezeichnet. Die Waldbedeckung der Gebirge hat also noch vor dem Höhenunterschied des unwegsamen Geländes bei der Namensgebung eine Rolle gespielt, unter anderem beim Schwarzwald (martiana silva). Nach römischen Angaben dehnte sich der Herzynische Wald (hercynia silva), das germanische Waldgebirge vom Rhein bis zu den Karpaten, auf einer Strecke aus, die mit 60 Tagesreisen bewältigt werden konnte.

Der Wald zur Römerzeit besaß allerdings ein ganz anderes Gepräge, als er es heute hat. Der sich selbst überlassene Urwald setzte sich überwiegend aus Laubwald, aus Buchen und Eichen, zusammen und wirkte in seiner Eigentümlichkeit auf den Menschen so, wie wir es bestenfalls noch von Naturwaldreservaten kennen. Während im besetzten Teil Germaniens, den Provinzen Germania inferior, Germania superior, Belgica, Raetia und Noricum, die auf der Ausbeutung der Sklaven und Kolonen basierende Sklavenhalterordnung in allen Wirtschaftsbereichen zu bedeutenden ökonomischen Leistungen führte, war die gesamte Entwicklung im freien Germanien und der angrenzenden Gebiete noch an die engen Möglickeiten der urgesellschaftlichen Entwicklung gebunden. Die Volksgruppen und Stämme, die jenseits von Limes und Donau lebten, mußten eine andere Beziehung zu ihrem Lebensmilieu haben.

Gewiß, auch ihnen waren die Wälder und Moore nicht immer geheuer und zum Teil sogar unheimlich. Sie galten vielfach als Sitz von Geistern und Dämonen. Noch heute begegnen sie uns als Wald-, Wasser-, Erd- oder Berggeister in den überlieferten Sagen und Märchen. Feen, Elfen, Moosleute, Wichtel und Waldschrate werden hier und da auch durch eine einzige Gestalt dargestellt. Dann ist von einem wilden Mann oder von einer geheimnisvollen Waldfrau die Rede.

Daß die fast undurchdringlichen Wälder geradezu auf mystische Art und Weise Einfluß auf das Denken der Kelten, Germanen, Slawen und anderer Menschen auf ähnlicher Entwicklungsstufe ausgeübt haben, ist nicht verwunderlich. Vieles davon spiegelt sich in den archaischen Religionen und Riten dieser Völker wider. Mit wachsender Besiedlung mußte der Wald weichen. Während im Mittelmeerraum schon um die Zeitenwende die Rodungen weitgehend abgeschlossen waren, beginnt nun im Norden die Eroberung des Urwaldes.

Mythologie der Wälder

Solange die Haine in Argos, Kolonos, Thessalien, am Athos und Olymp rauschten, waren die Bäume und Wälder den Griechen heilig und verehrungswürdig. Ganz bestimmte Bäume waren verschiedenen Gottheiten geweiht, so die Eiche von Dodona dem Göttervater Zeus, der Ölbaum auf der Akropolis der Athena, ein Lorbeerbaum in Delphi dem Apollon. Die Fichte galt als Baum des Poseidon. Nutzbare Bäume sah man als persönliche Gaben und Geschenke der Götter an. Ölbäume galten allgemein als heilig und standen unter dem besonderen Schutz von Athena und Zeus. Ohne ausdrückliche staatliche Genehmigung durften sie nicht gefällt werden.

Bei der Auswahl der jeweiligen Bäume für Kultzwecke war stets eine geheimnisvoll anmutende Symbolik im Spiel. Die Fichte weihte man deshalb dem Poseidon, weil ihr Holz für den Bau von Schiffen, insbesondere für die Herstellung von Schiffsmasten, geeignet war. Der strauchartige

Hartriegel (Cornus) lieferte hartes und schweres Holz für die Speere und wurde mit dem Kriegsgott Ares in Verbindung gebracht. Die mächtigen Eichen standen meist für die Verehrung des Göttervaters Zeus, weil der Blitz hier angeblich öfter einschlug. Pan und Priapos, den Göttern der Wälder, Wiesen, der Felder und Gärten wurde der Feigenbaum zugesprochen, weil er so üppig wuchs und reich an Milchsaft war. Als Walddämon besaß der bocksfüßige Gott Pan, der Nymphen nachstellte, auch die Gabe der Weissagung. Er liebte die Waldeinsamkeit und jagte den Überraschten Grauen und Angst, den »panischen Schrecken«, ein. Die Heimat des Pan ist die schwer zugängliche, urwüchsige und waldreiche Gebirgslandschaft von Arkadien, in der Mitte des Peloponnes gelegen, die besonders den hellenischen Dichtern als paradiesische Landschaft vorschwebte. Der Lorbeer stand als Baum des Licht- und Sonnengottes Apollon deshalb in Ehren, weil er das Laub zum Kranz des Ruhmes lieferte.

Um die Tempel der Götter legten die alten Griechen heilige Haine an, in denen die betreffenden Baumarten angepflanzt wurden. Die Athener ehrten ihre Helden (Heroen) auf besondere Weise. Auch ihnen wurde ein besonderer Hain, ein Heroon, geweiht. Wer als Holzfrevler im Heroon gestellt wurde, den traf die Todesstrafe. In den Wäldern lebten in der Vorstellungswelt der Griechen Dryaden, die Baum- und Waldnymphen. Ihr Leben währte solange, wie ihr Zuhause seine Krone stolz in den Himmel streckte. Starb der Baum, war auch das Leben der Nymphe zu Ende.

Sogar die Römer waren den Bäumen gegenüber durchaus nicht gleichgültig eingestellt, auch wenn die Worte des Tacitus einen anderen Eindruck vermittelt haben sollten. So haben sie zum Beispiel dem Feigenbaum des Romulus ihre besondere Verehrung geschenkt. Wie die Griechen pflegten auch sie die Sitte, dem Schutzgeist oder Genius eines Neugeborenen einen Baum, meist war es eine Platane, zu pflanzen. Sie legten auch heilige Haine an und stellten darin Altäre und Statuen auf. Noch bis in die Kaiserzeit des 2. Jahrhunderts hinein war ein merkwürdiger Brauch üblich, der zeigt, wie lange uralte Rituale fortleben können. Nicht weit von der Stadt Aricia am Nemisee bewachte ein Priester in einem der Diana geweihten Wald ein Heiligtum. Im Gegensatz zu anderen Vertretern seines Standes besaß dieser Priester, der den Namen *rex nemorensis*[2] trug, kein beneidenswertes Amt. Betrat jemand unbemerkt den heiligen Hain und brach von einem bestimmten Baum einen »goldenen Zweig«[3] ab, war das Leben des »Waldkönigs« verwirkt. Der Frevler hatte das Recht, ihn umzubringen und seine Stelle einzunehmen. Wie der Vorgänger hielt dann der neue »Waldkönig« mit gezogenem Schwert Wache, immer auf der Hut, irgendwann überrascht zu werden. Viele Anwärter gab es sicherlich nicht, aber jemand, der nichts zu verlieren hatte, etwa ein flüchtiger Sklave, mag das Amt seinem Los vorgezogen haben.

Bei den Kulthandlungen der Kelten, die vom 1. Jahrhundert v. u. Z. bis zum 3. Jahrhundert u. Z. in enger Berührung mit den Römern lebten, spielt auch die Mistel eine Rolle. Der Römer Plinius hat den Mistelbrauch der Kelten in allen Einzelheiten aufgezeichnet. Er schreibt: »Die Druiden[4] halten nichts heiliger als die Mistel und den Baum[5], auf dem sie wächst, sofern es eine Eiche ist. Aber auch so pflegen sie die Eichenhaine und vollziehen kein Opfer ohne den Laubschmuck dieser Bäume, so daß sie – wie es auch die Griechen erklären – ihren Namen von den Eichen[6] erhalten zu haben scheinen. Was auf diesen Bäumen wächst, halten sie für eine Gabe des Himmels und für ein Zeichen, das der Gott gibt, der den Baum dazu ausersehen hat«. Die keltischen Priester nannten die Mistel die »Allesheilende«, und »wenn sie nach ihrem Brauch Opfer und Mahl gerichtet haben«, so fährt Plinius fort, »führen sie zwei weiße Stiere herbei, deren Hörner sie zuerst bekränzen. Dann besteigt ein mit einem weißen Gewand bekleideter Priester den Baum und schneidet mit einer goldenen Sichel die Mistelpflanze ab, die in einem weißen Tuch aufgefangen wird. Daraufhin opfern sie die Stiere und beten, daß der Gott die Gabe glückbringend machen möge für die, denen er sie gesandt habe. Sie sind überzeugt, daß unfruchtbare Tiere durch den Genuß des Saftes der Mistelbeere fruchtbar werden und der Saft ein Heilmittel gegen alle Gifte sei«. In England hat sich diese alte keltische Ver-

[2] Waldkönig.

[3] Gemeint sind die Zweige der schmarotzenden Mistel. Ihre Zweige sind im Winter goldgrün berindet. Auch sie galt als heilig.

[4] Keltischer Priester.

[5] Misteln schmarotzen auf Eichen selten.

[6] Vergleiche griech. drys = Eiche.

ehrung der Mistel bekanntlich durch viele Jahrhunderte bis heute erhalten. Zu Weihnachten hat sie die gleiche Bedeutung wie bei uns die geschmückte Tanne, Fichte oder Kiefer. Mistel und Eiche waren aber nicht allein für die Kelten von Bedeutung. Bei ihnen wurden Bäume als Gottheit verehrt, und manchmal waren Baum und Gott sogar identisch. Baumgötter gab es mehrere, wie den Buchengott, den Eberеschengott oder den Apfelbaumgott. In den Eichen sah man die Verkörperung des alles beherrschenden Gottes.

Bevor die Völker im Laufe ihrer Entwicklung das Stadium der Klassengesellschaft erreichten, glaubten sie an ein Verwandtschaftsverhältnis zwischen Menschen, Tieren und anderen natürlichen und künstlichen Objekten. Diese totemistischen Vorstellungen schnitzen auch nordamerikanische Indianer in Holzsäulen (Totempfähle) ein und versinnbildlichen so die Herkunft und Geschichte der Sippe. In der nordischen, altgermanischen Mythologie leitet sich die Abstammung der Menschen aus Bäumen her. Bevor die Götter das Leben auf der Erde beherrschten, so berichtet die Sammlung der Helden- und Götterlieder der Edda, gab es andere übernatürliche Wesen von riesenhaftem Wuchs, das Geschlecht der Jöten. Eines Tages erschlugen die Götter einen Riesen und schufen aus seinem Körper Himmel und Erde. Aus Bäumen entstanden die Menschen. Und das waren gleichzeitig die Namen des ersten Menschenpaares: Askr (Esche) und Embla (Ulme) heißt in der Edda das Paar, das als Adam und Eva durch die Schriften der Bibel bekannt wurde. Schließlich wird die ganze Welt von der *Esche Yggdrasil* getragen; der Stamm hält die Erde und die Baumkrone den Himmel. Die Wurzeln des Weltenbaumes reichen bis in die Unterwelt und werden dort von der Quelle der Weisheit und des Schicksals gespeist. Solche erstaunlichen Vorstellungen konnten Menschen nur unter dem Eindruck eines gewaltigen Blätterdaches von Laubbäumen entwickeln. Denn ganz anders gestaltet sich die Genesisgeschichte von der Erschaffung des Menschen durch die Verformung von Ton, die in den fruchtbaren, aber baumarmen Flußtäler des Nahen und Fernen Ostens ihren Ursprung hat. Mythen von der Erschaffung des Menschen aus Bäumen waren jedoch nicht nur auf die nordische Welt der Germanen beschränkt. Ähnliche Vorstellungen sind unter anderem im alten Persien, in Griechenland und auch in Mexiko entstanden. Der Baumkult ist weltweit verbreitet.

Eine innige Verbindung zu den Bäumen kommt bei den Germanen auch durch die Art der Weissagung, die unter anderem mit dem Werfen von Losstäbchen vorgenommen wurde, stark zum Ausdruck. Dazu schreibt Tacitus in der Germania (10): »Das Verfahren beim Losen ist einfach. Sie schneiden von einem fruchttragenden Baum einen Zweig ab und zerteilen ihn in kleine Stücke; diese machen sie durch Zeichen kenntlich und streuen sie planlos und wie es der Zufall will auf ein weißes Laken. Dann betet bei einer öffentlichen Befragung der Stammespriester, bei einer privaten der Hausvater zu den Göttern, hebt, gen Himmel blickend, nacheinander drei Zweigstücke auf und deutet sie nach den vorher eingeritzten Zeichen. Lautet das Ergebnis ungünstig, so findet am gleichen Tag keine Befragung mehr über denselben Gegenstand statt; lautet es jedoch günstig, so muß es noch durch Vorzeichen bestätigt werden«. Das Schicksal wurde förmlich in die Hände der Götter gelegt. So soll der Suebenfürst Ariovist sich dem römischen Heer unter Cäsar deshalb nicht zum Kampf gestellt haben, weil nach Aussage der Losstäbchen erst mit dem Beginn der Vollmondphase günstige Bedingungen gegeben wären. Weissagungen wurden auch aus dem Wiehern heiliger Rosse, die in den geweihten Wäldern gehalten wurden, aufgestellt. Der Baumkult der Germanen soll auch mit dem Opfer von Menschen, meist waren es Gefangene, verbunden gewesen sein. In heiligen Hainen »leiten sie mit öffentlichen Menschenopfern die schauderhafte Feier ihres rohen Brauches ein«, schreibt Tacitus über die Semnonen. Heilig waren insbesondere die Eiche, die Ulme, die Linde und die Tanne. Dem Gott Donar wurden die Eichen zugesprochen. An geweihten Stellen sind meist roh geschnitzte Kultfiguren, sogenannte Idole, aufgestellt worden. Sie sollten die Menschen zu Opfergaben mahnen. Holzidole konnten auch als formlose Holzpfähle die verehrungswürdigen Plätze markieren.

Bei der Anlage des Rhinkanals im Jahre 1857 fand sich in einem Sumpf in der Nähe von Altfriesack bei Neuruppin eine männlich gestaltete Figur aus Eichenholz. Eine Öffnung, die für die Aufnahme eines männlichen Gliedes gedacht war, bewies eindeutig, daß die Figur bei Fruchtbarkeitsriten eine Rolle gespielt haben mußte. Mit Hilfe der Radiokarbon-Altersbestimmung konnten Experten der Akademie der Wissenschaften ferststellen, daß das Holz von einer Eiche stammte, die etwa um das Jahr 500 die ersten Jahresringe ausbildete. Es war eine Stieleiche, von der eine Astgabel für die Bearbeitung der fast 1,60 Meter hohen Kultplastik abgetrennt worden war. Wann man nun das Eichenholz bearbeitet hat, kann natürlich niemand auf das Jahr genau bestimmen. Bekannt ist, daß in der Mitte des 6. Jahrhunderts die slawische Besiedlung in diesem Raum begann. Darauf weist auch der in der Nähe geborgene Burgwall hin.

Das Rauschen der kräftigen Eichen hat die Aufmerksamkeit der Slawen in besonderer Weise erregt. Die mächtige Statur der zum Teil knorrigen Riesenbäume machte sie zu Trägern unerschöpflicher Fruchtbarkeit, und deren Verkörperung stellte ihre Frucht, die Eichel, dar. Zwar glichen ihnen an Höhe und Stärke die Buchen und Linden, aber am Reichtum ihrer Fruchtgaben gemessen, kam ihnen kein anderer Baum gleich. Fruchtbarkeit bei Mensch, Tier und Boden, davon war man existentiell abhängig. Es ist nicht verwunderlich, daß auch die Slawen heilige Eichenhaine als Sitz der Götter angesehen haben. Bekannt wurden beispielsweise der Eichenhain des Gottes Prove in der Nähe von Oldenburg (Wagrien) und der Hain Boku im südlichen Rügen. Die westlichen Slawen befanden sich nicht nur auf einer den Germanen ähnlichen Entwicklungsstufe, sie bewohnten auch ähnliche Naturräume mit gleich zusammengesetzten Wäldern. Schon dadurch sind viele Übereinstimmungen in der Lebensweise und den religiösen Handlungen durchaus kein Zufall.

Auffällig ist, daß meist Laubbäume in der Verehrung maßgebend waren. Das hatte seine Gründe. Von dem fehlenden Fruchtreichtum einmal abgesehen, konnte der Mensch an den immergrünen Nadelbäumen den Rhythmus der Natur mit seinem sich ständig wiederholenden Wechsel von Werden und Vergehen nicht so deutlich beobachten. Aber auch die Zusammensetzung der Wälder war eine andere als heute, es überwogen ganz eindeutig die Laubbäume. Die alte Sitte, Lindenbäume in der Mitte der Siedlungen und Dörfer zu pflanzen, war bei Slawen und Germanen üblich. »Am Brunnen vor dem Tore, da steht ein Lindenbaum ...« heißt es in dem bekannten deutschen Volkslied. Vieles, denken wir an Maibaum, Pfingstbaum und Weihnachtsbaum, wird bis heute noch vom einstigen Baumkult bewahrt. Mit »Laub und Eichel« erinnern Linde und Eiche auch auf den altdeutschen Spielkarten an ihre einstige große Bedeutung.

Donareiche und Svantevitsäule

Wuchtige Schläge treiben die Axt immer tiefer in den Stamm der altehrwürdigen Eiche. Den Mann, der hier eine für ihn ungewohnte Handlung vornimmt, kennen fast alle Versammelten. Es ist der Missionar Winfried, auch Bonifatius genannt. Etliche haben sich schon einmal auf seinen Gott einschwören, sich taufen lassen. Doch die Kraft der alten germanischen Götter hatte sich als stärker erwiesen. Den neuen Gott konnte man nicht sehen, Donar dagegen stellte sich den einfachen Menschen[7] immer noch als kraftvoller Eichenbaum dar. Jedes Jahr bekränzt mit frischem Laub und reichlicher Eichelfrucht, war er nicht zu übersehen. Donar, dem Gott des Donners und Blitzes, konnte man seine Sorgen anvertrauen und, wenn er gnädig war, erhöhte er das Flehen derjenigen, die an seine Kraft glaubten.

Heute ist nun Bonifatius zurückgekehrt und hat die Abgefallenen wieder ermahnt. Enttäuscht über das Scheitern vieler seiner Bemühungen, ist er zum Äußersten entschlossen. Vor den Augen der wankelmütigen Heiden will er selbst den Götzenbaum umstürzen und damit den Glauben an Donar. Viele in der versammelten Menge ballen die Fäuste, doch keiner hindert den Missionar und seine Männer an ihrem Tun. Gott Donar wird die Frevler richten, so wie er seit Menschengedenken Schuldigen die gerechte Strafe hat zukommen lassen. Plötzlich rauscht es im Wipfel der Eiche, alle Blätter erscheinen zu erschauern, Äste schlagen ächzend zusammen. Nun kann Donar nicht mehr weit sein, Götterzorn wird Bonifatius und die

[7] Im Volksglauben wurden Eichen Donar geweiht.

Seinen unausweichlich treffen. Mit diesen Gedanken heften sich die Blicke fest an den Missionar. Doch der setzt die Axt ab, tritt einen Schritt zur Seite und mit einem mächtigen Krachen stürzt die Eiche zu Boden. Fassungslos betrachten nun die Männer mit ihren Frauen und Kindern das Werk der Zerstörung. Durch die Wucht des Aufpralls ist die Krone zerbrochen, der Baum selbst in vier Teile auseinandergefallen. Daneben steht unverletzt Bonifatius und verkündet die Worte seines Gottes. In Zukunft soll der geweihte Ort nie wieder einem heidnischen Kult dienen. So entsteht aus dem Holz der gefällten Donareiche an derselben Stelle eine christliche Gebetstätte, die dem heiligen Petrus geweiht ist.

Wahrscheinlich hat sich im Jahre 723 bei Geismar in Hessen diese Begebenheit so abgespielt. Immer weiter dehnt das Christentum seinen Einfluß aus. Das Zeichen des Donar, der Hammer (Donnerhammer), verwandelt sich vielerorts in das christliche Kreuz. Die Taktik der katholischen Kirche ist geschickt und wirkungsvoll. Wo die Macht nicht ausreicht, die heidnischen Götzen zu zerstören, wird das alte Heiligtum einfach in eine Weihstätte des neuen Glaubens umfunktioniert. Oder an den ehemaligen Opferstellen gehen nach Meinung der Missionare und Kirchenführer nun Hexen oder sogar der leibhaftige Teufel um.

Mit der Christianisierung ging ein anderer gesellschaftspolitischer Prozeß einher, die Feudalisierung. Seit dem 6. Jahrhundert begannen sich in den späteren deutschen Gebieten zwischen Rhein und Elbe im zähen Ringen um Machtpositionen zwei Hauptklassen in der sozialen Differenzierung herauszubilden: Feudalherren und Bauern. Neu war das Privateigentum an Grund und Boden, das sich, verglichen mit der Sklaverei, als progressive Eigentumsform und Motor für die weitere Entwicklung erwies. Der Feudaladel organisierte auf den Grundherrschaften die landwirtschaftliche Produktion, die mit der Ausbeutung der unfreien, leibeigenen Bauern verbunden war. Außerdem gab es Land, das von freien Bauern bewirtschaftet wurde. In den Markgenossenschaften waren sie die Besitzer des Ackerlandes. Wald und Wiesen (Allmende) befanden sich im genossenschaftlichen Besitz und konnten von jedem genutzt werden.

Als aus dem Frankenreich der feudale Staat entstanden war, existierte neben dem König noch ein zweiter übergroßer Grundeigentümer: die katholische Kirche. Männer wie Bonifatius trieben die Christianisierung und die kirchliche Organisation des Frankenstaates voran und wurden damit auch zu Wegbereitern des Feudalismus in diesem Gebiet. Die Basis für Reichtum und Macht im Feudalstaat war also der Besitz an Grund und Boden. Das bedeutete in erster Linie Ackerboden. Wo Wälder im Wege waren, mußten sie der Kultivierung weichen. Wurden früher einzelne Waldabschnitte zur Erweiterung der ackerbaulichen Nutzfläche urbar gemacht, setzte nun eine Rodungsperiode großen Stils ein.

Besonders unter Karl dem Größen (742–814) werden viele Eroberungskriege mit dem Ziel geführt, neuen Boden in Besitz zu nehmen und gleichzeitig die ansässige Bevölkerung dafür als Arbeitskräfte zu unterwerfen. Das Reich der Langobarden in Italien, das Herzogtum Benevent, das Herzogtum Bayern und ein Teil der arabischen Besitzungen in Spanien kommen unter fränkische Hoheit. Auch gegen die benachbarten Sachsen werden seit Jahren immer wieder Kriege geführt. Die Eroberung Sachsens wird von einer gewaltigen Christianisierung begleitet. Wieder werden heidnische Heiligtümer gestürzt.

Die Sachsen kennen ebenfalls Quellen und Laubbäume als beliebte Opferstätten. Besondere Verehrung findet ein »unter freiem Himmel errichteter Holzblock von ansehnlicher Größe (universalis columna), der senkrecht aufgerichtet war«. Im Jahre 772 gelangt Karl der Große nach dem Kampf an der Eresburg[8] mit seinem Heer zu dieser hölzernen *Irminsul*[9]. Inmitten eines heiligen Haines steht der mächtige, stark verschnitzte Baumstamm, die »das All tragende Säule«. Drei Tage lagern hier die fränkischen Krieger und richten ein Werk der Zerstörung an. Die Säule fällt unter den Schlägen der Franken, der heilige Wald wird das Opfer von Flammen und brennt nieder. Doch damit ist der Widerstand der Sachsen nicht für immer gebrochen. Erst dreißig Jahre später hören bewaffnete Erhebungen gegen die Franken auf.

Als die Sachsenkriege ihrem Ende zugingen, begann der Kampf mit den slawi-

[8] Obermarsberg an der Diemel, südlich von Paderborn.

[9] Irminsäule. Das altgermanische Wort bedeutet soviel wie allgemein oder umfassend, deshalb auch Weltsäule.

schen Stämmen an der Ostgrenze des fränkischen Staates. Hatten Karl dem Großen die Obodriten als Verbündete bei der Bekämpfung der rebellierenden Sachsen zur Seite gestanden, waren nun die nordwestlichen Slawen dem Ansturm sächsischer Krieger ausgesetzt. Der landhungrige Feudalstaat entfaltete einen großen Teil seiner Stoßkraft in Richtung Osten. Unter Otto I. wurde die Grenze des deutschen Feudalstaates bis zur Oder ausgedehnt. Slawenaufstände, vor allem der Aufstand der Lutizen, konnten, wenn auch nur meist für einige Jahrzehnte, die feudale Landnahme und die Christianisierung abwenden. Uneinigkeit und Zersplitterung in eine Vielzahl von Einzelstämmen führten die nordwestlichen Slawen schließlich in den Untergang. Deutsche, polnische und dänische Feudalherren fielen mehrfach in das Land ein und dezimierten die Bevölkerung.

Im Jahre 1161 endete die Slawenherrschaft an der Ostsee. Das letzte Bollwerk, der berühmte Svantevit-Tempel in Arkona auf der Insel Rügen, wurde von dem Dänenkönig Waldemar zerstört. Hier stand das hölzerne Heiligtum der Rügenslawen. Der dänische Geschichtsschreiber Saxo Grammaticus hat an dem Feldzug teilgenommen. Von ihm stammt auch die Beschreibung des Svantevitstandbildes:

»Im Tempel stand ein gewaltiges Götterbild, den menschlichen Körper weit übertreffend, wunderlich anzusehen durch seine vier Köpfe und ebensoviel Hälse. Zwei der Köpfe schienen nach der Brust und ebensoviel nach dem Rücken zu sehen. Im übrigen schien von den vorderen wie von den hinteren der eine nach rechts, der andere nach links zu blicken. Die Bärte waren rasiert dargestellt, die Haare geschnitten, so daß es schien, der Fleiß des Künstlers hätte die Art der Rugianer in der Pflege der Haare nachgeahmt. In der Rechten hielt (die Figur) ein Trinkhorn, aus verschiedenen Metallen gebildet, das der Priester jährlich neu zu füllen gewohnt war, um aus der Beschaffenheit der Flüssigkeit die Ernte des kommenden Jahres zu weissagen.

Der linke Arm bildete, in die Seite gestemmt, einen Bogen. Der Rock war so beschaffen, daß er an die Schenkel reichte, die aus verschiedenem Holz geformt und derart mit dem Kniegelenk verbunden waren, daß man den Ort der Verbindung nur bei genauem Hinsehen erkennen konnte. Die Füße berührten den Boden, ihre Basis war in der Erde verborgen.« Hölzerne Götter standen viele im Slawenland. Die »Metropole der Slawen« mit dem bedeutendsten Tempelbau soll in Riedegost, besser bekannt als Rethra, gestanden haben. Bis heute ist es nicht gelungen, diese Kultburg zu lokalisieren. Der Bischof Thietmar von Merseburg schrieb im Jahre 1014, daß sich hier »ein kunstvoll errichtetes hölzernes Heiligtum« befand. Die Wände sollen außen mit geschnitzten Bildern von Göttern und Göttinnen geschmückt gewesen sein.

Wie geschickt die Slawen mit dem Werkstoff Holz, der ihnen fast unbegrenzt zur Verfügung stand, umgehen konnten, zeigen die hölzernen Überreste ihrer Burgen. Die Eroberer aus dem Raum westlich der Elbe hatten auch einmal auf der gleichen Entwicklungsstufe gestanden und aus denselben Materialien Befestigungen gebaut. Doch das war lange her. Die slawischen Schutzburgen mit ihren Holzerdemauern, bis zu 15 m hoch und an der Basis bis zu 30 m breit, waren den gewohnten steinernen Befestigungen in entscheidender Weise überlegen. Belagerungsmaschinen konnten hier keine Breschen schlagen, die Mauern gaben zwar nach, aber sie hielten stand. Allerdings bestand durch die Verwendung von Holz für Bohlenwände, Türme und Wehrgänge bei Angriffen ständig die Gefahr von Bränden.

Welche Mengen Holz in einer einzigen Burg verbaut wurden, zeigt das Beispiel der einstigen Slawenburgen von Behren-Lübchin, Kreis Teterow in Mecklenburg. Wissenschaftler haben bei ihren Untersuchungen in den Jahren von 1955 bis 1960 auf einer ehemaligen Insel des heute vollständig verlandeten großen Lübchiner Sees die Baureste einer runden Burganlage ausgegraben. Bei näheren Untersuchungen konnten interessante Details der Bauphasen und der Bauweise ermittelt werden. Der gesamte Burghof befand sich auf einem 0,8 m hohen Holzrost, für den etwa 600 m^3 Packholz verwendet wurden. Zwischen zwei senkrecht in die Erde gerammten Bohlenreihen aus Eichenholz schichteten die slawischen Bauarbeiter einen Kern aus Rundhölzern. Darüber bildeten dann Sandschichten den eigentlichen Wall. Für den Bau der älteren Burg von Behren-Lübchin mit seiner insgesamt 420 m langen Wehrmauer und der 320 m langen Brücke sind nach Berechnungen etwa 12 000 m^3 überwiegend eichenes Bauholz verwendet worden.

In Behren-Lübchin müssen um 1060, als die Burg erbaut wurde, Spezialisten am Werk gewesen sein. Alle Bohlen, ob sie nun Zapfen besaßen oder nicht, die speziellen Spann- und Ankerhölzer und andere komplizierte Bauteile wurden in Serien ausschließlich mit einfachen Äxten hergestellt. Für die Erhaltung der Überreste war das Vorhandensein des angrenzenden Moores sehr entscheidend. Bei der Zerstörung der jüngeren Burg muß ein ganzer Abschnitt der Mauer mit der hölzernen Verkleidung hier hineingestürzt sein. Als die Teile von den Archäologen freigelegt wurden, konnte die 3 m hohe Bohlenwand mit der ausgeklügelten Riegelkonstruktion sogar wieder aufgestellt werden, so gut war sie erhalten.

Kampf dem Wald

Als in der zweiten Hälfte des 10. Jahrhunderts der aus Spanien stammende jüdische Reisende und Handelsmann Ibrahim ibn Jaqub das Reich Ottos I. verläßt, um in Richtung Südosten in friedlicher Absicht slawische Gebiete zu erreichen, trifft er zuerst auf eine fast undurchdringliche Wildnis. Aus den Notizen des ibn Jaqub wissen wir, daß vom Beginn des »Miriquidi-Waldes« auf der Straße Hainichen – Most das heutige Erzgebirge mit dem gesamten Vorland menschenleer war. Hier dehnte sich immer noch der Urwald aus, der sich auch westwärts den Menschen in den Weg gestellt hatte. Dort war es das Werk mehrerer Generationen, bis erste Breschen in den dichten Naturwald geschlagen waren. Doch danach verlor der Urwald immer mehr an Terrain. Die nachströmenden Menschen benötigten das Rodeland (auch Neubruch, Neuriß oder Novalacker) für ihre neue Heimat und den Feldbau.

Roden und Siedeln gingen Hand in Hand, so wie es die Illustration aus dem Sachsenspiegel (Seite 16), dem ältesten und bedeutendsten deutschen Rechtsbuch zeigt: Die Bäume fallen, selbst die Wurzeln bleiben nicht in der Erde. Das nennt man »mit Stumpf und Stiel ausrotten«! Beim Bauen der ersten Häuser wird Holz rasch verarbeitet und ständig neu benötigt. Die wachsende Bevölkerung löst im Innern des feudalen Machtbereiches einen regelrechten Feldzug aus, einen zähen Kampf, der mit Axt und Rodehacke geführt wird und der alles andere als friedlich ist. Der erklärte Feind ist der Urwald. Mit ständig nachwachsenden Bäumen und Sträuchern hat er sich vergeblich bemüht, der fortschreitenden Entwicklung den Weg zu verstellen. Wo er baulichen Maßnahmen, der Anlage von Städten und Siedlungen oder Straßen und vor allem bei der Erweiterung des Ackerlandes hinderlich ist, wird er gnadenlos entfernt. Manchmal bleibt er auch Sieger, dann werden von Menschen verlassene Siedlungen wieder von ihm überwuchert. Besonders in wirren Zeiten wiederholt sich dieser Vorgang der Wüstung, wie er von Archäologen und Historikern genannt wird.

Unter Schutz wurde der Wald anfangs nur dort gestellt, wo er direkt die Interessen der feudalen Herrscher, vor allem die der Jagdausübung, berührte. Bei den Merowingern benutzte man zum ersten Mal das Wort »forestis«[10] für Waldgebiete, die mit einem Bann belegt waren. Hier, in den Bannforsten, dürfen die gesamten Nutzungsrechte nur vom König wahrgenommen werden. Wer sich in der »foresta« Holz und die Früchte des Waldes unbefugt aneignete, mußte mit schweren Strafen rechnen. In den Urkunden des Frühmittelalters werden auch Aufsichtspersonen genannt, die »forestarii«, später sollten sie Förster heißen. Und an der Spitze der frühmittelalterlichen Grünröcke stand ein »magister forestariorum«. Dieser Titel läßt sich vielleicht mit dem Forstmeister späterer Zeiten vergleichen.

Der Wald war in den herrschaftlichen Königsforsten zu Zeiten der großen Rodungen geschützt. Auf diese Weise blieben große Waldgebiete, wie etwa der Spessart, der Harz, der Soonwald westlich des Rheins und Schönbuch in der Nähe von Stuttgart, über die Jahrhunderte weitgehend als zusammenhängende Forste erhalten. Der Frankfurter Stadtwald und der Nürnberger Reichsforst haben die Zeiten nicht ganz so unbeschadet überstanden.

[10] Einforstung, wahrscheinlich nach lat. foris = abgezäunt, nach außen abgeschlossen. Später entwickelte sich daraus das Wort Forst. Wald und Holz wurden ursprünglich als Begriffe gleicher Bedeutung verwendet.

Die Stadtnähe ließ die Zersiedelung hier stärker voranschreiten.

Besonders die eigentümliche Regierungstätigkeit der frühmittelalterlichen Könige mit den ständig wechselnden Besuchen der Pfalzen, Städte, Abteien und Klöster hat auf die Erhaltung vieler Wälder einen großen Einfluß ausgeübt. Wiederum war hier das Interesse an der Jagd vorherrschend. Der Holzreichtum der Wälder spielte erst später eine ökonomische Rolle; die Holzknappheit war noch unbekannt. Anfänge eines Holzhandels auf der Ostsee sollen bis auf die Zeit Karls des Großen zurückgehen. Allerdings war der Umfang noch bescheiden. Stabholz zur Fußbodenherstellung und Hölzer für Vertäfelung von Innenräumen gehörten zu den wenigen Handelsprodukten. Karl ließ seine Paläste im Innern mit Holz prächtig ausschmücken. Außerhalb der Bannforste gehörten lediglich die Abgaben durch die verschiedenen Nutzungsrechte zu den Einnahmen, wobei die Entnahme von Holz noch nicht die entscheidende Rolle spielte. Es ist nicht verwunderlich, daß auch der Adel den Schutz und die Pflege der Wälder über die eigene Interessenlage hinaus nicht sonderlich förderte.

Auch das »Capitulare de villis vel curtis imperatoris«[11] Karls des Großen aus dem Jahre 800 schenkte der Jagd allein schon vom Seitenumfang her mehr Aufmerksamkeit als dem Wald. Aber auch die Forderung nach Umwandlung ausgedehnter Wälder in Ackerland findet Erwähnung. In Artikel 36 heißt es dazu: »... daß unsere Wälder und Forsten gut in Acht genommen und wo ein Platz zum Ausroden ist, ausgerodet werden und daß sie[12] nicht zulassen, daß die Felder mit Gesträuchen überzogen werden. Wo aber Wälder sein müssen, da sollen sie nicht zugeben, daß sie zu sehr behauen und verwüstet werden.« Das Capitulare II von 813 verstärkt die Forderung und ordnete ausdrücklich an, daß jedem Ackersmann auf seine Bitte hin Wald oder »anderer wilder Boden« gegen geringe Abgaben zum Kultivieren übergeben werden soll.

Worin aber lagen die Triebkräfte der großangelegten Rodungsbewegungen begründet, die die Urwälder Mitteleuropas zurückdrängten und die Wald-Land-Verteilung schufen, wie sie, sehr großzügig gesehen, auch heute noch vorliegt? Weltliche und kirchliche Grundherren konnten die Kolonisation in einem bis dahin nie gekannten Maße organisieren, das ist bekannt. Dieser Umstand erklärte aber nicht ausreichend die gewaltigen Anstrengungen der Kolonisten, vor allem das rasche Vorgehen. Entfernt gelegene, riesige Ländereien, von Naturwäldern bedeckt, verliehen den Feudalherren zwar Macht und Ansehen, aber dadurch warfen sie noch keinen Gewinn ab. Erst wenn der Boden vom Baum- und Strauchwerk befreit, also »urbar« gemacht wurde, konnte die dann einsetzende Landbebauung den Reichtum mehren. Doch dazu brauchte es Menschen, die alle Mühsal und Schinderei auf sich nahmen und zu gewaltigen Anstrengungen in der Lage waren. Ihnen mußte man Erleichterungen in Aussicht stellen. Für den Feudalherrn war das kein Problem, es bedeutete, die Fronlasten zu vermindern. Der Waldbauer hatte nun nur noch den Rodezehnt an den Grundherrn zu entrichten und war somit freier als die meisten der anderen Landbewohner. Die Möglichkeit, einen besseren sozialen Status in einer neuen Umgebung zu erringen, setzte auch hier wie in anderen vergleichbaren Epochen menschliche Kraft bis an die Grenze der Leistungsfähigkeit in einem Maße frei, wie sie uns heute kaum noch verständlich ist.

Auf einfache Weise sind diese Abhängigkeiten durch die Bildhandschrift des »Sachsenspiegel« überliefert worden. Das bereits oben erwähnte Bild zeigt auf der linken Seite neben den hackeschwingenden Gestalten zwei Männer, die jeweils mit einer Hand eine Urkunde mit einem großen Siegel halten. Das ist die Verleihungsurkunde aus Pergament, die der Lehnsherr mit erhobenem Zeigefinger dem Dorfschulzen einer neugegründeten Dorfsiedlung übergibt. Im Text sind Bestimmungen enthalten, die das grundherrliche Recht unantastbar machen. Daran soll auch die eindringliche Geste erinnern.

Ohne Wald konnten die Siedler nicht existieren. Deshalb befanden sich außerhalb der gerodeten Flächen, der Feld- und Dorfmark als Bestandteil des abgegrenzten Gemeindelandes (Gemein, Allmeine, Almend) auch Waldungen, die ebenfalls gemeinschaftlich genutzt wurden. In diesen Holz- oder Waldmarken besaß anfangs jeder vollberechtigte Markgenosse das Recht, nach seinen Bedürfnissen die sogenannte Notdurft an Holz und anderen

[11] Verordnung über die königlichen Höfe im Fränkischen Reich.

[12] Gemeint sind Aufsichtsbeamte.

Nutzungen »frei und ungehindert, wo und wann es ihm gefiel«, in Anspruch zu nehmen. Und so nahm der Märker, was er brauchte. Ohne Holz war an ein Überleben in den meist abgelegenen Gebieten nicht zu denken, es war der wichtigste Bestandteil des materiellen Lebens. Der ganze Hof mit dem Wohnhaus, der Scheune, der Stallung, den Schuppen und dem Backhaus wurde zum großen Teil daraus gefertigt. Für den Bau von Brunnen, Zäunen, Wagen, Schlitten, Eggen, Pflügen oder Futterkrippen war es unentbehrlich. Solange es im Überfluß vorhanden war, kannte man keine einschränkenden Bestimmungen, ganz zu schweigen von Verboten und Kontrollen. Unstimmigkeiten unter den Markgenossen wurden meist im Wald geschlichtet. Die *Holz- und Markgerichte* tagten unter freiem Himmel, nicht selten nach traditioneller Sitte unter den ausladenden, belaubten Ästen uralter Bäume.

Mit dem gleichen Eifer wie ihre weltlichen Kollegen machten sich auch die Mönche ans Werk. Sie besaßen ihr eigenes, von ihrer Kirche propagiertes Motiv: Im Wald hausten die Mächte der Finsternis; den Wald deshalb zu beseitigen, sei ein gottgefälliges Werk. Die Kirche eroberte sich neue Landstriche mit Roden und Siedeln, um ihren Einfluß weiter zu festigen. Schenkungen ließen die Macht des Klerus erheblich anwachsen, aber er war nicht nur Eigentümer. Hauptsächlich die Zisterzienser verhalfen der Kirche auch zum Rang des großen Kolonisators des frühen Mittelalters. Dort, wo die Klöster das Land urbar machten, erinnern daran noch heute die alten Siedlungsnamen mit den Endungen -kirchen, -münster oder -zell. Aber auch Namenzusammensetzungen mit Kreuz, Pfaff, Mönch, Abt und Bischof können auf geistliche Rodungstätigkeit hindeuten. Das ganze Ausmaß der Entwaldungen wird deutlich, wenn man Ortsnamen auf der Landkarte aufsucht, die -rode, -riet, -reut, -han, -hagen, -brand, -schwand, -tand und -wald enthalten. Mit Hilfe der Rodungstätigkeit sind zum Teil auch politische Ziele verfolgt worden. Karl der Große, der Förderer der Rodungsbewegung, benutzte sie in geschickter Weise dazu, um die Sachsen zu befrieden. Die unterworfenen Sachsen siedelte er in vielen Teilen seines Reiches an, und gleichzeitig schickte er fränkische Kolonisten ins Sachsenland. Wenige Jahre, nachdem Ibrahim ibn Jaqub sich quer durch das menschenleere Erzgebirge auf den Weg nach Most machte, wurde das Bistum Meißen gegründet (968). Damit begann auch in diesem Gebirge eine große Rodungsperiode. Es entstanden die typischen Waldhufendörfer.

Ausgehend von den ersten größeren Rodungen in der Karolingerzeit (750–900) entfaltet sich der Kampf gegen die Urwälder später auf dem Boden des Heiligen Römischen Reiches deutscher Nation von Südwesten beginnend nach Norden und Osten in mehreren Zeitetappen. Etwa am Ende des 13. Jahrhunderts ist der Höhepunkt überschritten. Die Wald-Feld-Verteilung, so wie sie sich heute ungefähr zeigt, ist erreicht. Nachfolgende Rodungen modifizieren das Bild. Das Ärgste hat der Wald schon überstanden. Über 400 Jahre Roden und Siedeln haben vielleicht 10 Millionen Hektar, das sind 100 000 Quadratkilometer, Urwaldfläche beseitigt, so lauten die Schätzungen. Riesige Flächen Kulturland waren geschaffen worden, die Millionen Menschen ernähren konnten. Um 1350 besaß Deutschland mit 13 bis 15 Millionen Menschen seine höchste Bevölkerungszahl im Mittelalter. Die Siegesfreude über den Urwald hielt oft nicht lange an. Bald sprach man vielerorts vom drohenden Gespenst der Holznot.

Die Mehrzahl der sich rasch ausdehnenden Städte brachte sich frühzeitig in den Besitz von Waldungen, denn die weitere Entwicklung war letztlich vom Holz abhängig. Nur zwei Beispiele: 1372 kauft die Reichsstadt Frankfurt am Main vom Kaiser Karl IV. den Königsforst für 3800 Goldgulden. Für 640 Schock Groschen[13] gelangt 1461 der wesentlich kleinere Waldbesitz des Barfüßerklosters, einschließlich der Wiesen und Pfannhäuser, an die Stadt Halle.

[13] Ein Schock wurde in dieser Zeit zu 68 Stück = 1 Mark feinen Silbers gerechnet.

Im schwer zugänglichen Bergland vom Westneuguinea (Provinz Irian Jaya, Indonesien) haben vor einigen Jahren Ethnologen begonnen, die Lebensweise von bis dahin unbekannten Bevölkerungsgruppen zu erforschen. Die Eipo – ihr kultureller Entwicklungsstand entspricht etwa dem von jungsteinzeitlichen Menschen – verwenden als Universalwerkzeug noch immer das traditionelle Steinbeil. Beim Fällen und Zerlegen von einzelnen Bäumen für die Brennholzgewinnung, auch beim mühseligen Roden in den Gebirgswäldern, leisten die harten Steinklingen aus Andesit seit altersher gute Dienste. Selbst nach längerer Bearbeitung von Harthölzern werden sie nicht unbrauchbar. Seit 1975 sind nur Stahläxte bei den Eipo im Gebrauch; die Forscher haben sie ihnen als Gastgeschenke aus Europa mitgebracht. Die Steinzeitmenschen bevorzugten zwar nach einiger Zeit die modernen Werkzeuge, aber es konnte beobachtet werden, daß die Stahlaxt nur geringfügig überlegen war.

Als die ersten mitteleuropäischen Ackerbauern auf ihrer Wanderschaft in die fruchtbaren Lößgebiete gelangten, fanden sie auch hier Urwald vor. So rodeten im Elbe-Saale-Gebiet bandkeramische Siedler[14] mit Hilfe des Feuers und mit Steinwerkzeugen, die denen der Eipo von Neuguinea vergleichbar sind, auf Lößböden stockende Eichenmischwälder. Das war vor etwa 6700 Jahren, sieben Jahrtausende vor der Steinzeitgegenwart Neuguineas! Vor einiger Zeit glaubte man noch, daß das Roden von Urwäldern mit primitiven Steinäxten unmöglich gewesen sei. Ohne Kenntnis der genauen zeitlichen Einordnung wurde auch vermutet, daß die ersten Bauern Mitteleuropas bereits vor dem Urwald ihre neue Heimat erreicht hatten. Die Wälder waren ja gar nicht so alt. Erst als die Inlandeismassen der letzten Kaltzeit vor etwa 10 000 Jahren langsam nach Norden zurückwichen, folgten ihnen allmählich die ersten Birken, Kiefern und Weiden. Wälder mit reichem Baumbestand lösten nun die Tundra und die Eisrandsteppe ab.

Mit dem Vordringen der Wälder wurde Holz für die Jäger, Sammler und Fischer zu einem wichtigen Rohstoff. Waffen, Geräte und die einfachen Hütten wurden daraus hergestellt. In dieser Zeit erfand der Mensch auch das Steinbeil zur Holzgewinnung und -bearbeitung. Die ersten Beilklingen der Mittelsteinzeit waren in durchbohrte Geweihstücke eingelassen. 1000 Jahre vor den nachfolgenden Bandkeramikern waren auch Hasel, Eiche, Ulme, Linde, Esche und Erle wieder zurückgekehrt und bildeten dichte Bestände. Später kamen Buche und Hainbuche dazu. Die Urbewaldung, wenn auch mit erheblich weniger Baumarten als vor den rauhen Kaltzeiten, war bald abgeschlossen. Die Bandkeramiker und andere Siedlungsgruppen haben bewiesen, daß auch größere Flächen mit primitiven Werkzeugen vom Wald befreit werden konnten.

Die Verteilung der in Mooren aufgefundenen mikroskopisch kleinen Pollenkörner (der Pollendiagramme) vermittelt ein recht genaues Bild der Vegetationsentwicklung in den verschiedenen Landschaftsräumen. Im Lößgebiet der heutigen Magdeburger Börde existierte also der Urwald bereits, als die bandkeramische Siedlungstätigkeit begann. Das Pollendiagramm (Seite 49) zeigt den Beweis: Die siedlungsanzeigenden Pollen von Getreide und Unkraut setzen vor etwa 6700 Jahren ein. Außer der Fichte sind fast alle wichtigen Laub- und Nadelgehölze vertreten. Die bandkeramischen Siedler zerstörten als erste die geschlossene Vegetationsdecke. Neben der Gewinnung von Ackerboden war für sie auch die Bereitstellung von Holz lebensnotwendig. Grabungsfunde lassen darauf schließen, daß für eine Siedlung mit 25 Holzhäusern ungefähr 3500 Eichen gefällt wurden. Seitdem die Menschen an ihre Scholle gebunden waren, brauchten sie feste, aufwendigere Wohnstätten. Stand kein Steinmaterial in ausreichender Menge zur Verfügung, lieferte der nahe Urwald das Bauholz.

Wie sich im Detail eine Urwaldrodung vollzieht, kann heute noch in den tropischen Regenwäldern beobachtet werden. Ein sehr großer Anteil fällt dabei der Brandrodung zum Opfer. Wenn die Ernten auf dem neugewonnenen Boden nachlassen, zieht man weiter, und die Waldvernichtung beginnt von vorn. In Mitteleuropa rodete der Mensch mit Feuersteinäxten seit der mittleren Steinzeit Bäume an den Rändern der Urwälder. Der wichtigste Verbün-

[14] So bezeichnet nach den charakteristischen Mustern der Töpferware aus der Jungsteinzeit.

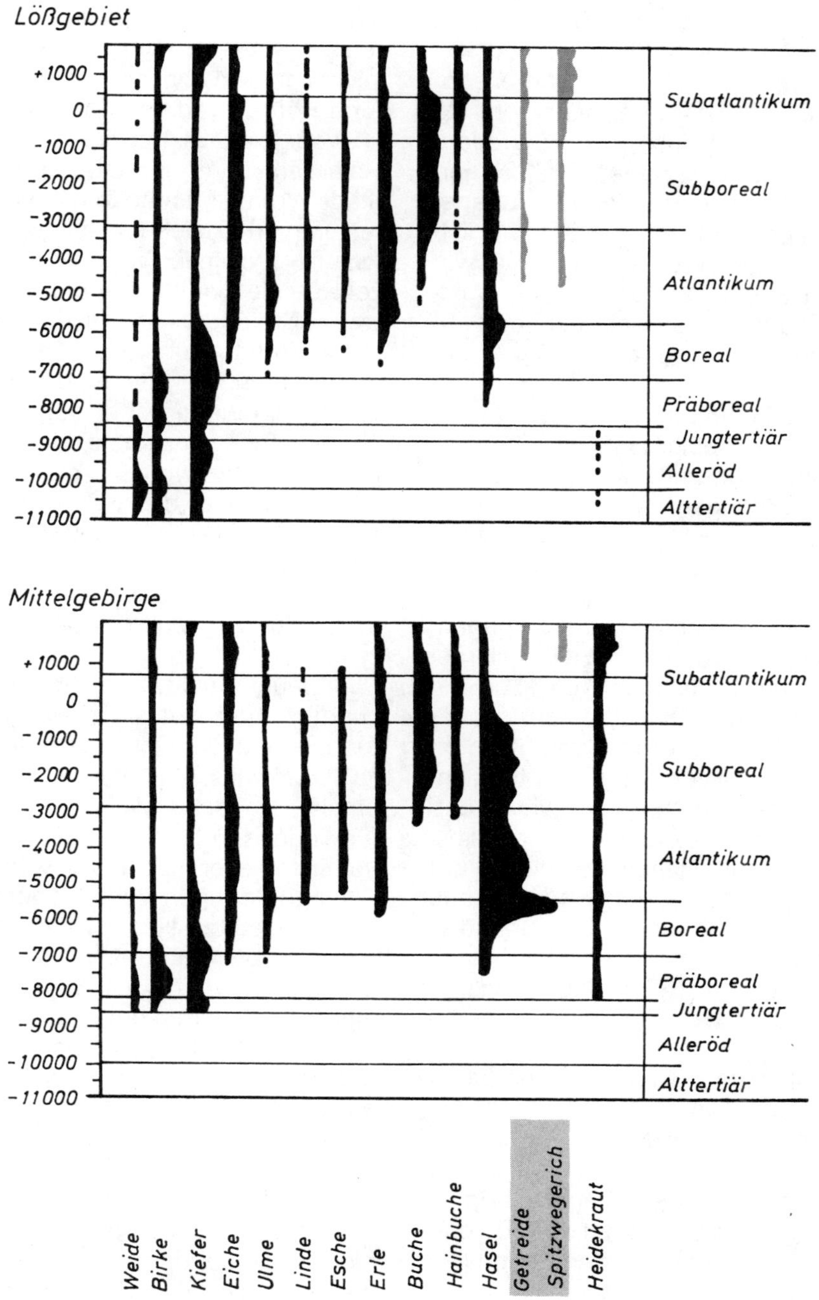

dete im Kampf gegen das Walddickicht war auch hier das Feuer mit seiner Vernichtungskraft. Aus Erfahrung wußten die Menschen, daß das Holz bei Bränden nur äußerlich verkohlte und die Baumstämme nicht so einfach zu beseitigen waren. Wurde die Rinde vom Stamm abgeschlagen, trockneten die Stämme aus, und das Holz konnte so eher ein Opfer der Flammen werden. Aber ohne Axt, egal ob nur Steinbeile und später Bronze- oder Eisenbeile zur Verfügung standen, war man machtlos. Fielen die Stämme endlich nieder, zerstoben sie zu Asche, dann begann der eigentlich schwierige, kräfteraubende Teil des Rodens, das Ausgraben der Wurzelstöcke. Nicht immer gingen die Menschen so gründlich zu Werke. Oft genug schienen die mageren Ernten größere Anstrengungen nicht zu rechtfertigen.

Waren sich die Ackerbauern ihrer Sache aber sicher und wollten sie seßhaft werden, mußten die Stöcke wohl oder übel aus der Erde. Aber auch wenn die Baumwurzeln unversehrt blieben, zogen sie dazwischen mit einfachen Pflügen Furchen. Es kam vor, daß auf den mit Asche gedüngten Böden die erste Ernte oft mehr als enttäuschend ausfiel. Dann ging es erneut auf Wanderschaft, auf die Suche nach neuen Anbauflächen. War das Ziel erreicht, wurde dem Wald restlos der Garaus gemacht. Auch von den angrenzenden Revieren aus konnte er dann vom Akkerboden keinen Besitz mehr ergreifen. Durch den Verbiß von Schafen, Ziegen und die Waldweide der Rinder degenerierte der einst üppige Urwald allmählich zum durchlässigen Weidewald. Damit waren neue Breschen in das grüne Waldmeer geschlagen, neue Angriffspunkte für nachfolgende bodensuchende Ackerbauern.

Es kommen Zeiten, in denen der Urwald noch mehr von seiner Substanz verliert. Mit der Regierungszeit Karls des Großen setzen die Rodungen ein, die sich durch ihr Ausmaß von den Unternehmungen der Vergangenheit wesentlich unterscheiden. Doch je dichter die Besiedlung wird, desto vorsichtiger muß mit dem Feuer umgegangen werden. Immer mehr Holz fällt bei den Rodungen an, und es wird auch gebraucht. Besonders der Aufbau der neugegründeten Städte erfordert den Baustoff Holz in einem bisher nicht gekannten Umfang. Die mittelalterliche Stadt war in den Anfängen nichts weiter als eine geschlossene, verteidigungsfähige Siedlung auf begrenztem Raum, die sich aus ländlichen Holzhäusern zusammensetzte. Inmitten der vielen hölzernen Bauten stand noch selten ein Steinhaus. Bis heute erkennt man einige an ihrer Bezeichnung »Steinernes Haus«.

Auf dem Lande verwendete der Bauer die jeweils günstigen Hölzer für den Bau seiner Wohnstätte. Über viele Generationen reichte man die Erfahrungen in der Holzbearbeitung weiter. Jeder war sein eigener Baumeister; erst später wurden daraus Berufe. Abhängig von den regionalen Besonderheiten des natürlichen Holzangebotes, je nachdem, ob man in einer Gebirgsgegend lebte und Lärche, Fichte, Tanne zur Verfügung standen, oder ob im Flachland auf Eichen, Kiefern und Buchen zurückgegriffen wurde, immer suchte er man die Holzart für den entsprechenden Verwendungszweck gezielt aus. Das Wohnhaus errichtete sich ein einfacher Bürger meist selbst. Später bauten Fachhandwerker Gebäude, die den speziellen Bedürfnissen in den Städten angepaßt waren.

So schnell die neuen Zentren dank des hölzernen Rohstoffes auch wuchsen; gleichzeitig verstärkte sich eine gefürchtete Gefahrenquelle.

Die leichte Entzündbarkeit des geschützten, ausgetrockneten Holzes und der leichtsinnige Umgang mit offenem Feuer führte oft zu verheerenden Stadtbränden. In wenigen Stunden fiel das Aufbauwerk vieler Jahrzehnte in Staub und Asche. Die Stadt Worms brannte in nicht ganz 80 Jahren immerhin siebenmal: 1221, 1231, 1234, 1242, 1259, 1269 und 1298! Im Jahre 1294 verzehrten die Flammen in Basel 600 Häuser, 1298 in Straßburg 355 Häuser, und 1397 waren es in Erfurt über 1000 Gebäude. Nicht immer brannten die Städte restlos und vollständig nieder, aber durch die zahlreichen Brände sind viele eigentlich mehrmals errichtet worden, um dann wieder von der Geißel des Feuers heimgesucht zu werden. Diese Katastrophen mußten ganz einfach zum Umdenken führen. Es wurde nicht nur der Löschdienst verbessert, man zog auch andere Konsequenzen.

Ein neuer Haustyp mit größerer Feuersicherheit und sparsamerer Holzverarbeitung beherrschte nun das Stadtbild: das Fachwerkhaus. Das hohe Alter vieler noch erhaltener Fachwerkbauten aus den zurückliegenden Jahrhunderten beweist, wie gut sich dieser Haustyp bewährt hat.

Neugründungen und Wiederaufbau von Städten setzten kurzfristig große Mengen von bearbeitetem Holz, Balken, Bohlen und Bretter, voraus. Mit den wenigen und einfachen Geräten der ländlichen Bevölkerung war das Holz nicht herbeizuschaffen. Schon das Einschlagen der Wälder unter Zeitdruck schuf Probleme. Neue Technologien mußten entwickelt werden. Im 13. Jahrhundert skizziert ein Franzose namens Wilar ein »automatisches« Sägewerk, das die Holzbearbeitung revolutionieren soll. Bei der Konstruktion von Wilar bewegen sich die Säge und der in einer Führung laufende, zu bearbeitende Baumstamm durch die Kraftübertragung eines Wasserrades. Einfache Scharniere und ein elastischer Holzstamm, der in einer Astgabel ruht, ermöglichen das Hin- und Herbewegen des festgespannten, geraden Sägeblattes. Schnittgeschwindigkeit und Vorschub konnten so koordiniert werden und ermöglichten einen automatischen Sägebetrieb.

Mit Wasserkraft betriebene Sägemühlen arbeiten in großer Zahl erst im 14. und 15. Jahrhundert. Zwischen Stadtmauer und Wald befand sich oft als unentbehrliche Einrichtung die Säge- oder Schneidemühle.

Davon unabhängig hat sich das Herstellen von Brettern und Balken mit Hilfe der sogenannten Sägekuhle im Handbetrieb bis in den Anfang unseres Jahrhunderts erhalten.

Im südthüringischen Schleusegebiet begannen die großen Rodungen um 1300. In waldreicher Umgebung fanden die Siedler fließendes und fallendes Wasser besonders reichlich vor. Insgesamt sind im Einzugsgebiet der Schleuse 46 Mahlmühlen und 80 Schneidmühlen nachgewiesen worden. Die Mahlmühlen blieben oft über Jahrhunderte im Besitz einer einzigen Müllerfamilie.

Bei den Schneidmühlen bestimmte die teilweise periodische Nachfrage nach dem Rohstoff Holz die Existenz. Meist abseits von Dörfern und Siedlungen gelegen, dort, wo der Sägebetrieb gestattet war, wuchsen sie sehr schnell aus dem Boden, aber ebenso geschwind verschwanden sie wieder. Vor allem die Grundherren profitierten von der neuen Entwicklung: vom Riesenbedarf der wachsenden Städte und von den verbesserten technischen Möglichkeiten. Beides führte dazu, daß sich der Handel mit Holz allmählich zu einem einträglichen Geschäft entwickelte.

Nahrungsspender Wald

Speyer im 15. Jahrhundert. Bis zu 10 000 Gulden kann der Bischof in guten Jahren an Weidegeldern, die das ungefähr 60 000 ha große Waldgebiet südöstlich der Stadt im wahrsten Sinne des Wortes abwirft, für sich verbuchen. Gute Mastjahre, das sind Zeiten, in denen Eichen und Buchen reiche Frucht tragen. Dann finden die zahlreichen Schweineherden der umgebenden Dörfer, Siedlungen und auch der Städte ausreichende Nahrung. Pro Schwein erhebt der Bischof als Waldeigentümer eine Abgabe von einem halben Gulden, das sind bei 20 000 Schweinen immerhin 10 000 Gulden! Gute Zeiten für Waldbesitzer.

Eine besonders lebendige Darstellung der *Schweinemast* findet sich in dem berühmten Breviarium Grimani, einem kunstvoll ausgestatteten Kalendarium aus dem 15. Jahrhundert. Das Novemberbild zeigt die von Hirten bewachte Schweineherde, wie sie in dem lichten, durchsichtigen Waldstück gierig die am Boden liegenden Eicheln fressen. Man glaubt, geradezu das Grunzen und Quieken des umherstreifenden Borstenviehs zu hören, so realistisch ist das Bild. Der Schweinehirt im Vordergrund holt zum Wurf mit einem Holzknüppel aus. Aus den Baumkronen sollen noch mehr Eicheln herabfallen, damit die Schweine möglichst viel Nahrung zu sich nehmen können. Eichelmast gibt wohlschmeckendes Fleisch und festen Speck. Das Entgelt für die Mast, das nach der Körpergröße der Tiere abgestuft war, hieß verallgemeinernd der Zehnte (lat. decima). Davon wurden die Bezeichnungen Dehem, Dehmengeld und *Dechelgeld* abgeleitet. Die Pächter zahlten in Naturalien, aber auch in klingender Münze.

In die Markwälder durfte der Bauer seine Schweine noch unentgeltlich treiben. Der Segen der Mastjahre[15] wurde förmlich erfleht, denn es hing viel davon ab. Solange die Kartoffel noch nicht bekannt war, nahm die Schweinemast einen nicht hoch genug zu bewertenden Rang in der menschlichen Ernährung ein. Eine ausreichende Stallfütterung der großen Herden war noch nicht möglich. Überhaupt sah man den Wald damals aus einer ganz anderen Sicht. Bevor der eigentliche Handel mit Holz aufkam, holten die Menschen aus ihm das hervor, was sie zum Leben, besser zum Überleben, dringend brauchten. Nicht immer fielen die Ernten gut aus. Dann bot der Nährwald mit seinen Früchten, Kräutern und Gräsern immer noch einen Ausweg. Eine geregelte Waldwirtschaft gab es im allgemeinen noch nicht, und so war der Wald ein den Bauern von altersher vertrauter Raum, der sich den Bedürfnissen der Landwirtschaft fügen mußte. Vor allem die Eiche spielte bei der Schweinemast eine überragende Rolle. Anders verhält es sich mit der Buche, sie hat meist nur im Abstand von acht bis zehn Jahren ein gutes Samen- oder Mastjahr.

Vor besonders guten Mastjahren traf die Landbevölkerung umfangreiche Vorberei-

[15] Noch heute spricht man in der Forstwirtschaft von Mastjahren, wenn reichliche Saatguternten bei Buche und Eiche vorliegen.

tungen. Je nachdem, wieviel Geld zur Verfügung stand, wurden die Schweineherden vergrößert. Eilig errichteten die Bauern zahlreiche Zäune und leiteten Wasser in die betreffenden Waldabschnitte. Die Schweine erhielten einen Nasenring, um ihnen das Wühlen zu erschweren. Sie sollten sich möglichst auf die kostbare *Obermast*, die Eicheln, Bucheln (Bucheckern), Nüsse, Hagebutten, Kastanien, Schlehen und das Wildobst, konzentrieren. Die *Untermast* bildeten Pilze, Wurzeln, Schnekken, Würmer und Insektenlarven. Der Wald mußte viel hergeben, denn nicht nur Schweine wurden dort gemästet. Auf die Waldweide (Hute) trieb man bis in den späten Herbst Pferde, Rinder, Ziegen und Schafe.[16] Die Waldweide verursachte große Schäden, die nicht sofort sichtbar wurden. Besonders Ziegen und Schafe fraßen alles Grün, was sie erreichen konnten. Zusammen mit dem Wildverbiß konnte so das Wachstum des Waldes erheblich vermindert werden. Damit nicht genug. Astwerk wurde auch dazu verwendet, um einfache Zäune für die Gehöfte anzufertigen. Diese dichtstehenden Holzpfahlreihen mit lagenweise durchflochtenem Reisig sind auf vielen Darstellungen aus früheren Jahrhunderten zu sehen. Der Wald mußte auch mit dem Ackerbau konkurrieren. Diese spezielle Art der Waldnutzung hieß *Waldfeldbau*. Zwischen den schmalen Feldflächen ließ man Streifen von *Ausschlagewald* (Niederwald) stehen, der in mehrjährigen Abständen »auf den Stock gesetzt« wurde. So konnte gebrauchsfähiges Holz, das Holz für Stangen, Faßreifen, Zäune, und schließlich auch Brennholz gewonnen werden. Der Rest wurde angezündet und ergab Dünger für die Felder. In den mit Asche vermischten Boden warfen die Bauern Hafer- und Roggenkörner und hofften auf eine einigermaßen zufriedenstellende Ernte. So konnte durchaus Getreide geerntet werden. Aber die Stöcke schlugen auch hier wieder aus, und die Mühsal begann von vorn. Das war natürlich Raubbau, denn dem Boden wurden unablässig Nährstoffe entzogen, ohne daß er sich ausreichend regenerieren konnte.

Vor allem durch die Praxis der *Streunutzung* wurde der Nährstoffentzug wesentlich gesteigert. Heruntergefallenes Laub und Nadeln, die lebenswichtigen Humuslieferanten, holten die Bauern aus den Wäldern, düngten damit die eigenen Felder und benutzten den Waldhumus zum Einstreuen in den Viehstallungen. Immer mehr Vieh mußte durch die kalte Jahreszeit gebracht werden, das vorhandene Stroh reichte dazu meist nicht aus. Um die wachsenden Viehherden in den Niederungsgebieten ganzjährig mit Futter versorgen zu können, wurden dort die Wälder zunehmend in Wiesen umgewandelt. Durch die Regulierung des Wasserhaushaltes und die Zurückdrängung der Erlenbruchwälder entstanden im Laufe der Zeit die ausgedehnten Wiesenebenen, die sich heute wie riesige grüne Teppiche zwischen den Ackerflächen erstrecken.

Aufgelockerte Wälder boten günstige Bedingungen für die *Zeidlerei*, die Wildbienenzucht, oder *Zeidelweide*. Alle Bäume mit honigliefernden Blüten waren in diesen Gebieten geschützt. Für die wilden Bienen, die oft in hohlen Bäumen ihre natürliche Unterkunft besaßen, wurden in besonders starken Stämmen zusätzliche Höhlungen geschlagen. In einer derartigen Umgebung fanden die Bienen ausreichende Nahrung (Weide) und sicherten dadurch zahlreichen Menschen eine Existenz. Bienenhonig lieferte im Mittelalter den einzigen Süßstoff. Auch das Wachs wurde teuer gehandelt. Daraus stellte man nicht nur Kerzen, sondern zum Beispiel Schreibtafeln und Siegelwachs her. Östlich der Elbe, zwischen der Ostsee im Norden und der ukrainischen Steppe im Süden, war die Zeidlerei besonders stark verbreitet. Mitunter lagen die Gewinne aus den Honigerträgen höher als die aus dem Holzverkauf. Berühmt wurden auch die Wälder um Nürnberg. Der Lorenzer und der Sebalder Wald werden in alten Dokumenten als des »Heiligen Reiches Bienengarten« bezeichnet. Die Wildbienenzucht wurde von einer bestimmten Personengruppe, den Zeidlern, systematisch betrieben. Allein im Lorenzer Wald gab es 27 Zeidlerdörfer.

Die Bienenzüchter garantierten ihrerseits dem Landesherren große Einnahmen und besaßen deshalb einige Sonderrechte: Ihre Güter waren erbliche Lehen, sie übten eigene Gerichtsbarkeit. In den Reichsstädten genossen sie Zollfreiheit; aus den Wäldern bezogen sie Freiholz. Dafür entrichteten die Zeidler den sogenannten Honigzins. Später trat auch Geld anstelle des Honigs. Eine Urkunde von 1039/40 erwähnt, daß immerhin 124 Schock[17] aus

[16] Danach auch als Hutewald bezeichnet, die Bezeichnung kommt von hüten.
[17] 1 Schock = 60 Stück.

dem Lorenzer Wald und 46 Schock aus dem Sebalder Wald an den Hof des Königs abgeliefert wurden. Im Jahre 1350 gab Kaiser Karl IV. seine Lehnsherrschaft über die Zeidler auf und verpfändete das Recht auf seine Einnahmen für 200 Mark lötigen Silbers an die Edlen von Seckendorf. 1358 verlangten diese die gleiche Menge Silber von den Burggrafen, und im 15. Jahrhundert erwarb schließlich die Stadt Nürnberg alle Rechte an dem Reichswald. Auch in der Mark Brandenburg wurde die Zeidlerei wegen ebenfalls günstiger Bedingungen mit Erfolg betrieben. Das Buch, in dem Karl IV. seine Einnahmen aus der Mark einschreiben ließ, bezeichnete im Jahre 1373 nur die Erträge aus der Waldweide, Honig und Hafer als die einzig sicheren Einkünfte. Dann folgen die einzelnen Wälder mit ihren Honig- und Hafererträgen: »Die Heide zu Köpenick 3 Tonnen Honig im Werte von 4½ Schock Groschen und 8 Wispel[18] Hafer im Werte von 2½ Groschen, die Heide zu Bernau 4 Wispel und 8 Scheffel[19] Hafer, die Heiden zu Trebbin, Spandau und Potsdam je 1 Tonne Honig im Werte von 1½ Schock Groschen. Schloß Neuemühle entrichtete 1 Tonne, die Heide zu Biesenthal 1¼ Tonne Honig.«

Den aus Honig bereiteten Met, das Getränk der alten Germanen, schenkte man noch im Mittelalter aus. Mit der Zeidlerei ging es bergab, als Rohrzucker aus dem neuentdeckten Amerika eingeführt wurde. Schon einmal hatte die Waldbienenzucht Einbußen hinnehmen müssen. Im Zuge der Reformation ging der Kerzenverbrauch in den Kirchen stark zurück, so daß die Zeidler keinen günstigen Absatz für das Wachs fanden. In den Wäldern wurden die starken Bäume, in die künstliche Höhlungen für die Bienen geschlagen werden konnten, immer seltener. Die Bauten wurden nun auch in den Gärten aufgestellt, die Imkerei löste die Zeidlerei ab.

Auf dem Februarbild des »Stundenbuches des Herzogs von Berry«, einer kostbaren Handschrift aus dem 15. Jahrhundert, sind auf einem Gehöft vier Bienenkörbe zu sehen, ein sichtbarer Beweis dafür, daß auch die Bauern die Imkerei betrieben. Dieses Bild (siehe Farbteil) zeigt überaus anschaulich, wie sehr man auf dem Lande vom Holz abhängig war. Das Haus, die Stallungen, Zäune, Gerätschaften, Reisigwellen, Fässer, alles ist aus Holz. Und nur das *Brennholz* aus dem Wald garantiert das Überleben in den strengen Wintermonaten. Die Menschen, die am offenen Feuer des Kamins sitzen, drücken geradezu körperlich aus, wie ihnen die wohlige Wärme in die kalten Glieder fährt. Um ihre Beine zu wärmen, hebt die vornehme Dame im Vordergrund nur etwas ihren Rock an. Sie wendet verschämt den Kopf zur Seite, um nicht zu sehen, was ihr Pächter und dessen Frau in ungezwungener Weise vorzeigen. In dem winterlichen Wald, der den rechten Hintergrund des Monatsbildes ausfüllt, schlägt ein Bauer Holz, und eine Frau treibt einen mit Brennholz beladenen Esel zur Eile an. Reisigholz wurde zu einem Meter langen »Wellen« handelsfertig gebunden. Das Holzschlagen gehörte zu den Winterbeschäftigungen des Bauern.

[18] Altes Hohlmaß, etwa 24 Scheffel.
[19] 1 Scheffel entspricht etwa 55 Liter.

Drittes Kapitel

Zwischen Baum und Borke

Aus der Mecklenburgischen Polizei- und Landesordnung von 1572: Nachdem wir auch augenscheinlich befinden, Das die Pawern, unsere Höltzer und Wildbanen, obermessig und sehr verwüsten und verhawen, So wollen und ordnen wir, das unsere Amptleute, Vorsteher und Heydtreiter, die Pawren anhalten, Das sie sich befleissen, zu ersparung des Holtzes, Stuben und Dornitzen zu hawen, den Winter darinn sitzen, und also das übrige Holtz, wellichs sie sonsten den ganzen tag ober, auff dem Herde verbrennen, ersparen mügen, Auch sonst ihre Acker, mit oberschwenglichen großen Zeunen, zubefrieden, gentzlich abstellen, und dagegen ein jeder in einem Jar, nach publication dieser unserer Ordnung, omb seine Felder und Acker, Feldsteine setze, oder hohe Graben auffwerffe, und allenthalben nach gelegenheit, Weiden, Mast, Obst, und andere fruchtbare und nützliche Beume, setze und pflantze, Und wann die Pawern jarlich die Pechte verreichen, wollen wir, das ein jeder insonderheit, den Amptleuten bericht thue, wie viel Beume und Weiden, er das Jar gepflantzet, Und da etzliche in dem nachlessig und onfleissig befunden würden, sollen sie nach billicher ermessigung gestraffet werden ... Es sollen sich auch die vom Adel und Stedte, des obermessigen und schedlichen radens, dadurch die Mast und Grundholtz, auch unsere Lebengüter verwüstet werden, gemeinem Nutz zum

besten, ausserhalb notturfftiger verbesserung der Lehen und Güter, auch zurichtung mehrers Ackerbawes, eussern und enthalten, Sonderlich dieweil befunden wird, das die Grundt und Masthöltzer von bösen Hausheltern, Leipgedings inhabern, und deren Lehen auff dem fall der eroffnung oder Succession an uns oder die nechsten Agnaten stehen, und die sich derwegen omb die Nachkömling wenig bekümmern, zur ungebür verödet werden.

Seit dem 16. Jahrhundert sind die Anzeichen für die sich zuspitzenden Holzengpässe nicht mehr zu übersehen. In den Jahrhunderten bis 1800, die von dem deutschen Nationalökonomen Sombart treffend als »hölzerne Zeit« bezeichnet wurden, ist Europa mehr denn je von dem Rohstoff der Wälder abhängig. Aber in dem Maße, wie die Nachfrage nach Holz steigt, verringert es sich. Die Lage ist kritisch. Man steckt, wie es die niederdeutsche stabreimende Redensart treffend ausdrückt, nun öfter »zwischen Baum und Borke« – wie das Beil, das beim Schlagen eines Baumes oft so stark eingeklemmt ist, daß es weder vor- noch rückwärts bewegt werden kann. Die starke Holzabnahme ist ein neues, bisher unbeachtetes Problem.

Immer wenn der Rohstoff zur Neige zu gehen droht, fährt den Menschen die Schreckensvision einer Holzkrise in die Glieder. Besonders die sozial schlecht gestellten Bevölkerungsschichten bekommen die Folgen am deutlichsten zu spüren. Unter Androhung von Strafe wird auf die drastische Einsparung von Brennholz und das Verbot von Holzzäunen gedrungen. Selbst der Adel und die Städte werden angehalten, das Roden (Raden) der Wälder einzustellen, um die »Verwüstungen der Höltzungen« zu beenden. Die Geschwindigkeit der gesellschaftlichen Entwicklungen wird direkt von dem wichtigen Rohstoff stimuliert. Wichtig sind natürlich auch andere Rohstoffe, die Erze zum Beispiel. Aber ohne Holz läßt sich nichts aus der Tiefe fördern. Die rasante gesellschaftliche Entwicklung hat längst innere Widersprüche ausgelöst und den Zerfall des Feudalismus eingeleitet. Die starken Gegensätze zwischen den verschiedenen gesellschaftlichen Gruppierungen, insbesondere zwischen Adel und Bauernschaft, müssen zu einer großen Auseinandersetzung führen, das ist deutlich spürbar. Daß diese Konsequenz unausbleiblich ist, drückt eine Prophezeihung aus, die von dem Reformator Martin Luther oder von seinem Mitstreiter Melanchthon ausgesprochen worden sein soll: » ... daß noch vor dem jüngsten Gericht an guten Freunden, guter Münze und wildem Holze großer Mangel eintreten werde«.

Und so geschieht es. Nicht nur schlechtes Silber kommt in Umlauf, auch das Recht der Bauern am Holz wird zunehmend in Frage gestellt. Der Streit um den Wald ist einer der wichtigsten auslösenden Momente der kommenden Aufstände, die zu einer kriegerischen Auseinandersetzung im Römisch-Deutschen Kaiserreich, zum Bauernkrieg, führen. Die Niederlage der Bauern und das Scheitern der frühbürgerlichen Revolution verhelfen dem Adel zu ungeahnter Machtfülle. Er wird zum großen Nutznießer der frühen kapitalistischen Wirtschaftsentfaltung. Die Macht wächst weiter, und die Entwicklung führt geradlinig zum absolutistischen Staat. Damit fällt auch der Wald unter die fast ausschließliche Kontrolle der Grundherren.

Holz und andere Rohstoffe sind territorial ungleichmäßig verteilt. Das hat unter anderem starke Auswirkungen auf die ökonomische Entwicklung der verschiedenen europäischen Länder. Die Konflikte werden nun international, die Kriegsfurie rast zum ersten Mal durch ganz Europa. Neben dem unsäglichen menschlichen Leid, das der Dreißigjährige Krieg (1618–1648) hinterlassen hat, geraten auch Wälder und Äcker stärker als in früheren Zeiten in den Zerstörungsmechanismus. Zum ersten Mal wird nachhaltig sichtbar, daß nichts verheerender auf die Natur wirkt als der Krieg.

Die neuen Ideen der sich gerade in den Anfängen befindlichen ersten Waldbewirtschaftungen fallen wie frisch geschlagene Äste und Stämme zu Boden. Der Wald ist ohne Schutz. Nach den Brandschatzungen der feindlichen Soldateska richten sich die Hoffnungen der Überlebenden auf den Wald. Auch der Adel greift wieder nach dem Grün. Mit juristischen Spitzfindigkeiten, Druck und Gewalt werden die Bauern sogar aus ihren Markwäldern verdrängt. Immer mehr »Bannforste« dienen den fürstlichen Vergnügungen, der Jagdleidenschaft. Doch der Aufwand der luxuriösen Hofhaltung überschreitet die ökonomischen Möglichkeiten der meisten Fürsten. Nicht jeder von ihnen besitzt Erzbergwerke und kann Silber und Gold selber münzen. Dann muß das Holz aus den Wäldern die raren Geldvorräte auffrischen. Auch das behindert die Verbreitung fortschrittlicher Wirtschaftspraktiken und treibt die Holzpreise in die Höhe. Von 1711 bis 1795 steigt der Festmeter in Mannheim über das Siebenfache auf 15 Mark. Erst im Zeitalter der Aufklärung kommt neues Gedankengut auf.

Peter Stromer

Ein stark verschuldeter Ritter ringt trotzig mit den Gläubigern um sein Land. Immer näher rückt der Tag der Schuldbegleichung, doch es ist kein Geld im Beutel. Hier kann nur eine List helfen. Die Mönche, denen die angrenzende Flur gehört, würden gern das kleine Rittergut unter die Kontrolle des Klosters bringen. Der Ritter bittet reuevoll darum, daß er auf dem Akker seiner Vorfahren noch einmal eine Ernte erleben möchte. Die Gläubiger lassen Großzügigkeit walten, und der Ritter macht sich ans Werk. Schnell ist das ganze Land mit Eicheln besät, und den überlisteten Klosterbrüdern wird klar, daß auch sie diese Ernte nicht mehr erleben werden. So wie hier ist die Entstehung dieser Wälder in die Form der Sage gekleidet. Alles weist auf ein hohes Alter des ursprünglichen Bestandes und damit auf die künstliche Verjüngung durch Menschenhand hin. Die erste urkundlich bezeugte Holzsaat, durch die ein zusammenhängender Wald entstanden ist, soll um 1262 in Ungarn vorgenommen worden sein. Über 100 Jahre später werden in den Nürnberger Reichswäldern Nadelhölzer gesät. Auch hier führt eine Notsituation zur Aussaat auf großen Flächen.

Raubbau, Brände und widerrechtliche Rodungen zeichnen zu Beginn des 14. Jahrhunderts auch in großen Teilen der Nürnberger Wälder ein erschreckendes Bild der Zerstörung und Verwüstung. 1310 wiederholt der Kaiser Heinrich VII. seine spätere Anordnung über die Pflicht der Wiederbewaldung, die er bereits im Vorjahr den Bürgern vorlegen ließ. Doch nur mit landesherrlichem Druck ist dem Problem nicht beizukommen. Der König kann gut reden, aber die »Holzverständigen« unter den Bürgern wissen es besser. Mit den herkömmlichen Methoden kann die unausbleibliche Katastrophe kaum abgewendet werden. Das reiche Nürnberg soll sich entwickeln, das Handwerk weiter florieren. Die Stadt lebt nun einmal vom Holz der umliegenden Wälder und ist von seinem Schicksal direkt abhängig. Mit einer Unbedarftheit, die jetzt den Nürnbergern mehr als verwerflich erscheint, sind in der Vergangenheit die Wälder stetig ausgeplündert worden. Der Glaube an die unbegrenzte Kraft der Natur, sich ständig aufs neue regenerieren zu können, ist an der eigenen Leistungsfähigkeit zerschellt. Schon wird das Gespenst einer drohenden Holznot an die Wand gemalt.

Was kann man in dieser ausweglosen Situation beginnen? Diese bange Frage beschäftigt die Gemüter. In der Tat, die Nürnberger befanden sich in einer nicht beneidenswerten, aber selbst verschuldeten Lage. Eine Wiederbewaldung war nur durch natürliche Verjüngung, wie wir heute sagen, möglich. Beim Einschlagen des Hochwaldes blieben einige Samenbäume stehen. Sie verjüngten den Wald auf natürlichem Wege. Doch von der Natur waren keine Wunder zu erwarten. Nicht jeder Samen brachte einen neuen Baum hervor. Auf jeden Fall war Geduld gefragt. Das hieß warten, bis der überforderte Wald seine Nachkommenschaft von selbst aussäte. Er mußte Ruhe haben, gehegt und vor weiteren Eingriffen geschützt werden. Doch dazu war es schon zu spät, zu viele Wunden waren in die Wälder geschlagen worden. Soll der wirtschaftliche Aufschwung in Nürnberg nicht gebremst werden, müssen andere Wälder den notwendigen Holzstrom absichern. Doch das ist kaum zu bezahlen.

Nürnberg hat Glück im Unglück, die Stadt besitzt einen einzigartigen Mann. Er hat das Blut der alten Waldstromer in den Adern, jener fränkischen Förster, die über Generationen hinweg sehr stark mit den Problemen der Wälder verbunden sind. Peter Stromer, in zeitgenössischen Urkunden wird er auch Stromeir d. Ä. genannt, ist aber kein Forstmann. Stromer ist einer der Hauptherren des bereits international bedeutenden Handelshauses der Stromer. Dieses Riesenunternehmen verschlingt schon für die eigenen Bergwerke gewaltige Mengen an Gruben- und Geräteholz. Die angeschlossenen Hütten-, Hammerwerke und Glashütten können ohne Holzkohle nicht arbeiten, und für die Häuser, Mühlen, Schiffe und Wagen wird Bau- und Werkholz in größeren Mengen gebraucht. Peter Stromer war nicht nur Handelsmann und Bergwerksherr, er ist auch als politischer Rat- und Geldgeber von Kaiser Karl IV. in die Geschichte eingegangen. Um so erstaunlicher ist es, daß Stromer ein Problem löste, das eigentlich nicht zu seinen Kompetenzen gehörte, und daß er dabei sogar selbst Hand anlegte.

Was heute logisch und unkompliziert erscheint, war vor über 600 Jahren nicht selbstverständlich. Stromer hatte damals die ausgefallene Idee, Nadelhölzer eigenhändig zu säen und so den Wald aus der Krise herauszuführen. Der Wald konnte nur mit den Bedürfnissen der Wirtschaft Schritt halten, wenn das Moment der Zufälligkeit in der natürlichen Verjüngung durch gezielte Saat im Walde ersetzt würde, das war der gedankliche Ansatz. Fichten und Kiefern galten seit altersher als fast fruchtlose, wertlose Bäume. Die Laubbäume, allen voran die Eichen, standen durch ihre Bedeutung bei der Waldweide in der Gunst der Menschen wesentlich höher. Die künstliche Vermehrung der Eiche stellte auch kein Problem dar, das Sammeln und Säen von Eicheln gehörte zu den regelmäßigen Pflichten der Waldnutzer. Ganz anders die Nadelholzsaat, sie warf viele komplizierte Fragen auf: Wie können die Samen aus den Zapfen herausgelöst und gelagert werden, wann und wie erfolgt die eigentliche Aussaat? Peter Stromer gelingt es, auf all diese Fragen schlüssige Antworten zu finden. Als wichtige Hilfsmittel dienen ihm die einschlägigen Schriften antiker Autoren. Die »Bumsaat«, besonders die künstliche Vermehrung von Zypressen und Pinien, wurde in der Antike zum Teil ausführlich beschrieben. Auf Handelsreisen nach dem Süden vertieft Stromer sein Buchwissen.

Aber noch wichtiger werden die zuerst bescheidenen Experimente. Doch bald nehmen sie größeren Umfang an. Auf eigene Rechnung läßt Stromer Föhrenzapfen (Zitzen)[1] und Fichtenzapfen durch Bauern und Waldarbeiter von stehenden und gefällten Bäumen pflücken. Zu Ostern des Jahres 1368 wird im Lorenzer Reichswald auf mehreren hundert Morgen die erste Saat vorgenommen. Die Stadtväter sind skeptisch. Einige halten den Handelsmann, der sich bei der Aussaat selber bückt, für etwas wunderlich. Aber die weitere Entwicklung überzeugt auch den letzten Zweifler. Hatte sich bisher die Reichsstadt Nürnberg als stiller Beobachter mehr im Hintergrund gehalten, bringt sie nun dem Vorhaben starkes Interesse entgegen und unterstützt Stromer auch finanziell. Die Kosten halten sich in Grenzen, und die Aussicht auf den kommenden Nutzen vertreibt die Angst vor der Zukunft. Nach den Reichsstädtischen Jahresregistern werden im Jahre 1381 10 Pfund, 10 Pfennig und 9 Heller an Peter Stromer gezahlt, damit er die »Zitzen« und Fichtenzapfen für neue Saaten ankaufen kann. In der zweiten Jahreshälfte von 1381 werden für 2 Pfund, 17 Pfennige zwei neue Pflüge beschlagen.

Auch in den folgenden Jahren finanziert die Stadt die Egge- und Saatarbeiten im Walde. Stromer hat seine Bäume noch gut zwanzig Jahre wachsen und gedeihen sehen. 1449, über 60 Jahre nach seinem Tod, ist der Wald hiebreif und wird abgeschlagen, abgetrieben, wie die Forstleute sagen. Der Abtrieb soll beträchtliche Holzmengen geliefert haben. Urkunden sprechen davon, daß viele Wochen lang täglich 500 bis 600 Fuder Holz nach Nürnberg transportiert wurden. Nun sind die Nürnberger mehr als stolz auf ihre Wälder, sehen sie sich doch in der Lage, die Reichswälder so zu bewirtschaften, daß ihnen und den kommenden Generationen nicht das Holz ausgeht. Und »so hat auch manch man und fraw narung von dem holz umb Nüremberg«. Stromers Methode fand bald auch in anderen Landstrichen eifrige Nachahmer.

Dort, wo man die notwendige Weitsicht aufbringt, werden kahlgeschlagene Flächen, lichte Wälder und sogar Brachland eingesät. Neue Perspektiven sind sichtbar. Laubhölzer können in den Wäldern durch schnellwachsende Nadelbäume ersetzt werden. In den nächsten 200 Jahren haben alle durchgeführten Nadelholzsaaten irgendeinen Bezug zu Nürnberg. Die Reichsstädter betreiben nicht nur einen schwunghaften Handel mit Nadelholzsamen, sondern schicken ihre »Tannensäer«, die mit der Nadelholzsaat vertrauten Fach-

[1] Kiefernzapfen.

leute, in alle umliegenden Lande. So verbreiten sich die neuen Methoden der Nadelholzkulturen rasch. Sie gelangen nach Frankfurt am Main und von dort aus in die Hessischen Lande, werden in der Kurpfalz verbessert und verfeinert und finden schließlich auch in Brandenburg, Mecklenburg und Holstein Verbreitung. Bis in holländische Gebiete und nach Flandern bringen Nürnberger ihre Kiefernkulturen.

In anderen Regionen überläßt man die Verjüngung der Wälder auch weiterhin der Natur. Erst langsam beginnt sich das durchzusetzen, was die Forstleute später als einen tiefgreifenden Wandel im Aufbau der Wälder beschreiben. Gemeint ist der unaufhaltsame Vormarsch der Nadelhölzer, die auch der Eiche ihren angestammten Platz streitig machen sollten. Aber bis dahin mußten noch einige Jahrhunderte ins Land gehen. Die Leistung von Peter Stromer kann eigentlich nicht hoch genug eingeschätzt werden, auch wenn die Sorge mehr dem eigenen Geldsäckel als dem Walde galt. Er war der erste, der Nadelholzsaaten im großen Stil durchgeführt hat. Seiner Zeit weit voraus, hat er nicht nur der Heimatstadt Nürnberg den wirtschaftlichen Niedergang erspart, seine Methode hat in ganz Europa und darüber hinaus neue Möglichkeiten der Waldbegründung eröffnet.

Auch die Bürger der Stadt Erfurt hatten Sorge um ihre Holzvorräte. Da ihre Wälder flächenmäßig gut zu übersehen waren, bildete sich hier schon vor dem Jahre 1359 eine Bewirtschaftungsform heraus, die in anderen Gegenden erst sehr viel später als sogenannte *proportionale Schlageinteilung* bezeichnet werden sollte. Waldverwüstungen blieben so den Erfurtern erspart. »Auch ist der Stadt Holz, das sie bei Gutendorf und beim Rodichen hat, in sieben houwe (Schläge) als hier nachgeschrieben geteilt. Jährlich soll ein Hau und nicht mehr gehauen werden. Bedürfe der Rat des Jahres mehr von Holze, das solle er kaufen ...«, so stand es im Statut der Stadt.

Im Niederwald ließ es sich gut wirtschaften. Jedes Jahr wurde der Laubwald auf einem Schlag abgeholzt. Durch diese Einteilung betrug der Umtrieb sieben Jahre, und so konnte jeder Schlag in dieser Zeit bis zu seiner ursprünglichen Größe wieder heranwachsen. Im Jahre 1449 wird ein gewisser Nikolaus Engelmann Küchenmeister am Hof zu Erfurt. Die Stadt gehört inzwischen zum Besitz des Kurfürsten von Mainz. Hinter dem Titel des Küchenmeisters verbergen sich weitreichende Vollmachten. Engelmann ist Oberverwalter des Mainzer Hofes zu Erfurt. Bekannt geworden ist sein Anweisungsbuch, das sogenannte Engelmannsbuch. Nach den Eintragungen des Oberverwalters wurde der gesamte Grundbesitz, Äcker, Wiesen, Gärten und Waldungen, genau vermessen. Auch die Instruktionen für den Holzförster standen in seinem Buch, denn über das Holz hatte er streng zu wachen:

»1. Der Holzförster soll das Holz täglich behüten und wenn darin findet, die ohne Erlaubniß des Küchenmeisters darin hauen, lauben[2], grasen, Vogel stellen, Vogel schießen, mit Pferden, Kühen oder Schweinen hüten, die soll er pfänden und dem Küchenmeister die Pfande liefern, und sich die Täter nicht pfänden lassen wollen und ihm zu stark wären, soll er dem Küchenmeister dieselben anzeigen, die darum fürnehmen. 2. Er soll den Bäckern und Badern zu Erfurt in dem Herbst und in dem Fasten jhene in der Wagweth[3] ansetzen und dem Küchenmeister ansagen, wer die seien und in welcher Pfarre sie wohnen«.

Auch in den nächsten Punkten der Instruktionen ist von Einschränkungen und Beauflagungen die Rede: Brennholz darf nur für den eigenen Bedarf geschlagen und nicht verkauft werden. In anderen Städten und Gemeinden gab es ebenfalls Forst-, Holz- oder Waldordnungen. Entweder wurden sie unterlaufen, oder sie konnten aus wirtschaftlichen Gründen nicht immer eingehalten werden. Oder die Wälder erschienen den Nutzern als so groß und unerschöpflich, daß eine konsequente Anwendung nicht als notwendig erachtet wurde. Im allgemeinen wachten die Grundherren jedoch sehr darüber, was mit dem Holz geschah. Das Interesse der Zentralgewalt war darauf ausgerichtet, daß die Bevölkerung und die Gewerbebetriebe aller Größenordnungen des Landes ausreichend mit Nutz- und Brennholz versorgt waren. Nur so konnte der wirtschaftliche Aufschwung vorangetrieben werden. Der Rohstoff Holz wurde größtenteils aus den landesherrlichen Forsten bereitgestellt. Aber auch die weltlichen und geistlichen Waldbesitzer sollten nach dem Willen des Landesherrn für die lokale Holzversorgung herangezogen werden.

[2] Grüne Reiser mit Laub brechen oder hauen.
[3] Der Name des Gehölzes.

Christoph Fürer von Haimendorf hat in seinem Leben viele Ämter und Positionen innegehabt. Er war nicht nur Kaiserlicher Rat, Ratsherr und Gesandter der Stadt Nürnberg, sondern auch Hauptmann und Unternehmer. Sehr erfolgreich war Fürer im Handel mit Metallen, insbesondere mit dem sehr gewinnversprechenden Silber. Im Jahre 1532 erhält er zusammen mit Leonhard Stockhamer ein ganz besonderes Handelsprivileg. Eibenholz soll von der neugegründeten *Gesellschaft der Fürer und Stockhamer* in den österreichischen Alpengebieten geschlagen und über nicht immer unkomplizierte Land- und Wasserverbindungen bis in englische Häfen verfrachtet werden. Aus dem elastischen Holz der Eibe fertigen die Engländer Bögen, die der Bewaffnung ihres Heeres dienen. Ihre von den Normannen übernommenen Langbogen sind zwei Meter lang und wiegen rund 40 kg. So manche Schlacht ist mit dieser Waffe entschieden worden, und lange Zeit waren englische Bogenschützen gefragte Söldner in europäischen Heeren. Nur gut gewachsene Eiben kamen für den Bogenbau in Frage.

Eigentlich widersprach der Außenhandel mit Holz der landesherrlichen Holzmarktordnung. Mit ihr wurde das Prinzip der weitgehenden territorialen Autarkie vertreten, das heißt, Rohholz und Holzhalbwaren sollten wegen ihrer hohen Bedeutung als Rohstoff im Land verbleiben. Holzlieferungen in fremde Territorien, »aus dem Land«, wurden verboten. Dabei hat die Zentralmacht außer der Sicherung der örtlichen Holzversorgung auch die Schonung der eigenen Wälder im Sinn, oder sie will das Geschäft mit dem Ausland selber vornehmen. In wirtschaftlicher Hinsicht herrschen in den Zwergstaaten des Deutschen Reiches zum Teil recht chaotische Zustände. Zur Zeit der großen Geldgeber, der Fugger und Welser, kennen die Landesfürsten nur die private Bereicherung als Maßstab allen Strebens. Meist sind die Finanzen in heilloser Unordnung, ist das gesamte öffentliche Leben von Korruption durchsetzt, die Landesregierung von ihren Finanziers direkt abhängig, und das Volk stöhnt unter der Last wachsender Steuern.

Der Übergang von der mittelalterlichen Bedarfs- und Versorgungswirtschaft zum gewinnorientierten, auf Geldwirtschaft basierenden Wirtschaftssystem schürte diese Widersprüche. Die Kameralisten[4], so wurden die feudalen Wirtschaftsbeamten in späteren Zeiten genannt, verfolgten mit der rein pragmatischen »Mehrung des fürstlichen Kammergutes« zwar ein eindeutiges Ziel, aber dahinter verbargen sich keine durchdachten wirtschaftlichen Strategien. Man richtete sich starr nach einem Bündel von Regeln, das im Laufe der Zeit immer stärker angewachsen war und das geeignet schien, alle Probleme zu lösen. In dieser Zeit des Umbruchs und des starken wirtschaftlichen Aufschwungs mußten Spannungen zwischen den verschiedenen feudalen Staaten unvermeidlich bleiben. Zahllose Kriege verschlangen Unsummen Geld. Die Feudalherren, vom kleinen Fürsten bis zum Kaiser, waren mit allen Mitteln bemüht, die Finanzquellen nicht versiegen zu lassen. Doch Deutschland blieb in der politischen Entwicklung zurück, es fehlte der einigende Nationalstaat. Ohne daß ausreichende Mittel in die Landesentwicklung investiert wurden, versuchten die fürstlichen Ratgeber kurzsichtig über Steuern und Raubbau an den natürlichen Ressourcen zu Geld zu kommen. Dem deutschen Kameralismus wesentlich überlegen erwiesen sich der englische und der französische Merkantilismus, die bereits direkt und indirekt die Akkumulation von Kapital förderten.

Nicht nur beim Eibenholz wurden Ausnahmen gemacht. Schließlich beugte man sich der Nachfrage und verkaufte Schiffbauhölzer an ausländische Händler. Die Landesfürsten übertrugen in einigen Fällen das Holzausfuhrrecht an private Handelsgesellschaften, so wie an die *Fürer und Stockhamer*. Derartige Privilegien waren sehr selten und wurden außer an die Nürnberger Gesellschaft nur noch an die *Murgschifferschaft* und die *Pforzheimer Flößerzunft* übertragen. Dabei handelt es sich um recht komplizierte Vorhaben, die ein besonders großes Organisationsvermögen und hohe Risikobereitschaft voraussetzten. Der Handel, den die *Fürer und Stockhamer* mit der *Calwer Holzhandelskompanie* abwickelten, besaß genau diese Größenordnung. Im Gebirge warben die

[4] Der Kameralismus ist eine deutsche Spielart des Merkantilismus in der Entstehungsperiode der bürgerlichen Nationen. Der Merkantilismus erlebte in England im 17. und in der 1. Hälfte des 18. Jahrhunderts seine Blüte.

Eibenholzhändler einheimische Holzhauer an. In einer von der Gesellschaft festgelegten Zeit wurden die Hauer verpflichtet, eine bestimmte Anzahl von Eibenholzstökken mit vorgeschriebenen Abmessungen zu schlagen. Auch die speziell vorbehandelten sogenannten Wieden zum Binden der Stöcke gehörten dazu. Die Eibenholzhändler berechneten für die gesamte Einschlagszeit einen Stücklohn, der als Summe ratenweise im voraus gezahlt wurde. Der Handel mit dem hochwertigen Eibenholz hat etwa 40 Jahre angehalten. In dieser Zeit ist nach Schätzung jährlich vielleicht Holz für 20 000 Bögen eingeschlagen wurden. Der Durchschnittspreis für einen Bogen soll bei 34,5 fl. gelegen haben. 1000 Eibenholzbögen erbrachten einen Gewinn von 30 000 fl.

Wegen seines günstigen spezifischen Gewichts ist Holz zu dem wohl beweglichsten Handelsgut geworden. Ob nun die Stämme einzeln dem Wasser übergeben (Trift), oder zu mehr oder weniger großen Flößen geschickt zusammengefügt wurden, die Flüsse erlaubten einen rentablen Holztransport zum Käufer. Als die Holländer im 16. Jahrhundert den Schiffbau stark ausbauten, wurde der Rhein in der kommenden Ära der Segelschiffe die wichtigste Verkehrsstraße für die Hölzer aus den süddeutschen Fürstentümern. Von den Nebenflüssen besaßen für die Flößerei besonders Murg, Mosel und Lahn große Bedeutung. Die Holzhändler aus Holland und England, die für ihre Schiffswerften den dringend benötigten Rohstoff einkauften, schlossen mit den Waldeigentümern, den Grundherren, spezielle Verträge ab. Meist diktierten sie die Bedingungen und kauften das Holz »am Stock«. Sie rückten mit eigenen Arbeitskräften an, organisierten den Einschlag und den Abtransport der Stämme. Für den Grundherrn war das ein bequemes Geldverdienen. Der Gewinn war zwar etwas geschmälert, aber dafür brauchte er sich um nichts zu kümmern und mußte kein Risiko tragen. Die einheimische Bevölkerung verlor dabei allerdings nicht nur ihre gewohnte Umgebung, sondern auch beträchtliche Einnahmequellen. Der schwunghafte Handel füllte die Kassen der Fürsten, das Geld wurde für Luxus und Kriegführung sinnlos verschwendet. Im Jahr schwammen meist zweimal besonders große Flöße rheinabwärts.

Die Handelskompanien brachten ganze Wälder zu Wasser. Dabei gingen sie noch sehr wählerisch zu Werke, sie suchten sich das beste Material förmlich aus. Besonders begehrt waren die sogenannten »Holländerstämme« – bis zu 30 Meter lange, kräftige Tannen aus dem Schwarzwald. Zusammen mit besonders ausgesuchten Eichen und Fichten bildeten sie bis zu 300 Meter lange und 50 Meter breite Floßgiganten. Von den insgesamt 30 000 Kubikmetern Holz eines Floßes bestand die Hälfte aus »Holländertannen«. Um die hölzernen Riesengefährte richtig auszulasten, wurden sie mit zusätzlichen Stämmen beladen (Zulast) und zogen auch noch Lasten (Oblast) im Schlepp. Außerdem trugen die Flöße ungefähr 15 Hütten, in denen die Besatzung untergebracht wurde. War das Zusammenstellen des Floßkörpers schon ein nicht ganz leichtes Unterfangen, das erfahrene und geschickte Männer erforderte, mußte das Manövrieren dieses Ungetüms allen Beteiligten noch mehr Können abfordern. Von den 560 Mann Besatzung mußten allein 450 die Ruder bedienen! Nicht immer erreichten die Riesenflöße unbeschadet ihren Bestimmungsort, aber wenn alles gut überstanden war, konnten die Gesellschaften mit einem Erlös von ungefähr einer Million Gulden rechnen. Davon gingen allerdings noch die Kosten ab, die auch nicht gerade gering waren. Mit 140 000 bis 200 000 Gulden Reingewinn blieb das Geschäft aber immer noch mehr als erträglich.

Seitdem der Handel mit Holz durch die Flößerei stärker an Umfang zunahm, kamen spezielle Raummaße für Bau- und Nutzhölzer in den Gebrauch. Auch in den Gegenden, wo der Bergbau die umgebenden Wälder strapazierte, war der kontrollierte Holzeinschlag mit Hilfe von geeigneten Maßeinheiten zur Notwendigkeit geworden. Ursprünglich benutzten Waldeigentümer, Holzhändler und -käufer sehr praktische Maße, wie den Rauminhalt der Köhlerkörbe (Zaine) und das *Fuder*[5]. Ein altes deutsches Raummaß für geschichtetes Holz ist auch der *Klafter*[6]. Infolge der staatlichen Zersplitterung gab es keine einheitlichen Maße. Selbst innerhalb der einzelnen Kleinstaaten konnten verschiedene Klaftermaße üblich sein. In Baden maß der Klafter zum Beispiel 3,89 m^3. Später bezog sich ein Klafter auf einen Holz-

[5] Entsprach der Ladung eines zweispännigen Wagens.

[6] Das Holz wurde im aufgeklaftertem, d. h. im geschichtetem Zustand aufgemessen.

stoß von 3 rm. Wir verwenden heute entweder das Maß für den Stamminhalt, das *Kubikmeter (Festmeter)* oder das *Raummeter (rm)*[7] für den Rauminhalt des geschichteten Holzes, einschließlich des zwischen den Holzteilen befindlichen Luftraumes.

Die Vermessung des Holzes nahmen vereidigte Holzmesser vor. Ihr Maß richtete sich nach »eins jeden orts herkommen und gebrauch«. Um die Kontrolle über die aufgesetzten Klafterscheite zu ermöglichen, bediente man sich der bewährten *Kerbhölzer*[8]. Der Forstmeister, der im Besitz des Gegenkerbholzes war, verlor dadurch nicht den Überblick über die Holzungen und konnte bei Betrug einschreiten. Besonders streng achteten die Behörden auf die richtige Verwendung des Holzes. Für Heizungszwecke sollte nur minderwertiges Holz verwendet werden. Der Rat der Reichsstadt Speyer verordnete im Jahre 1476, »wegen des Brennholzes zum gemeinen Nutzen willen, daß wenn solches nach Speyer gebracht werde, sofort Einer, den der Rath damit beauftragt hatte, von dem Verkäufer berufen werden mußte, dann solle das Holz am Ausladeplatze nach seiner Güte sortirt, und von keinem andern durfte bei Strafe Leib und Guts kein Kauf abgeschlossen werden«. Der Bürger holzte in den Wäldern nur noch selten. Holzknechte und Köhler übernahmen unter der scharfen Aufsicht der Forstleute nun meist den gesamten Holzeinschlag für die Städte.

Aus dem Briefwechsel, den der Rat von Zwickau 1558 mit dem sächsischen Kurfürsten führte, geht hervor, daß die Stadt im Jahr 360 Schock[9] Klafter Holz für Brennzwecke und für die Erneuerung öffentlicher Bauten benötigte. Auch in der Stadt war wie auf dem Lande weitgehend alles aus Holz gefertigt: Brücken, Brunnen, Wasserleitungen und in den Häusern die Möbel und Haushaltsgeräte. Zahlreiche Handwerker warteten auf ihre speziellen Holzbestellungen. Das für die Produktion der vielen Handwerksbetriebe notwendige Werkholz war den jeweiligen Bedürfnissen angepaßt. Die Anlieferung der unterschiedlichsten Holzsorten und -mengen lag im Interesse des Landesfürsten und wurde durch verschiedene Verordnungen gewährleistet. Die Zimmerleute, Schreiner (Tischler), Wagner (Stellmacher), Drechsler, Schindler, Schnitzer (Löffel-, Trücheln-, Rösselschnitzer), Siebmacher, Rechenmacher, Holzschuhmacher (Mülderer, Schüßler, Fleischbankhersteller), Schnefler[10] und Schachtelmacher konnten nur ausreichend produzieren, wenn sie ständig mit Holz beliefert wurden.

Die Handwerker kauften das Holz, das heißt, sie bezahlten nach der jeweiligen Holztaxe. Um das Handwerk zu fördern, schließlich wollte der Landesherr möglichst viel Steuern kassieren, lag die Taxe sehr niedrig. Es kam auch vor, daß nur die Transportkosten entrichtet werden mußten. Die »Holzhöfe«, staatliche Holzmagazine, garantierten die Rohstoffbereitstellung. Die Taxe war eine starre, in den Forstordnungen verankerte Preisfestlegung des Landesherrn, die sich auf das Stammholz bezog. War die Holztaxe zuerst für jeden Stamm gleich, bestimmten später Art und Qualität des Holzes ihre Höhe. Forstmeister erhielten auch die Anweisung, das Holz »zum Teuersten« oder »zum Höchsten« zu versteigern. Die privaten Waldbesitzer mußten eine ausdrückliche Genehmigung der Forstbehörde besitzen, um geschlagenes Holz auf den Markt zu bringen. Und die bekam man nur für »eintzeln wandelbare und überständige Stämme«, wenn »jemands unter ihnen der Dürfftigkeit wäre, daß er umb seines Unterhalts Willen etwas aus seinem eigenen Holtze verkaufen müßte«.

Bei der allgemeinen Holzverknappung wurde das landesherrliche Verkaufsmonopol selbstverständlich nicht selten unterlaufen. Waldbesitzer verkauften illegal und dann noch zu höheren Preisen als zu den festgelegten niedrigen Holztaxen. Dieser Holzwucher wurde schwer bestraft. Wachsende Holznachfrage und steigende Preise mußten zu regional unterschiedlichen Sparmaßnahmen auf dem nichtgewerblichen Sektor führen. Beschränkungen bei der Brennholzzuteilung sahen nur noch die Nutzung von dürrem, minderwertigem Holz vor. Darüber hinaus wurde auch der Personenkreis, der Brennholz bezog, eingeschränkt. Zum Teil verbot man sogar das Betreiben von privaten Backöfen. In den Dörfern genehmigten die Beamten oft nur eine Badestube. Besonders strengen Kontrollen unterlag das Bauholz.

[7] Ein Holzstoß von 1 Meter Höhe, Breite und Länge entspricht einem Raummeter (1 rm = 0,7 m^3 kompakter Holzmasse).

[8] In die beiden genau aneinandergehaltenen Teile eines längsgespaltenen Holzstabes wurden Kerben, die Produktionsmengen oder auch Leistungen ausdrückten, geschnitten.

[9] Entspricht 21 600 Klaftern.

[10] Hersteller von Leuchtspänen.

Eine alte Sage erzählt, daß Herzog Heinrich, der den Beinamen »der Vogelsteller« führte, in der Nähe des heutigen Blankenburg von den Gesandten des Frankenstammes mitten im Walde die deutsche Königskrone empfangen haben soll. Auch als König frönte Heinrich regelmäßig seiner Jagdleidenschaft im Harzgebirge. Nach den ausgedehnten Weidritten kehrte er meist erschöpft und hungrig bei einem fränkischen Bauern ein, der den hohen Gast ehrerbietig mit allen zur Verfügung stehenden Speisen und Getränken zufriedenstellte. Das war nicht so einfach, denn der König kam so manches Mal vorbei. Bald wurde die Ehre so groß, daß der Bauer sie nicht mehr zu bezahlen wußte. Vorsichtig fragte er, ob seine Ausgaben nicht vom herrschaftlichen Jäger beglichen werden könnten. Der König vertröstete den Bauern, vergaß aber, sein Versprechen einzulösen.

Eines Tages warf sich der verzweifelte Gastgeber vor den König in den Staub und bat ihn um die Erfüllung eines Wunsches. Der König willigte großzügig ein und wunderte sich über die Einfältigkeit des Bauern, der den Berg hinter seinem Hause sein Eigentum nennen wollte. Ein Berg aus totem Gestein schien doch zu wenig zu sein für all die Mühe. Doch der Bauer beharrte auf seinem Wunsch, und er wußte auch, warum. Bald siedelten Franken in der Nachbarschaft des Bauern und legten damit den Grundstein für die spätere Stadt Goslar. Gänge am Hang des Berges hatten sich als fündig erwiesen und reichlich Erz mit Silber, Kupfer und Blei erbracht.

Fränkische und sächsische Kaiser zogen von der Pfalz Werla, von Schloß Bothfeld und von der Harzburg in die wilde Einöde des Harzes, um Hirsche, Sauen, Wölfe und auch Bären zu erlegen. Erst mit der zufälligen Entdeckung der reichen Erzvorkommen am Rammelsberg, in der zweiten Hälfte des 10. Jahrhunderts, begannen sich auch hier die Verhältnisse grundlegend zu wandeln. Die Kaiser holten bergbaukundige Franken in das Land und betrieben den Bergbau als Regalherren. Die Gewinne flossen in die kaiserliche Kasse, doch seit der Mitte des 12. Jahrhunderts schwand die Macht des obersten Landesherrn. Die Territorialfürsten bauten beständig ihre Macht aus und verstanden es, große Teile des Reichsgutes in ihre Gewalt zu bekommen. Weitere Gebiete verlieh ihnen der Kaiser gegen Bergzehnten und Berghoheit. Von Friedrich II. erhielt Otto das Kind, ein Enkel Heinrichs des Löwen, das Bergregal des Rammelsberges und die Bestimmungsgewalt über den dazugehörigen Forst. Im 13. Jahrhundert sind der Stadt Goslar bedeutende Rechte am Bergbaubetrieb des Rammelsberges gegen den Zehnten überlassen worden. Zu den wichtigsten Einrichtungen gehörte auch eine Amtstelle für die »Besorgung des Berg-, Hütten- und Forstwesens«. Damit das für die Aufrechterhaltung des Bergbaues so wichtige Holz ständig bereitgestellt werden konnte, ließ sich dieses Amt von einem Sachverständigen, dem »Waldmann«, oder »Waldgewerken« entsprechende Zuarbeiten machen.

In der Forstordnung des Jahres 1271 (von Herzog Albrecht, dem Sohn Ottos) wird der freie Holz- und Kohlenbezug gegen Zahlung eines Forstzinses zugesichert. Die Hüttenherren, die auch Silvanii oder Waldleute (Waldlüte) genannt wurden, besaßen zum Teil auch eigene Waldbestände. Einige der Bergherren, die bergbautreibenden Montanii waren gleichzeitig auch Hüttenherren. Wo Holz und Wasser in ausreichender Menge vorhanden war, standen die einfachen Schmelzöfen. Mit Hilfe von Lasttieren mußten die Erze auf schmalen Pfaden und schlechten Wegen dorthin gebracht werden. Die primitiven Öfen verbrauchten viel Holz, und bald rentierte sich die Hütte nicht mehr, weil das Holz aus größerer Entfernung herangeschafft werden mußte. Dann riß man die Öfen einfach ab und baute sie in einer anderen, günstigeren Gegend wieder auf. Auf diese Weise setzte ein planloser Raubbau ein, der auch die entlegensten Gebiete erreichte. Immer weiter, über größere Entfernungen, mußten die Erze »zum Holz« geführt werden, »da Holtz nicht mehr for Gold zu haben war.« Pest und Kriege brachten den Bergbau und den Betrieb der Schmelzhütten nochmals zum Erliegen. In diesen Zeiten konnte der Wald, wenn er nicht gerade Schauplatz der Kämpfe war, aufatmen und sich wie in anderen Gegenden von den Eingriffen erholen.

Im 16. Jahrhundert besaß auch der Harz wie die oberpfälzisch-oberfränkischen, die sächsisch-thüringischen Regionen und die

Alpengebiete bedeutende Berg- und Hüttenwerke. Besonders bei der Erzverhüttung waren technische Fortschritte erzielt worden. Wiederum stieg der Holzbedarf. »Es grüne die Tanne, es wachse das Erz ...« heißt es in einem alten Harzer Bergmannsspruch, an dem die Bedeutung des Holzes für den Bergbau sehr deutlich wird. Die Tanne (gemeint ist die Fichte) und die Erze bildeten über Jahrhunderte die wichtigsten Grundlagen der Harzwirtschaft. Gleichzeitig mischt sich bereits in den Wunsch vom Gedeihen des Holzes und nach reichen Erzfunden die Angst, beides könne irgendwann einmal zur Neige gehen. Die Bergleute konnten ohne das Holz der umliegenden Wälder nicht in die Tiefe des Gebirges vordringen. Das Grubenholz fand einen vielfältigen Verwendungszweck. Schächte und Stollen kamen ohne Verzimmerung und Abstützung nicht aus. Und das Gestein erhitzten die Bergmänner zum Mürbemachen mit Holzfeuer, um es dann wieder abzukühlen. Auch über Tage war viel Holz im Einsatz, wie der Holzschnitt von der »Böhmischen Kunst« aus dem 1556 erschienenen umfassenden Lehrbuch über alle Gebiete des Berg- und Hüttenwesens von Agricola zeigt.

Im Jahre 1750 schreibt ein Forstmann in seinem Buch *Generale Haushaltsprinzipien von Berg, Hütten, Salz- und Forstwesen:* »Zu guten Bergwerken gehören Berge, Erze, Holz und Tagewasser, und wer sie bauen will, muß die letzten drey Stücken in solcher proportion beyeinander haben, daß er weiß, daß ein Gehalt der Erze auch in sonderheit die Kosten des Holzes und Wassers wie Überschuß bezahlen könne und daß von allen drey Stükken eine solche beständige Folge sei, daß er oder seine Nachkommen durch den anzuwendenden Vorschuß endlich mit Nutzen wiederkriegen und nicht darinnen stecken lassen müssen.«

Holz war zum Schrittmacher für den Bergbau geworden. Neben ihrer Bedeutung als Bau- und Grubenholzlieferanten bekamen die Wälder besonders in Zusammenhang mit der Holzkohlegewinnung eine immer größere Rolle zugesprochen. »Dan die Höltzunge sein der Bergwerke Hertze undt des Fürsten Schatz, wan keine Höltzung vorhanden, sein die Bergwercke gleich wie ein Klocke ohne Kneppel undt eine Laute ohne Saiten, Gott gebe es, rede darwider wer da wolle«, heißt es in einer Forstschrift des 16. Jahrhunderts. Bevor die fossilen Brennstoffe zur wichtigsten Energiequelle wurden, besaß das Holz der Wälder eine ähnlich große Bedeutung.

Im Holzkohlefeuer wurden schon um 3000 v. u. Z. Kupfer- und Zinnerze geschmolzen. Seit der Eisenzeit ist der Bedarf dann immer stärker angestiegen. In den hochentwickelten Industriestaaten werden auch heute noch meist minderwertige Abfälle zu Holzkohle verarbeitet, aber die Verkohlung geschieht fast nur noch in eisernen Retorten. Die altertümlichen Meiler gibt es nur noch selten. In einer ganzen Reihe von Ländern ist die Industrie von der Holzkohle noch immer direkt abhängig. Brasilien besitzt keine nennenswerten Stein- oder Braunkohlevorkommen und verbrauchte 1973 5,73 Millionen m^3 Holzkohle. Von den 16 Stahlwerken benutzen allein 13 ausschließlich Holzkohle. Wenn wir heute beim geselligen Beisammensein unsere Würstchen grillen, ist uns die konzentrierte Heizkraft im Vergleich zu anderen Brennstoffen nicht immer bewußt. Holzkohle erzeugt beim Abbrennen Gluthitze ohne Rauch und Flammen, man muß es nur verstehen. Der Heizwert beträgt 7000–8000 kcal/kg[11]!

Als das alte Gewerbe der Köhlerei noch in voller Blüte stand, in den Lichtungen waldtrockenes Buchenholz auf Kohlplatten geschichtet wurde und der Köhler streng auf seinen kohlenden Meiler achtete, war die Holzkohle in allen Lebensbereichen ein begehrtes Produkt. Dabei war auch das geringe Gewicht ausschlaggebend: Holzkohle besitzt bei halbem Holzvolumen nur noch ein Viertel des Rohgewichts. Das war schon immer ein Vorteil. War das Kohlholz, so nannte man die zur Verkohlung benutzten Hölzer, in transportfähige Holzkohle umgewandelt, konnten auch größere Entfernungen überbrückt werden. Zu den Großverbrauchern gehörten zweifellos die stark expandierenden eisengewinnenden und -verarbeitenden Betriebe. Im 17. Jahrhundert wurde der Bedarf für ein mittleres Hammerwerk mit jährlich 7000 rm Kohlholz angegeben.

Auf die Dauer konnte der Wald derartige massive Eingriffe nicht verkraften. Der Raubbau an Holz löste schon in der Mitte des 16. Jahrhunderts im süddeutschen Raum eine Energiekrise aus. Die Folge war, daß die Eisenproduktion gedrosselt

[11] Braunkohle = 1700–4800 kcal/kg; Holz = 3500–4500 kcal/kg; Steinkohle = 6100–7500 kcal/kg.

werden mußte. Nun bekamen die Konkurrenzunternehmen in Böhmen, Tirol, im Harz und im Siegerland kräftigen Auftrieb. Nach Mantel (1980) verschlangen die 460 Hammerwerke des französischen Königreiches des 16. Jahrhunderts ungefähr ein Sechstel der verfügbaren Holzmenge. Einem einzigen Hochofen wurde jährlich das Holz von 345 Morgen Wald zugeführt. Das waren 5000 Klafter, also 15000 rm. Angesichts dieser Zahlen konnten die Landesherren und andere Grundeigentümer errechnen, wie es um die Zukunft ihrer Wälder bestellt war. Zu der Hoffnung, daß die Wälder und Erzlagerstätten immer genügend hergeben würden, trat nun die rechnerische Kalkulation mit dem wichtigsten Rohstoff. All das schlug sich in den Holz- und Waldordnungen nieder. Es kam zu einer Regelung der Holzabgabe.

Besonders die Kohlholzabgabe unterlag speziellen Auflagen. So wurde sogar die Holzkohle durch vereidigte »Kohlmesser« mit geeichten Maßen vermessen. In den Forstordnungen waren auch Maßnahmen verankert, die den Schutz des Waldes vorsahen. Der schon im Mittelalter geprägte Spruch »die Furcht hütet den Wald« behielt weiterhin seine Gültigkeit. Damit die Forderungen des Landesherrn oder des jeweiligen Besitzers auch eingehalten wurden, wachten Forstbedienstete über die lokalen Waldbestände. Daran hatte sich seit der Zeit der Karolinger nichts geändert. Doch die Aufgaben waren vielfältiger geworden. Die Förster und Forstknechte leiteten jetzt die gesamte Waldnutzung, wiesen die Stammholz- und Brennholznutzung an. Auch die Waldweide wurde von ihnen beaufsichtigt.

Ihr besonderes Augenmerk galt jedoch dem direkten Schutz der Wälder, der Verfolgung von Holzfrevel und Wilderei. Im Gegensatz zu den harten Strafen der vergangenen Jahrhunderte waren die Bußgelder und das Androhen von Gefängnis für Holzfrevel wesentlich milder. Strenger wurde nach wie vor das Jagdstrafwesen gehandhabt. Die Jagd gehörte natürlich auch zu den Kompetenzen der Förster, sie spielte jedoch noch nicht die beherrschende Rolle wie in den darauffolgenden Jahrhunderten. Deshalb wurden die Forstleute des 16. Jahrhunderts auch später als »holz- und waldgerechte Jäger«, im Gegensatz zu den »hirschgerechten Jägern« des 17./18. Jahrhunderts, genannt. Die Ausbildung der Forstleute, selbst der Forstmeister, ließ meist zu wünschen übrig. Entscheidend war die Zugehörigkeit zu einer angesehenen Familie. Bürgerliche Herkunft war nur im 16. Jahrhundert gefragt, davor und danach dominierten eindeutig adlige Familien.

Finanziell gesehen, waren die Forstbeamten nicht gerade glänzend gestellt, aber sie besaßen vielfältige Möglichkeiten, um ihre Bezüge, die überwiegend aus Holz und anderen Naturalabgaben bestanden, aufzufrischen. Zeitweise war es üblich, daß die Förster auch ganz legal Gewinne aus eigenen Holzverkäufen in die Tasche stecken konnten. Da es noch keine geordnete Versorgung für die Hinterbliebenen gab, verpflichteten sich Förster und Forstknechte, bei Übernahme des ausgeschriebenen Amtes für die Familie des Verstorbenen zu sorgen. Die Mittel waren knapp, also wurde das Problem durch Heirat der Frau oder der Tochter des Vorgängers gelöst. Dabei konnten sich durchaus ungewöhnliche Konstellationen ergeben. Kurt Mantel hat dafür in seiner »Forstgeschichte des 16. Jahrhunderts« ein treffendes Beispiel gegeben: So wurde die Witwe des Überreiters im Forstamt Landshut gleich zweimal nacheinander den Nachfolgern ihres verstorbenen Mannes vermählt. Aber die Kinder, deren Zahl inzwischen auf sieben gestiegen war, verloren wiederum ihren Ernährer. Also sollte die ältere Tochter den dritten Nachfolger ihres Vaters ehelichen.

In manchen Gegenden verschlangen die Gewerbebetriebe mit der Zeit so viel Holz, daß die Förster fast ihre Daseinsberechtigung verloren. Es gab dann überhaupt keinen Wald mehr. Oder nur noch kümmerliche Reste blieben übrig. Wer heute davon hört, daß für die Erhaltung des Naturschutzparkes der Lüneburger Heide Bäume mit flugfähigem Samen, insbesondere Birke, aber auch Kiefer und Fichte, eine große Bedrohung darstellen, glaubt einen Augenblick daran, daß hier eine Naturlandschaft in ihrem typischen Erscheinungsbild geschützt werden soll. Die Lüneburger Heide ist aber eine von Menschenhand geschaffene Wirtschafts- und Kulturlandschaft, die ehemals dicht bewaldet war.

Erst das Sieden des berühmt gewordenen Lüneburger Salzes hat aus dem Wald eine Heidelandschaft entstehen lassen. Für die Aufrechterhaltung der Holzversorgung der Lüneburger Salinen mußten sogar Flöß-Kanäle bis nach Mecklenburg angelegt werden. Das Sieden von Salz hat lange Tradition. Wie der Bergbau, die Erzverhüttung und die Glasherstellung ist auch der Salzsud bereits von Kelten und Römern ausgeübt worden. Allerdings waren das andere Größenordnungen. Im späten Mittelalter steigt die Produktion mächtig an und damit natürlich auch der Verbrauch des für das Sieden unentbehrlichen Holzes. Nicht nur für das eigentliche Eindampfen der Sole, sondern für die Herstellung der Transporteinrichtungen und spezieller Gerätschaften, wie Fässer, Kufen bis hin zur Solleitung und zum Salzschiff, mußte der Wald mit Holz aufwarten. Große Salinen gab es im Salzkammergut, Hall in Tirol, Aussee, Hallstadt, Reichenhall, Salzburg-Hallein, Lüneburg, Sooden, Schwäbisch Hall und Halle. Die Salinen von Reichenhall, die ab 1530 in einem landesherrlichen Monopolunternehmen zusammengefaßt waren, haben nach Berechnungen mehrere hunderttausend Raummeter Holz im Jahr verbraucht: 1609 sollen es 200000 rm und 1611 bereits 340000 rm gewesen sein!

Alles hing vom Holz ab. Die bayerischen Herzöge bangten geradezu darum. Es gab zwar Holzlieferungsverträge mit Salzburg, aber die gewünschten Mengen trafen nicht ein. Da entschloß man sich, die Sole von Reichenhall in das besser versorgte Traunstein zu leiten. Das Geschäft mit dem Salz hielt sich über die Jahrhunderte. In Reichenhall lösten die Holzsorgen den Gedanken vom »ewigen Wald« aus. Immer soviel aus den Wäldern entnehmen wie nachwächst, das war hier schon am Anfang des 16. Jahrhunderts eine Notwendigkeit und deshalb oberstes Gebot. Nicht überall dachte man so. Der waldverzehrende Betrieb der Salinen stieß vielfach auf Widerstand. Durch die Festlegung des Holzbedarfes in den Forstordnungen wurde der lokalen Expansion bald ein Riegel vorgeschoben. Anderseits wurde der Salinenbetrieb, wenn er von anderen Holzverbrauchern bedrängt wurde, durch Verordnungen geschützt. In der Rodeordnung von 1554 für den Pfännerwald bei Sooden-Allendorf verbot der hessische Landgraf jegliche größere Holznutzung, um die Bestände für den Salinenbetrieb zu erhalten.

Auch von anderen Salinen ist bekannt, wieviel Holz als Brennmaterial in die Siedeöfen wanderte. In Aussee wurden vor 1540 für die Herstellung einer Tonne Salz fast fünf Raummeter Fichte verbraucht. Eine Saline im Tiroler Hall verheizte am Ende des 13. Jahrhunderts in jeder Woche 2500 Holzstämme. Im ausgehenden Mittelalter mußte die Produktion der Saline von Frankenhausen zeitweilig eingeschränkt werden. Das Holz aus dem Kyffhäuser reichte nicht mehr. Rings um Frankenhausen war längst alles abgeholzt. Salzfuhrleute wurden beauflagt, Holzladungen in die Stadt zu bringen. Infolge der allgemeinen Holzknappheit versuchten die Siedemeister mit viel List, jeweils vor den anderen in den Besitz des wichtigsten Energiestoffes zu kommen. Erst als der Holzverkauf durch ein Glockenzeichen angezeigt wurde, kam es in Frankenhausen wieder zu geregelten Verhältnissen.

Salinen, die billiges Holz erwerben konnten, waren in ihrer Rentabilität weniger eingeschränkt, andere konnten mit den steigenden Holzpreisen nicht mehr mithalten und stellten den Betrieb ein. So wurde in der günstig gelegenen Saline Thale geflößtes Holz aus dem Harz verheizt. Die Saline Brockhausen in der Nähe von Unna lag ungünstig und mußte Ende des 16. Jahrhunderts schließen. Einen Trumpf hatten die Salzsieder immer noch in der Hand. Mit der Holzasche, dem Brennrückstand der Sudöfen, konnte bei entsprechender Nachfrage eine Großsaline schnell ein paar hundert Taler verdienen. In der Holzasche befindet sich, wenn auch in ganz geringen Prozentsätzen, Kaliumkarbonat, die Pottasche. Diese Pottasche brauchten die Glasmacher als Flußmittel. Bevor die Verbindung chemisch hergestellt werden konnte, wurden nicht unbeträchtliche Waldflächen allein deshalb eingeschlagen.

Im ausgehenden 12. und 13. Jahrhundert entstanden viele Waldglashütten. Völlig abgeschieden lebend, wurden die »holzfressenden« Glasbrenner häufig zu Pionieren der Besiedlung von bisher menschenleeren, waldreichen Gebirgsgegenden, zum Beispiel im Böhmerwald, in Lothringen, Hessen und Thüringen. Um auch die unerschlossenen Waldgebiete finanziell ausnutzen zu können, schickte der Landesherr die Glashersteller meist ganz bewußt in diese Gegenden. In den abgelegenen Glashütten wurde hauptsächlich das sogenannte Waldglas hergestellt. Bläschen und die grüne Farbe weisen auf die Verunreinigungen der vorhandenen Rohstoffe hin.

Meist wurden Fensterglasscheiben, Fläschchen für Arzeneien, medizinische und alchemistische Gefäße in größeren

Mengen gefertigt. Der Bedarf an Glas war in den spätmittelalterlichen Städten groß. Im Spessart gab es im 15. und 16. Jahrhundert ganze Glashüttendörfer. Auch das Holz des Schwarzwaldes, des Sollings und anderer damals noch wenig erschlossener Gebiete nutzten Glashütten in großen Mengen. Nicht immer wurde ausschließlich minderwertiges Holz und Windbruch »veräschert«. Am Ende des 16. Jahrhunderts verbrauchte eine Glashütte im südwestdeutschen Ebersbacher Forst in einem Zeitraum von 10 Jahren 500 Morgen Buchenwald. Außer der notwendigen Holzasche brauchten die Schmelzhütten auch Kohlholz, das sie meist in eigenen Meilern herstellten. Wenn dann noch die Viehherden in die stark gebeutelten Wälder getrieben wurden, war für lange Zeit die natürliche Verjüngung gestört. War der Wald restlos ausgebeutet, brachen die Glasbläser ihre Hütten ab und zogen weiter. Um einen Weinkelch aus Glas herzustellen, mußte damals ein *Ster* Holz[12], verbraucht werden, wobei der größere Teil für die Herstellung der Pottasche benötigt wurde.

Bauernnot

Fast 160 Jahre nach dem Tode von Francesco Petrárca, dem hervorragenden Dichter und Gelehrten, erscheint 1532 in Augsburg erstmals in deutscher Sprache das sogenannte Glücksbuch des Italieners mit dem Titel »Von der Artzney bayder Glück, des guten und widerwertigen«. Für die Illustration dieses Werkes fertigt ein junger, unbekannter Künstler aus Augsburg zahlreiche bemerkenswerte Holzschnitte an. Der Name dieses Holzschneiders ist uns nicht überliefert, er wurde einfach »Petrárca-Meister« genannt. Besonders an einem Holzschnitt ist das Gedankengut des Renaissance-Zeitalters genau ablesbar.

Der »Ständebaum« kündet nicht nur von dem tiefen Verständnis der aktuellen gesellschaftlichen Zustände, er bietet auch visionäre Auswege an. Deutlich ist zu erkennen, welche Last der Mensch am Fuße der Gesellschaftspyramide zu tragen hat. Der Druck ist so groß geworden, daß sich die Bauern davon befreien wollen, ja müssen. Hatten sie bisher wie die Wurzeln des Baumes für Stabilität gesorgt, wollen und können sie nun ihre Last nicht mehr tragen. Wesentlich angenehmer haben sich die Handwerker und Kaufleute eingerichtet. Doch auch sie spüren die Enge, denn sie sitzen auf den untersten Ästen des Ständebaumes. Darüber thronen die Bischöfe, Fürsten und oben schließlich der Papst und die Könige. Es ist klar, daß dieses auf Ewigkeit angelegte Schema aus dem Gleichgewicht geraten muß, wenn die Wurzeln freigelegt werden. Daß sich die »niederen Leute« im Wipfel des Ständebaumes wiederfinden, zeugt davon, daß der Wunsch nach gesellschaftlicher Gerechtigkeit und die starke Hoffnung auf Veränderung ein inneres Anliegen des unbekannten Künstlers waren. Entstanden sind die Holzschnitte in den Jahren 1518 bis 1521. Zu dieser Zeit hatten selbst Tiara und Königskrone erheblich an Respekt eingebüßt.

Den überwiegenden Anteil an der Bevölkerung im feudalen Staat stellt der Bauer. Auf seiner Arbeitsleistung ruht der ganze soziale Schichtenbaum. Aber die Nutznießer sind die Könige, Fürsten, Grafen, Ritter und die Kaufleute. Auf den Kreuzzügen der Feudalherren vergießen die Bauernsöhne in Asien und Afrika ihr Blut, sie sterben auf den Schlachtfeldern Europas. In der Heimat prägt nicht nur die schwere körperliche Arbeit das Leben des Bauern, der Zehnte, quälende Zinsen und andere Abgaben bedrohen die Existenz. Die großen Rodungsleistungen, auf denen die weiteren kulturellen Entwicklungen aufbauten, scheinen vergessen zu sein. Je stärker die Nachfrage nach Holz wächst, desto störender wird der holzende Bauer für adlige und bürgerliche Geschäftemacher. Noch ist der Wald weitgehend auf die Bedürfnisse des Bauern abgestellt. Der »arme Mann«, wie damals der Bauer genannt wurde, holte aus dem Wald nur so viel, wie er für seine Bedürfnisse, für die »Notdurft«, gebrauchen konnte, nicht mehr. Während er das Brennholz im *Ausschlagwald* (Niederwald) heraushieb und seine Haustiere in den *Mittelwald*[13] zur

[12] Das sind 3 rm.

[13] Unter Mittelwald versteht man eine Verbindung von Niederwald und Plenderwald. Dabei wurde das Unterholz überwiegend niederwaldartig bewirtschaftet, stärkere Bäume (Oberholz) wurden »geplängtert«.

Weide trieb, war in den Mischwäldern mit unterschiedlichen Nadelholzanteilen und auch in Buchenbeständen eine ganz bestimmte Bewirtschaftungsform üblich. Der Bauer schlug nur die Bäume, die seinen Bedürfnissen angepaßt waren. Schon im Hinblick auf zusätzliches Futter interessierten ihn die Laubbäume besonders. Dabei ging er völlig unsystematisch vor, nur seinen augenblicklichen Bedarf im Sinn. Kurz, er *plenterte*, wie die Forstleute sagen. Dieses Vorgehen bekam dem Wald eigentlich ganz gut. Durch die unregelmäßige Plenternutzung konnte sich der Wald auf natürliche Art verjüngen. Nur wenn die Hiebe überhand nahmen und der Wald zusätzlich für die Weide genutzt wurden, konnte aus dem *Plenterwald* ein »Plünderwald« werden. Aber das waren Ausnahmen, meist blieb alles im Gleichgewicht.

Für die Holzgroßverbraucher, die Holzhändler und Gewerbetreibenden, konnte das Vorgehen des Bauern kein Maßstab sein. Sie gingen mit Axt und Säge sehr rationell vor und schlugen die Wälder ganz einfach kahl. Schon lange bot der *Kahlschlag* in der Landschaft ein sehr trauriges Bild. Auch wurde nun nicht mehr das Laubholz bevorzugt, sondern ganz eindeutig Tanne, Fichte und Kiefer. Die Nadelhölzer schienen besser in die neue Zeit zu passen. Sie waren leichter, also besser zu flößen und zu triften. Ihr Holz wurde das ideale Baumaterial. Es war weicher und ließ sich einfacher bearbeiten. Vor allen Dingen wuchs das Nadelholz schneller und dabei noch geradliniger, wenig astig und auch länger. Hier bahnte sich ein Interessenkonflikt an, dessen Auswirkungen besonders die Bauern hart treffen mußte.

Als das Holz in den Wäldern in klingende Münze umgewandelt werden konnte und der Holzanteil immer mehr zunahm, richtete sich die neue Entwicklung ganz eindeutig gegen die Bauern. Steigende Abhängigkeiten durch Zins und Naturalabgaben schränkten die Rechte der Bauern, die zu Leibeigenen geworden waren, immer mehr ein. Zusätzlich zu den Spann- und Handdiensten kamen noch die Abgaben, die direkt mit der Waldnutzung zu tun hatten, wie der *Honigzehnte* (Honiggeld). Dann mußte für das Holen von Waldgras und das Lesen von Brennholz der *Holzhütnerzins* entrichtet werden. Die Entnahme von Laub und Streu wurde durch den *Laubhütner* beglichen. Für das Weiden des Viehs, die *Weide* (Weidenhütner) mußte der Bauer wiederum in die Tasche greifen; das machte ihn arm. Es war auch üblich, jährlich eine Pauschalsumme, die Forstmede (Vorstmede, Waldmiete) zu zahlen. In den *Forstordnungen*, die grundsätzlich für alle Wälder galten, erhoben die jeweiligen Grundherren eine Fülle von Verboten, Forderungen und sonstige Regelungen zum Gesetz und drangen durch Strafandrohung auf ihre Einhaltung. Rodungsverbote und die Forderung nach Aufforstung sollten den Verfall der Wälder aufhalten.

Auch in den Gemeindewäldern wurde dem Bauern zunehmend das Recht der freien Waldnutzung bestritten. Unter dem Einfluß des römischen Rechts deklarierten die Herren mit juristischen Winkelzügen das meist bestehende Besitz- und Nutzungseigentum als Untereigentum und drückten es dann weiter zum Servitutsrecht[14] herunter. Dabei wurde den Bauern ihr Eigentum nicht bestritten, »nur« in der Nutzung ihres Eigentums unterlagen sie speziellen Auflagen und Verboten. Die Herrschenden als Obereigentümer geboten bald über Ländereien und Wald. Die Bauern lehnten sich auf und beklagten sich öffentlich. Dazu kam, daß sie zusehen mußten, wie die Herren das Holz aus den Gemeindewäldern sogar verkauften. Auf den Feldern verwüstete das sich stark vermehrende Wild die Saat. Im Interesse der herrschaftlichen Jagd durfte jedoch der Bauer nicht einschreiten. Dieser Teufelskreis trug in starkem Maße dazu bei, daß die Landbevölkerung zum Kampf entschlossen war und im Aufstand die einzige Möglichkeit sah, aus diesen tiefen Widersprüchen herauszukommen. Mit dem Wald war der Bauer verwachsen, ohne ihn war er nicht lebensfähig.

In Südwestdeutschland, Thüringen, Franken, in den Alpenländern, der Pfalz, im Elsaß, in Sachsen, in der Schweiz und vereinzelt in Böhmen fordern die aufständischen Bauern die Abschaffung der Leibeigenschaft und legen ihre Forderungen, die *12 Artikel*, vor. An vielen Orten flattert über den mit Sensen, Dreschflegeln und Morgensternen bewaffneten Bauernhaufen eine Fahne, die fünf Symbole trägt. Das sind zugleich die Hauptforderungen, die in ihrer Bildersprache jedem unmißverständlich seine ureigensten Sehnsüchte ständig vergegenwärtigen. Da ist das *Kreuz*, das die Forderung nach freier Pfar-

[14] Die bestehenden Waldnutzungen konnten danach gewährt oder verboten werden.

rerwahl ausdrücken soll. Dann folgen *Hirsch* und *Vogel* – sie fordern die Freiheit der Jagd. Der *Wald* symbolisiert die Forderung nach freier Nutzung des Gemeindewaldes, so, wie es die alten Rechte garantieren. Auch der *Fisch*, der für die freie Fischweid steht, zeigt die tiefe Naturverwurzelung der Landbevölkerung und die Schwere des Konfliktes. Daß der freie Zugang zu den gemeinschaftlich bewirtschafteten Wäldern und damit auch zum Holz eine der wichtigsten Lebensadern war, geht daraus hervor, daß auch diese Zusammenhänge zu einem der schwerwiegenden Anliegen wurden, die sich in den 12 Artikeln Anfang März 1525 wiederfinden.

Der fünfte Artikel lautet: »Zum fünften sind wir auch beschwert der Beholzung halber, denn unsere Herrschaften haben sich die Gehölze allallein angeeignet, und wenn der arme Mann was bedarf, muß er ums doppelte Geld kaufen. Nun ist unsere Meinung: Gehölze, mögen sie Geistliche oder Weltliche innehaben, die sie nit gekauft haben, die sollen einer ganzen Gemeind wieder anheimfallen. Und einer Gemeind soll geziemender Weis frei sein, einem jeglichen seine Notdurft für sein Haus, zum Brennen im Haus, umsonst nehmen zu lassen; auch wenns vonnöten sein sollte, zum Zimmern auch umsonst zulassen, doch mit Wissen derer, so von der Gemeind dazu gewählt werden. So aber keines vorhanden wäre, denn was redlich gekauft ist worden, soll man sich mit denselben brüderlich und christlich vergleichen. Wenn aber das Gut ursprünglich von ihm selbst angeeignet wär worden und nochmals verkauft werden, soll man sich vergleichen nach Lage und Sache und nach Erkenntnis brüderlicher Lieb und Heiliger Schrift.«

Die Bauern wollten weiterhin die in der Nähe der Dörfer und Siedlungen liegenden, meist gemeinschaftlich im Ausschlags- oder Hackwaldbetrieb genutzten Wälder nach ihren Bedürfnissen bewirtschaften. In den Kammerforsten akzeptierten sie selbstverständlich das Recht der Herrschenden. Der Glaube an göttliche Gerechtigkeit zerbrach in den blutigen Auseinandersetzungen des deutschen Bauernkrieges und den sich anschließenden Verfolgungen.

Rücksichtsloser als zuvor verschafften sich die Landesherren nach der Niederlage der Bauernschaft Rechte über die Wälder. In der Holz- und Waldordnung für Tirol von 1541 berichtet schon der erste Paragraph darüber, daß alle Wälder, »keine ausgeschlossen in diesem unserem Lande der fürstlichen Grafschaft Tirol ... zur Förderung des Kammergutes« herangezogen werden.

In Bergwerksgebieten wie Tirol führte der große Holzbedarf der Berg- und Hüttenwerke sehr schnell zu Änderungen der Eigentumsformen. In anderen Gebieten ging dieser Prozeß langsamer und nur schrittweise voran. 1532 ordnet eine württembergische Forstordnung den Flächenschlag an. Vorbei ist es mit der kleinflächigen, individuellen Holznutzung durch die Bauern. Sie beschweren sich: »Sie haben seit altersher dem gemeinen Mann je nach Herdstellen einen oder einen halben oder einen viertel Morgen ausgeteilt, und jeder sollte seinen Teil hauen in einem Jahr oder in zwei Jahren, großes und kleines Holz, und dann die Haue räumen lassen; einer macht es auf einmal, der andere haut Holz, wenn er es gerade braucht, damit er für eine Weile versorgt ist. Ebenso haben sie bisher, wie ihre Ahnen, einen Wald gemein gelassen, daraus konnte sich jeder Einwohner Urachs beholzen für seinen eigenen Bedarf das ganze Jahr über«.

Das sind nur erste Einschränkungen, die sich zum Teil auch aus der enormen Ausdehnung der Gewerbebetriebe ergeben. Aber die Verdrängung der Bauern aus den Markwäldern hält an.

Par force

Verzweifelt versuchen ungefähr zwei Dutzend Hirsche in panikartiger Flucht das gegenüberliegende Ufer zu erreichen. Die meisten von ihnen ahnen noch nicht, daß sie von den nachsetzenden Reitern und der kläffenden Hundemeute in eine tödliche Falle getrieben worden sind. Ohne den Schutz des Waldes sind sie leicht von der im Verborgenen lauernden Jagdgesellschaft zu erlegen. Auch wenn das Gemälde von Lucas Cranach dem Jüngeren aus dem Jahre 1544 den Titel »Hirschjagd des Kurfürsten Johann Friedrich« (Seite 151) trägt, handelt es sich nach unserem Empfinden eher um das Abschlachten von Wild, das allein zur Befriedigung der Lust am Töten dient. Zu den »mutigen« Schützen der Jagdgesellschaft des sächsischen Kurfürsten Johann Friedrich, der auch der Großmütige genannt wurde, gehören ausschließlich Angehörige des hohen Adels. Auf der rechten Bildseite sind die herrschaftlichen Damen, angeführt von der kurfürstlichen Gattin, Sibille von Cleve, angetreten, um ebenfalls tödliche Pfeile auf die wehrlosen Tiere abzuschießen. Auch in den folgenden Jahrhunderten wurde das Weidwerk ähnlich rücksichtslos gehandhabt. Ein Gemälde von Peter Paul Rubens, dem großen flämischen Maler des Barock, zeigt eine dramatische Jagdszene im Wald, bei der es nur scheinbar fairer zugeht. Die um 1618 bis 1620 gemalte »Wildschweinjagd« (Seite 152) läßt uns an der Szene teilhaben, als sich das von den Treibern gestellte und in Schach gehaltene Wild in einer ebenfalls unausweichlichen Situation befindet. Die Jäger sind dem Gebell der Hunde hoch zu Roß gefolgt und werden aus einer sicheren Position heraus den Eber mit dem langen Jagddegen »abfangen«, das heißt töten.

Im herrschaftlichen Wald hatte alles seine »Ordnung«, wenn auch meist nur im Sinne der Jagd. Die jagdbaren Tiere waren eingeteilt. Die Wildschweine, Elche, Hirsche, Bären und Luchse gehörten zur sogenannten *hohen Jagd* und waren somit dem hohen Adel, also den Landesherren, vorbehalten. Der niedere Adel hatte sich mit der *niederen Jagd* auf Rehwild, Hasen und Rebhühner zu begnügen. Die deutschen Fürsten, die sich mehr und mehr dem Einfluß des Kaisers entzogen hatten, waren zu souveränen Herren geworden und geboten über ihren Grundbesitz absolut. Sie waren es, die nun viele Wälder zu Bannforsten machten. Mehr und mehr verlor der Bauer seine angestammten Rechte. Bald beschränkte sich seine Anwesenheit vielfach nur noch auf Treiberdienste, zu denen er durch die Fron verpflichtet war. Auch das hatte die Bauern dazu getrieben, mit Waffen um ihre Rechte zu kämpfen.

Aber es blieb alles beim alten, die Bauern mußten weiterhin mit ansehen, wie das Wild ihre Felder verwüstete. Ohne daß sie selbst dieser Plage zu Leibe gehen durften, mußten sie noch obendrein den Herren vielfach unter gefährlichen Umständen bei ihrer Jagd zu Diensten sein. Als Rubens die letzten Pinselstriche auf die Leinwand seiner »Wildschweinjagd« setzte, wütete bereits der Krieg, der Deutschland »in der Tat wirtschaftlich stärker und für länger geschädigt hat, als die beiden Weltkriege des 20. Jahrhunderts zusammengenommen«. Im Dreißigjährigen Krieg war »der Prozentsatz der Toten an der Gesamtbevölkerung ... mindestens fünfzehnmal so groß wie im zweiten Weltkrieg«, schreibt Jürgen Kuczynski in der *Geschichte des Alltages des deutschen Volkes* (Band 1). Die größte Last mußten zweifelsohne die Bauern tragen. Sie waren nun direkt zu Gejagten geworden. Unvorstellbar war das Leid, das sie erduldeten, bis die feindlichen Lager endlich zum Waffenstillstand bereit waren. In den Jahren des verheerenden Krieges war auch der Wald, wie in allen Zeiten der Verfolgung, zum Zufluchtsort geworden. Viele gingen mit ihrer wenigen Habe und mit dem Vieh in entlegene Waldgebiete, um dort vor plündernden Truppen sicher zu sein. »Es war Gnade des Feindes, wenn er nicht anzündete, nicht den Stadtwald niederschlug, das Holz zu verkaufen, nicht die Stadtbibliothek auf seine Troßwagen warf«, schreibt Gustav Freytag. Alle größeren sichtbaren Wertgegenstände mußten ausgelöst werden, das heißt, nur durch Geldzahlung war zu verhindern, daß die Städte zum Beispiel ihrer Kirchenschätze nicht verlustig gingen.

Der Zustand der Wälder, sofern sie nicht teilweise durch Brandschatzungen zum Opfer fielen, war bejammernswert. Das Werk der verantwortungsbewußten Forstleute, die ersten Anfänge eines forstlichen Kulturbetriebes, wurden meist vollständig vernichtet. Holzungen nahm man in den unbeaufsichtigten Wäldern völlig planlos vor; sie richteten sich nach dem Bedarf der verschiedenen Heerhaufen. Ohne Holz konnte nun mal kein Krieg geführt werden. Angefangen von den einfachen Lanzen, über Fuhrwerke bis hin zu Brükkenkonstruktionen und kleineren Transportschiffen, immer wieder mußte das Holz dem Krieg dienen. Allein zum Ausbau von Bollwerken wurden ungezählte Faschinen aus Astwerk benötigt. Bei diesen Verwüstungen war das Holz so manches Mal das Einzige, was den geschundenen Menschen blieb. Und es mag in vielen Fällen auch der letzte Schlag von ausgeplünderten Wäldern der Axt zum Opfer gefallen sein, um Hoffnung in die düstere

Leere zu bringen und einen Neubeginn zu ermöglichen. Wer zu den Überlebenden gehörte, mußte sich durchschlagen so gut es ging. Auch in den Kriegszeiten wurden hohe Steuern gefordert. Brachliegende Felder konnten keine Ernte bringen. Das trieb die Schulden in die Höhe und führte dazu, daß viele Höfe wüst wurden.

Landflucht ließ ganze Landstriche veröden. Hier holte sich der Wald verlorenes Terrain zurück und wurde erst durch spätere Rodungen wieder zurückgedrängt. Auf der Gewinnerseite standen nach dem Kriege die Fürsten. Sie hatten allein für ihre Besitzungen gefochten. Die Landkarte Deutschlands glich einem bunten Flickenteppich. Jetzt begannen die adligen Herren den Bauern auch die letzten Rechte zu bestreiten. Wieder ging es um die Markforsten. Natürlich war auch hier, wo die Bauern noch weitgehend nach eigenem Ermessen wirtschaften konnten, der Zustand durch die lange Kriegszeit mehr als besorgniserregend, und die Fürsten versuchten – meist unter dem Vorwand der landesherrlichen Sorgepflicht – die Oberaufsicht auch darüber zu bekommen. Dahinter stand in erster Linie der Gedanke, die Markwälder im Interesse der Jagd in Bannforste zu verwandeln. Das ging nur schrittweise, schließlich handelte es sich um alte Rechte. Zuerst wurde die Zustimmung der Markgenossen durch die übermächtigen Fürsten eingeholt. Wer wollte seinem sorgenden Landesvater entgegentreten? Bei soviel Autorität blieb den eingeschüchterten Bauern vielfach nichts anderes übrig, als einzuwilligen. Später legten die Herren auf diese Zustimmung keinen Wert mehr. Die Grundherren gaben sich als Schutz- und Schirmherren aus und erwarben so unablässig immer mehr Einfluß.

Anfangs waren die Waldrechte der Markgenossen nicht sonderlich eingeschränkt, aber die Selbständigkeit der Marken war schrittweise untergraben worden, bis nichts mehr von ihr übrig blieb. So kam es, daß die Fürsten und der Klerus ihre Landeshoheit mit der »forstlichen Oberherrlichkeit« verbanden und dann, ohne die Markgenossen zu befragen, ihre »Markordnungen« erließen. Besonders nach dem Dreißigjährigen Krieg, als die Macht der Kleinstaatenfürsten stark angewachsen war, nahm der Abbau aller Rechte beängstigend zu. Herzog Ernst August von Braunschweig-Lüneburg schrieb als Bischof von Osnabrück 1691 in seine Holzordnung auch folgendes: »Demnach Uns der schlechte Zustand, worin sowohl das leidige Kriegswesen, als auch die bisherige geringe Uffsicht die Gehölze und Marken dieses Unsers Stifts gesetzet, in Unterthänigkeit vorgetragen seynd Wir darauf bedacht gewesen, wie diesen verderblichen Wesen dermaleinst zu steuern, und eine solche Verordnung eingerichtet werde, damit der noch übrige kleine Rest des Gehölzes nach Möglichkeit conserviret und der Posterität zum Besten in guten pflichtigen Stande erhalten, und künftig auch also gebraucht und genossen werden möge, daß hernechst bei Unser Fürstl. Residenz oder Ambthäusern an Bau- und Brennholz kein Mangel entstehe, nichts weniger auch denenjenigen die ihre gewisse Holz Gerechtigkeit in Unsern Marken un Hölzern hergebracht haben, solche gebührend und ihnen die Nothdurfft zur rechten Zeit abgereicht werde.«

Dem aufmerksamen Leser wird nicht entgangen sein, daß in diesen Sätzen von den Marken so gesprochen wurde, als ob sie niemals vorher völlig selbständig gewesen wären. Sicher, um Bau- und Brennholz ging es auch noch, aber der Bischof von Osnabrück wollte mehr. Die *Holzgerichte,* auf denen die Markgenossen noch freie Entscheidungsfreiheit besaßen, verurteilten diese Holzordnung. Sie wurde einfach nicht angenommen, die »alten osnabrückschen Holtinge« hatten noch einmal ihre Stärke bewiesen. Aber auch in Westfalen und Niedersachsen, wo sich die Holzgerichte bis ins 17. Jahrhundert, also sehr lange, gehalten hatten, verstummten bald die kritischen Stimmen. Die Markgenossen besaßen keinerlei Eigentumsrechte am Wald mehr. Auch sie waren nun, wie zuvor in anderen Gegenden, zu Servitusberechtigten degradiert worden.

Damit gab es für die adligen Herren in den Wäldern bald keine Beschränkungen mehr. Alles war auf die Jagd ausgerichtet. Sogar die Holzentnahme richtete sich nicht nach waldbaulichen Gegebenheiten, sondern danach, wie die entstehenden Schneisen besonders zweckmäßig für die Ausübung der Jagd waren. Man schuf sich eine eigene »jagdgerechte Szenerie«, um mit Armbrüsten, Lanzen und später mit Feuerwaffen auf die Pirsch zu gehen. In Frankreich kam zur Zeit der absolutistischen Könige die Mode der aufwendigen *Parforcejagd* auf. Man hetzte das Wild über große Strecken durch Wälder und über Wiesen »par force«, also »mit Gewalt«. Gewalt gehörte mit zum Ausdruck des erhabenen Herrschers. Sie suggerierte persönliche Größe und befriedigte das übersteigerte Selbstgefühl. Untergebene Kreaturen, die Natur schlechthin, alles ließ sich durch Gewalt in die Knie zwingen und beherrschen. Auch wenn das für uns heute schwer nachvollziehbar ist, im Verständnis des Gewaltausübenden war das durchaus gerechtfertigt, denn schließlich war man dazu bestimmt, die Herrschaft auszuüben.

Auf der *Parforcejagd* konnte ein Hirsch, der zuvor von den herrschaftlichen Jägern im Wald aufgespürt wurde, von dutzenden Hunden und Reitern über viele Kilometer verfolgt werden. Dabei kam es nicht selten vor, daß, bevor der Hirsch gestellt wurde, bereits mehrere Pferde »auf der Strecke« blieben. Mit Gewalt, ohne Schonung ging es weiter, bis der Hirsch zu Tode erschöpft war. Dann stellte er sich der Hundemeute und verteidigte sich so gut er es noch konnte. Inzwischen war der Jagdherr ganz in der Nähe und bereitete sich zum Abfangen vor. Damit auch alles ohne Zwischenfälle vonstatten ging und der tapfere Jäger auch gebührend von der illustren Jagdgesellschaft gefeiert werden konnte, wurden dem Hirsch vorher die Sehnen der Hinterläufe durchgetrennt. Erst dann erhielt das gequälte Wild den Todesstoß. Als besonders vornehm galt auch die *Parforcejagd* auf Hasen, weil die Hunde bei der Verfolgung gerade durch das häufige Hakenschlagen sehr großes Geschick zeigen mußten. Es ging darum, die Jagd möglichst zeitlich auszudehnen, um dabei die Leidenschaft möglichst lange und intensiv auszukosten.

In den deutschen Staaten wurde die Jagd in den Wäldern zuerst nach anderen Gesichtspunkten organisiert. Mit Fangnetzen, einem riesigen Aufgebot von Treibern und Hunden galt es, möglichst viel Wild in den Wäldern zu erlegen. Später nahmen diese Jagden immer größere Ausmaße an. Das auf diesen Massenschlächtereien (anders können diese Unternehmungen aus heutiger Sicht nicht bezeichnet werden) zusammengeschossene Fleisch des Wildes wurde nicht selten vernichtet. Den Bauern ließen die Herren das Wildbret nicht zukommen, um sie nicht »zum Wildern zu verführen«. Doch schon Ende des 17. Jahrhunderts stach den deutschen Fürsten der Glanz der französischen Jagdequipagen und die gesellschaftliche Ausstrahlung der aufwendigen *Parforcejagden* ins Auge. Man besaß denselben absoluten Herrschaftsanspruch und wollte gleichziehen. Besonders unter Ludwig XIV. wurde die *Parforcejagd* zu einem prunkvollen Ereignis, so daß die Nachahmer französischer Sitten und Unsitten nicht umhinkamen, auch in ihren Wäldern derartige Schauspiele zu inszenieren.

Das war ein Regent: ein König, der bereits im zarten Alter von 23 Jahren den ersten Minister seines Amtes enthob, selbst die Regierung und Repräsentation des Staates übernahm und erklärte, daß er ein Herrscher von Gottes Gnaden sei! Voll Bewunderung und Neid sahen die deutschen Fürsten nach Paris. Dort führte Ludwig der XIV., der Sonnenkönig, für die Dienerschaft ein kompliziertes Hofzeremoniell ein, das den Herrschaftsanspruch täglich aufs neue suggestiv ins Bewußtsein bringen sollte. Verschwendung war an den deutschen Fürstenhöfen vor Ludwig XIV. auch kein Fremdwort, aber in Frankreich war eben alles durchdachter, sogar das Vergeuden und Verschleudern besaß hier eine eigene tiefe »Ordnung«. Und gerade das bewunderte man.

Ein Maßstab für Verschwendung ist nicht zuletzt der Holzverbrauch für die fürstlichen Kamine. Am Hof zu Weimar sollen im 16. Jahrhundert »jährlich 1200 Klafter Brennholz« verbraucht worden sein, das sind ungefähr 400 rm. Durch die Kamine des Königsberger Hofes gingen 1664 sogar 22000 rm. Die Gerüste für ein Feuerwerk, das August der Starke (1670–1733) bei Mühlberg an der Elbe für »das grandioseste und in allen seinen Verhältnissen colossalste Fest der polnischen Periode Sachsens« errichten ließ, wurden »nicht weniger als 18000 Stämme Holz des ausgerodeten Waldes und 300 Schock Bretter« verwendet. Über ein halbes Jahr sollen 200 Zimmerleute daran gearbeitet haben. Das war schon sehr beachtlich, aber in Frankreich setzte der Absolutismus noch ganz andere Zeichen.

Tausende Arbeiter durchwühlen mit Schippen und Spaten das Erdreich der Hochebene. Auf den ersten Blick erscheint das ganze Geschehen geradezu widersinnig. Mühsam werden Erhebungen im Gelände abgetragen, werden Bodenvertiefungen angefüllt, und wieder an anderer Stelle sind Männer damit beschäftigt, Gräben auszuschachten. Auch die Bäume dieser ehemaligen Weidelandschaft scheinen offensichtlich zu stören. Einer nach dem anderen, darunter stattliche Exemplare, werden gefällt, fallen krachend zu Boden und werden später zu Brettern gesägt. Bald erinnert auch nicht das Geringste an die Ursprünglichkeit dieses Fleckens Erde.

Der Ort des Geschehens liegt 19 km südwestlich von Paris und ist später weltberühmt geworden. Versailles, dieser Name ist bis heute ein Synonym des absolutistischen Lebens- und Herrschaftsgedankens. Dabei denkt jeder nicht nur an das prunkvolle Schloß, sondern gleichzeitig an die strengen geometrischen Formen, an Baumpyramiden, Bassins und Wasserfontänen der weitläufigen Park- und Gartenanlagen. König Ludwig XIV., für den dieses Stück zusammengestellte Natur kunstvoll komponiert und arrangiert wurde, war von dieser steifen Geziertheit begeistert, ja geradezu entzückt.

Bei Hofe ging es nicht anders zu. Man brachte sich vor Höflichkeit und Servilität geradezu um. Es gab Untertanen, die das wortwörtlich nahmen. Ging dem Küchenchef ein besonderer Festschmaus daneben, konnte es passieren, daß er deshalb vorzeitig seinem Leben ein Ende bereitete. Wen kümmerte das, schließlich gab es noch mehr Köche. So wie alles Selbständige und Unabhängige im Wesen der Höflinge und Hofdamen in spezielle Zweckdienlichkeit umgewandelt wurde, mußte auch die Natur vor dem absoluten Herrschaftsanspruch kapitulieren. Deshalb hatte sich der Monarch das Ziel gesetzt, die alte Landschaft restlos zu tilgen und an ihre Stelle eine neue, eine künstliche zu setzen. Wenn es gelang, Menschen in jede gewünschte Form zu pressen, wie konnten da Bäume und Sträucher widerstehen?

Bis zu 36000 Menschen und 6000 Pferde waren gleichzeitig nur mit den Erdarbeiten für die Parkanlage, die Gärten, für die Straße nach Paris und die Wasserleitung von Maintenon beschäftigt. Ungefähr 40 Jahre wurde hier an der Umgestaltung der Natur gearbeitet. Ludwig XIV. soll über eine Milliarde Livres für Versailles aufgewendet haben. Voltaire, der Hauptvertreter der französischen Aufklärung, nannte Versailles einen »Abgrund der Verschwendung«.

Andere kritische Stimmen waren aus dem industriell fortgeschrittenen England zu hören. Der Natur sollten mehr Rechte zugestanden werden. Unter der gestalterischen Aufsicht des Menschen wurde auch den Bäumen das Recht wieder zugesprochen, ihre majestätische Größe voll zur Entfaltung bringen zu können. 1716 legt der Dichter Pope seinen Garten in Twickenham bei London nach diesen modernen Gesichtspunkten an. Anders als im geometrischen Barockgarten wurde der speziell angelegte Park nun als eine ideale Landschaft angesehen. Wenn auch diese Ideen meist falsch verstanden übernommen wurden und nicht selten in langweilige Einförmigkeit ausarteten, der englische Stil setzte sich durch.

Zur wahren Meisterschaft brachte Fürst Hermann von Pückler-Muskau diese Art von Landschaftsgestaltungen. In seinen »Andeutungen über Landschaftsgärtnerei« schrieb er: »Alles beinahe schafft Geld und Macht, aber kein Crösus und kein Alexander vermögen die tausendjährige Eiche in ihrer Majestät wieder herzustellen, wenn der arme Tagelöhner sie einmal gefällt hat ...«

Unter dem Einfluß gesellschaftlicher Veränderungen, von denen die französische Revolution von 1789 die bedeutendste Umwälzung des aufstrebenden Bürgertums war, ließen auch an den anderen europäischen Fürstenhöfen die Verschwendungen nach. Als die Stände nach Versailles berufen wurden, um über den drohenden finanziellen Bankrott des französischen Staates zu beraten, waren die sozialökonomischen und politischen Widersprüche des feudalen ANCIEN RÉGIME nicht mehr friedlich beizulegen.

Holzzucht und Wurmtrocknis

Im Sommer des Jahres 1689 ereilt das Rittergut Arnsdorf in der Nähe von Freiberg ein schwerer Schicksalsschlag. Es dauert keine Stunde, und der vom Blitzschlag ausgelöste Brand legt das Wohnhaus mit den dazugehörigen Scheunen und Ställen, einschließlich aller Vorräte, in Schutt und Asche. Der Geschädigte ist der nicht gerade unvermögende, in kurfürstlichen Diensten stehende Vice-Berghauptmann Hans Carl von Carlowitz. Ein Mann, der sich mit den drängenden Holznöten seiner Zeit auseinandersetzt und der weiß, wie sehr das Fortkommen des Bergbaus vom Rohstoff Holz abhängig ist. Von ihm stammt das erste Werk, das sich ausschließlich mit forstwissenschaftlichen Problemen beschäftigt. Doch zuerst schreibt er einen Brief an seinen Kurfürsten und bittet darin um Unterstützung. Dabei geht es nicht zuletzt auch um das dringend benötigte Bauholz, das der »arme abgebrannte Mann« für den Wiederaufbau gern kostenlos aus den »Amtsgehölzen« beziehen möchte. Während das Gut Arnsdorf von Grund auf neu entsteht, zieht Carlowitz mit seiner Familie nach Freiberg. Am Obermarkt kauft er ein Haus, das wie sein später wieder hergestelltes Gutshaus, abgesehen von einigen Umgestaltungen, noch heute so zu besichtigen ist.

Vom Beginn seiner beruflichen Laufbahn an war Carlowitz in kursächsischen Diensten. Als er 1669 von einer mehrjährigen abenteuerlichen Reise durch Europa in seine Heimat zurückkehrt, übernimmt der vierundzwanzigjährige Kammerjunker unter der Anleitung des Vaters dessen Geschäfte als Amthauptmann. Dabei hat er sich auch um die dazugehörigen Wälder und Gehölze zu kümmern. Hier wächst das Interesse für die Probleme, die immer wieder mit dem Rohstoff Holz untrennbar verbunden sind. 1678 wird Carlowitz, auch wegen seiner forstlichen Erfahrungen, vom Kurfürsten Johann Georg II. schließlich zum Vice-Berghauptmann vorgeschlagen. Nach über 30 Dienstjahren wird er dann 1709 Kammer- und Bergrat und nach zwei weiteren Jahren zum »Churfürstlich sächsischen und königlich Polnischen Ober-Bergrat« befördert.

Auf dem Höhepunkt seiner beruflichen Laufbahn, kurz vor seinem Tod, erscheint 1713 die SYLVICULTURA OECONOMICA *oder Anleitung zur wilden Baumzucht,* wie das Buch in der deutschen Übersetzung heißt. Für die Forstleute gilt das Erscheinungsjahr als »Geburtsjahr der Forstwissenschaft«, auch wenn Carlowitz in seinen Ansichten nicht immer genau ist. Es hatten vor Carlowitz auch andere über die Probleme der Wälder und über die Holznot geschrieben, aber keiner widmete ausschließlich diesem Thema ein Buch. Die Zeit war reif, auch die bekannten Fragen der Waldwirtschaft mit mehr Gründlichkeit anzugehen und diese konsequent in der Praxis anzuwenden. Gute Ansätze gab es zu allen Zeiten, doch Kriege und andere Verwüstungen machten sie bald wieder zunichte. Der sächsische Ober-Bergrat schreibt: »... Die Bäume sind ausgerottet, die Wälder, die doch sonsten ein Land recht glücklich machen, hinweg, die Gebürge und Hügel von Holtz entblößet«.

Carlowitz leitet tatsächlich ein neues Zeitalter in der Geschichte des Holzes ein. Er bleibt bei der Feststellung, daß der Zustand der Wälder nach dem zurückliegenden Raubbau und die düstere Perspektive als »ein rechtes Zorn-Gerichte des großen Gottes anzusehen« ist, nicht stehen. Er folgt einer Forderung seiner Zeit. Nach dem 30jährigen Krieg und der darauffolgenden Zeit des wirtschaftlichen Ruins galt es nun, alle positiven Impulse, die im Zuge der Forstwirtschaft ein wenn auch noch wackliges Gedankengebäude geschaffen hatten, zu beleben und durch neue Ideen zu stabilisieren. Jetzt, im Zeitalter der Aufklärung, bietet sich die Chance, die Fehler der Vergangenheit zu tilgen und die *ursprüngliche* oder *primitive Waldnutzung* endgültig zu überwinden. Der Waldabbau muß gestoppt werden. Carlowitz erkennt, daß besonders der Bergbau, wie die gesamte Wirtschaft, in der Entwicklung bedroht ist, wenn nichts Tiefgreifendes geschieht. Der absolutistische Staat mit seinem Herrschaftsverständnis bietet trotz mancher Hemmnisse für die Durchsetzung forstlicher Anordnungen keine ungünstigen Voraussetzungen.

Was bedeutete das nun für den Wald, welche Vorteile ergaben sich für das bisher unerschöpflich scheinende Holzreservoir? Die Holzzucht, wie der Waldbau zur Zeit von Carlowitz genannt wurde, erfuhr wesentliche Verbesserungen. Alle forstlichen Maßnahmen waren nun darauf gerichtet, die Holzerzeugung auf den Waldflächen zu erhöhen. Um wieder Ordnung in die Wälder zu bringen, setzten die Forstbehörden die Flächeneinteilung immer stärker durch. Was in früheren Zeiten nur hier und da praktiziert wurde, gehörte nun zunehmend zum normalen Forstbetrieb. In den Nieder- und Mittelwäldern ließ sich die Schlageinteilung am günstigsten durchsetzen. Der Wald wird in so viele Schläge eingeteilt, wie der sogenannte Umtrieb[15] Jahre zählt. Als Umtrieb ist die Zeit zu verstehen, in der auf einer geholzten Waldfläche durch Verjüngung

[15] Die Umtriebszeiten betrugen damals bis zu 80 Jahren.

wieder Holz bis zu der erforderlichen Nutzungsstärke heranwächst. Für die Nutzung von Bauholz bevorzugten die Städte, wie schon vereinzelt im Mittelalter, besondere Wälder, die Bauwälder. Hier schlugen die Bürger in Notzeiten, zum Beispiel nach verheerenden Stadtbränden, das Holz für den Wiederaufbau. Das Plentern der Bauern in den Wäldern wurde durch strengere Vorschriften stärker eingeschränkt. Immer häufiger schlugen die Holzhauer die Wälder streifenweise kahl.

Dabei bildeten sich in der Bewirtschaftung Grundsätze heraus, die später im *Gesetz der Nachhaltigkeit* zusammengefaßt wurden. Danach sollte nie mehr Holz eingeschlagen werden, als zur gleichen Zeit an den stehengelassenen Bäumen zuwachsen konnte. Die Verjüngung, die Begründung eines neuen Holzbestandes an Stelle des Vorbestandes ging auf verschiedene Weise vor sich. Der Mensch half mit der künstlichen Verjüngung durch Saat und Pflanzung dort nach, wo auf natürlichem Wege durch flugfähige Samen und stehengelassene Samenbäume die Erneuerung der Bestände nicht gewährleistet war. Auch bei der Wahl des geeigneten Standortes für die einzelnen Baumarten ging man nun mit mehr Bedacht vor.

»Derowegen es nützlich und nothwendig ist situm und naturum cyusamque loci, die Eigenschaft und Lage eines jeden Orts sich zu erkundigen, ob ein Grund und Boden Bäume zu tragen möchte«, ermahnt Carl von Carlowitz seine Zeitgenossen. Bei den Laubbäumen wurden Pappeln, Birken und Weißerlen wegen ihrer Schnellwüchsigkeit bevorzugt. Besonders die Birke (Betula) ist wegen dieser Eigenschaft so übermäßig gepriesen und angeboten worden, daß man spöttelnd sogar von einer BETULOMANIE sprach. Das Geschäft mit Baumpflanzen und -samen wurde immer einträglicher. Auf diese Weise kamen auch Bäume in Gegenden, in denen sie ursprünglich selten zu finden waren, wie die Lärche, die vor ihrer großzügigen Verbreitung nur in den Alpen und in den Sudeten beheimatet war.

Im Jahre 1786 eröffnete der Kgl. Preußische Geheime Rath, der Oberforstmeister von Burgsdorf, ein »Holzsamen-Institut«, also eine Samenhandlung, in Tegel bei Berlin. Die Firma besaß Filialen mit Vertretern in mehreren Ländern Europas. In Warschau besorgte der Kaufmann Joseph Dziarkowsky, in München der Forstmeister Schilger und in Karlsruhe der Jagdjunker Freiherr von Stein die gutgehenden Geschäfte. Im Preisverzeichnis waren unter anderem aufgeführt:

1 Pfund vom Lärchenbaum ½ Louis d'or
1 Pfund von der Fichte 8 Groschen.

Die Geschäftsbeziehungen der Tegeler Samenhandlung reichten bis nach Nordamerika. Von dort kamen immer mehr schnellwachsende und widerstandsfähige Baumarten nach Europa. In Paris wurde zuerst zwischen 1630 und 1638 ein weißblütiger dekorativer Laubbaum von Johann Robin oder von dessen Sohn als Ziergehölz gepflanzt. Als *Robinie* (Robinia pseudoacacia) wurde sie später ein begehrter Forstbaum und ist heute in Europa weit verbreitet. Um 1705 kam aus dem Osten Nordamerikas die *Weymouthskiefer* (Pinusstrobus, Strobe) nach Europa. Auch sie wurde zuerst in Parks gepflanzt, bevor man den Wert ihres Holzes erkannte. Doch durch ihre Krankheiten, von denen sie in Siedlungsnähe befallen wird, ist ihr Nutzwert erheblich eingeschränkt. Dann kamen schließlich 1827 die Samen eines stattlichen Forstbaumes, der später den Namen *Douglasie* (Pseudotsuga meuziesii) erhielt, in europäische Wälder. Während im Wald jede Aktivität darauf gerichtet war, mehr Holz zu erzeugen, versuchten Carlowitz' Zeitgenossen in allen Lebensbereichen so viel Holz wie möglich einzusparen. Zu sehr saß ihnen noch die Angst vor einer drohenden Holzkrise im Nacken. Neue eiserne Öfen und umgebaute Heizungsanlagen wurden entwickelt, um den Holzverbrauch zu reduzieren.

Eine ganze Reihe solcher *Holzsparkünste*, wie sie stolz genannt wurden, brachte tatsächlich Einsparungen, manchmal sogar bis zu ⅔ der früher benötigten Holzmenge. Beim Aufstellen von Holzzäunen verhinderten Vorschriften einen übermäßigen Holzverbrauch. Wesentliche Einsparungen ergaben auch die Alternativbrennstoffe. Carl von Carlowitz hat in seiner SYLVICULTURA OECONOMICA wiederholt darauf hingewiesen, daß der Torf in seinem Verbreitungsgebiet ein durchaus nützlicher Brennstoff ist. Braun- und Steinkohlen setzten sich sehr langsam durch. Der Grund: Die Bevölkerung fürchtete sich vor den giftigen Gasen und hielt ängstlich am Holz fest. Hatte der Beginn des Zeitalters der Aufklärung für das Verständnis des Waldes auch eine ganze Reihe neuer Erkenntnisse gebracht, konnte die Durchsetzung – oder besser die Umsetzung – dieses Gedankengutes nur so gut gelingen, wie die damit Betrauten umgehen konnten. In den Instruktionen der »Forstbedienten« standen immer noch an erster Stelle die Aufsichtspflicht und strenge Wachsamkeit, um Holzdiebstähle zu verhindern. Erst dann hieß es: »soll auch seine Bemühung dahin gerichtet seyn, wie er auf seinem Refier zu einer gründlichen Wald-Kundigkeit und Holz-Verstand gelangen …« Die wirtschaftliche Situation der Forstbediensteten war noch immer nicht gerade rosig; viele Mißstände erklären sich aus dieser Tatsache. Dazu kam, daß man selten über die nötigen Kenntnisse verfügte, besonders wenn sich größere Katastrophen in den Wäldern anbahnten. Als ein Beispiel für die großen Insektenschäden, die in mehreren Teilen Deutschlands die Wälder dezimierten, sei hier die »Oberharzer Wurmtrocknis« angeführt.

Die unregelmäßige, unkontrollierte Entnahme des Holzes führte in den Fichtenwäldern des Oberharzes zu den gefürchteten Erscheinungen der sogenannten Wurmtrocknis (kurz: Trocknis). In der zweiten Hälfte des 18. Jahrhunderts rächte sich die schlecht organisierte Bewirtschaftung besonders stark. Sie führte zu einer Katastrophe, die den gesamten Oberharz erfaßte und ihn in einen einzigen großen »Kahlschlag« verwandelte. Der Schädling war bereits bekannt: der wegen seines schönen Fraßbildes als »Buchdrucker« bekannte Borkenkäfer. Weniger bekannt war damals, wie er am wirkungsvollsten zu bekämpfen wäre. Aus dem Jahre 1649 stammen die ersten Nachrichten von den verheerenden Schäden des Buchdruckers. Die Forsten Sollieshey und Herrentannen bei Gittelde waren zuerst befallen und mußten abgeholzt werden. Der Käfer trieb weiter sein Unwesen. Die Schadensgebiete verlagerten sich vom Westrand des Harzes mit den Jahren immer weiter ostwärts bis in die Gegend von Elbingerode. 15 Jahre später müssen laut Verordnung in zwei anderen Forsten alle trockenen Bäume sofort geschlagen werden, und so geht es weiter. Die Forstbeamten unterstützen diese Aktion nach Kräften, denn sie sind im Holzgeschäft mit Anweisegeldern beteiligt. Man gewöhnt sich an den »eisernen Bestand« des Borkenkäfers, ohne daß die Bewirtschaftung der Wälder grundlegend geändert wird. Es bleibt bei der unregelmäßigen Hiebsführung, und der Käfer findet immer wieder genügend Nahrung für seine rasante Vermehrung. Zum großen »Trocknisschaden« fehlt nur noch ein auslösendes Ereignis, das aber erst wesentlich später eintritt.

1770 beginnt die Katastrophe, ein orkanartiger Sturm wütet in den Wäldern und knickt Fichtenstämme massenhaft wie dünne Streichhölzer. Noch im gleichen Jahr befällt der Käfer größere Bestände. 1500 Stämme werden trocken. Im nächsten Jahr greift die »Wurmtrocknis« weiter um sich. Auch gesunde Stämme werden nun befallen, so hoch ist inzwischen die Käferdichte. Den Forstleuten ist jedoch das Ausmaß nicht voll bewußt. Man läßt sich Zeit mit der Bekämpfung, geht nicht konsequent vor und beschränkt sich darauf, die bereits trockenen Stämme zu fällen. Der Borkenkäfer fliegt inzwischen weiter und erreicht entfernter gelegene Bestände. Die Sorge um das trockene Holz trübt den Blick. Die Fichtenstämme sollen möglichst schnell aufgearbeitet oder verkohlt werden und so der Wirtschaft nicht verloren gehen. Lange Berichte werden abgefaßt, heftige Dispute geführt. Kontroverse Meinungen prallen aufeinander. Man ist sich nicht sicher, ob der Borkenkäfer überhaupt gesunde Bäume befällt, oder ob er »sekundär« nur bereits von Trockenheit, Hüttenrauch oder Viehweide gezeichnete Bäume angeht. Aus dieser Unsicherheit heraus macht man genau das Falsche. Zuerst werden die bereits trockenen Stämme gefällt und danach die befallenen, aber noch nicht trockenen.

Enttäuscht schreibt später der Forstmann von Sierstorpff über die ungenügende Beachtung der eigentlichen Gefahr: »Viele begnügten sich damit zu wissen, daß der Käfer Dermestes Typographus hieß, und daß ihn der berühmte Ritter Linné schon gekannt habe; andere hielten es für eine besondere Strafe des Himmels, als Folge des großen Kometen, die man mit christlicher Gelassenheit für seine Sünden ertragen müßte.« Feuchtkühle Witterung läßt die Borkenkäferplage wieder zurückgehen, aber dann breitet sich das Unfaßliche, Schreckliche weiterhin aus. Die Angriffskraft des Käfers war durch stärkere Vermehrung in den folgenden heißen Sommern wieder angewachsen. Jetzt wurden gleich ganze Bestände von Stangen- und Baumholz zum Absterben gebracht. Das gesamte Wirtschaftsgefüge des Oberharzer Bergbaues schien durch den Borkenkäfer bedroht.

»Gott werde die Wälder und Holtzungen für Sturm, Wind und schädliche Würmer bewahren«, wurde von den Kanzeln gepredigt. Elf Jahre nach dem Beginn der Borkenkäferkatastrophe wurden nun alle verfügbaren Arbeitskräfte für die Bekämpfung eingesetzt. Man hatte dazugelernt. Bevor die Jungkäfer ausfliegen konnten, wurden alle befallenen Stämme »abgeborkt«.

Ein höherer »Abborkerlohn« stimulierte die Holzhauer. Indem man sich auf die Aufarbeitung der bereits abgestorbenen Bäume nicht mehr konzentrierte, ließ sich der Befall langsam eindämmen. 1787 war die Katastrophe überstanden. Man hatte rund 7000 ha Wald verloren. Nach Riehl (1968) verwandelten sich von 1781 bis 1786 im gesamten Oberharz rund 2,3 Millionen Stämme zu einer Schadholzmasse von 3,45 Millionen Festmetern.

In den Berichten von Zeitgenossen »machten diese abgestorbenen Wälder einen ganz trostlosen Eindruck und wurden mit zunehmendem Alter wegen ihrer Brüchigkeit zu einer Gefahr für Mensch und Weidevieh.« Ausgangs des 2. Weltkrieges konnte der Borkenkäfer sogar noch größeren Schaden anrichten. Ende der 40er Jahre hatten nichtaufgearbeitete Sturmschäden in allen Mittelgebirgen seine rasche Ausbreitung stark begünstigt. Es dauerte mehrere Jahre, bis dieser Katastrophe Einhalt geboten werden konnte.

Viertes Kapitel

Aufbruch zu fernen Ufern

Aber der Admiral hielt es für sicher, daß man dem Land nahe sei. Als sie dann das Salve gebetet hatten, das alle Seeleute auf ihre Weise zu sprechen oder zu singen pflegen und zu dem sich alle an Deck versammeln, bat sie der Admiral und vermahnte sie, am Vorderkastell sorgsam Wache zu halten und genau nach dem Land Ausschau zu halten, und dem, der ihm als erster melde, daß er Land sähe, würde er sogleich ein seidenes Wams zum Geschenk machen, unbeschadet der sonstigen Gnaden, die die Könige verheißen hatten, nämlich zehntausend Maravedi Jahresrente für jenen, der zuerst Land erblickte. Um zwei Uhr früh tauchte das Land vor ihnen auf, sie waren etwa zwei Meilen davon entfernt. Sie holten alle Segel ein und behielten nur die Brefock am Mast, das ist ein Großsegel ohne Nebensegel, und drehten bei; so ließen sie die Zeit bis zum Freitag verstreichen, an dem sie eine kleine Insel der Bahamas erreichten, die in der Sprache der Indios Guanahani genannt wurde. Bald sahen sie dort nackte Leute am Strand, und der Admiral fuhr in einem mit Waffen ausgerüsteten Boot an Land; Martín Alonso Pinzón und Vicente Anes, sein Bruder, der Kapitän auf der Niña war, begleiteten ihn. Der Admiral entfaltete das königliche Banner und die beiden Kapitäne zwei Fahnen mit dem grünen Kreuz ...

Aus dem Schiffstagebuch des Christoph Columbus

Das Jahr 1492 gilt als ein bedeutender Wendepunkt in der europäischen Geschichte. Am 2. Januar dieses Jahres endet mit dem Fall Granadas der siebenhundertjährige Kampf der Reconquista gegen die maurisch-islamische Fremdherrschaft der Araber auf der iberischen Halbinsel. Das spanische Herrscherpaar, Isabella von Kastilien und Ferdinand von Aragón, triumphiert – ihre Fahnen wehen auf der bezwungenen Alhambra. Der maurische König tritt geschlagen vor das Herrscherpaar und küßt ihnen zum Zeichen der Unterwerfung die Hände. Unter den jubelnden Augenzeugen dieser Zeremonie ist auch der Genuese Christoph Kolumbus (1451–1506), der noch im gleichen Jahr mit drei Schiffen zu seiner großen Entdekkungsreise aufbricht.

Den Osten im Westen suchen, in diesem Gedanken drückt sich überdeutlich die Abkehr vom überholten, dogmaerstarrten Wissen jener Zeit aus. Das Mittelalter war zu Ende; mit der Renaissance brach die Neuzeit Europas an. Schon längst war die »alte Welt« zu eng geworden, die geistige Kraft der Kirche bis auf ihre Grundfesten zutiefst erschüttert. Sie mußte sich der neuen Entwicklung anpassen und tat es auf ihre Weise. Kühne Seefahrer hatten auf der Suche nach neuen Ländern die Meere befahren und die Fesseln des Raumes gesprengt. Beweglichkeit wird in allen Lebensbereichen spürbar.

Auch das angehäufte Wissen wird in neue Bahnen gelenkt. So ereignet sich beim Buchdruck ein sensationeller Wandel: Die mit eingeschnittenem Text versehenen Holzplatten werden durch bewegliche, aus Metall gegossene Lettern ersetzt.

Fast wäre es Kolumbus nicht vergönnt gewesen, seine Ideen zu verwirklichen, denn Geld war knapp im armen Spanien. Aber gerade die Hoffnung, jenseits des Ozeans das so dringend benötigte Gold zu finden, gab schließlich doch den Ausschlag dafür, daß die spanischen Majestäten zustimmten und die notwendigen Mittel aufbrachten. Zudem ergab sich für die Krone die Möglichkeit, vor den Portugiesen das Wunderland Indien zu finden und fremden Völkern die Segnungen des Evangeliums zu bringen. Auch wenn Kolumbus Amerika statt Indien entdeckte, der Traum von Gold und Silber erfüllte sich Jahrzehnte nach der Entdeckung.

Stolze Namen trugen die portugiesischen und spanischen Schiffe, die mit vollen Segeln in die »Neue Welt« fuhren, auf ihren hölzernen Bäuchen. San Trinidad, die heilige Dreifaltigkeit, oder San Salvador, der allerheiligste Erlöser, kündeten von dem Willen friedlicher Bekehrung. Aber waren die fremden Länder erst einmal im Besitz der Eroberer, der »Conquistadores«, mußten die Ureinwohner die Herrschaft der fremden Krone anerkennen und sich unter dem Druck schwerster Strafen taufen lassen. Dann folgte die wirtschaftlliche Ausplünderung bei gleichzeitiger grausamer Ausnutzung der Arbeitskraft bis zum körperlichen Zerfall und Tod.

Das Zeitalter der großen geographischen Entdeckungen markiert gleichzeitig den Beginn des europäischen Kolonialismus. Die wetterfesten Kapitäne werden aber auch zu Wegbereitern einer neuen Handelsära. Der internationale Seeverkehr spielt nun die Hauptrolle im Welthandel. 1498 gelingt es Vasco da Gama, die gefürchtete Südspitze Afrikas, das Kap der Guten Hoffnung, zu umschiffen und bis nach Kalikut an der Westseite Indiens zu gelangen. Dort stoßen die Portugiesen wieder auf die Araber, die hier seit Jahrhunderten die gesamte Handelsschiffahrt vom Roten Meer und vom Persischen Golf bis nach Malakka kontrollieren. Mit den Handelsschiffen kommen auch die Kriegsschiffe aus Europa. Durch Waffengewalt wird der arabische Einflluß zurückgedrängt, aber auch die europäischen Konkurrenten werden in Schach gehalten. Zuerst sind die orientalischen Kostbarkeiten nur aus einer Stadt zu beziehen, die bald zur reichsten des Kontinents wird: aus Lissabon. Portugiesische Kaufleute erzielen traumhafte Gewinne. Ein Zentner Pfeffer, für 3–5 Dukaten in Indien erworden, kostet hier 40 Dukaten.

Über die großartigen Entdeckungen, die Vielzahl der exotischen Waren und die zahlreichen Seeschlachten, die um die Handelswege geführt wurden, wird oft vergessen, wie sehr der Schiffbau von seinem Rohstoff Holz abhängig wurde. Deshalb ist die Geschichte dieses Rohstoffes mit der Holzschiffahrt eng verbunden. Wer in der Neuzeit auf den Weltmeeren ein deutliches Wort mitreden wollte, mußte nicht nur ständig technische Verbesserungen beim Bau von Handels- und Kriegsschiffen einbringen, sondern auch über riesige Holzreserven verfügen, oder den ausreichenden wirtschaftspolitischen Einfluß besitzen. Der Kampf um die Vorherrschaft im Welthandel wurde tatsächlich für denjenigen entschieden, der die zahlreichsten, die schnellsten und die waffenstarrendsten Schiffe mit dem technischen Höchststand der jeweiligen Zeit zu Wasser bringen konnte. Der Preis dafür war die nahezu vollständige Entwaldung weiter Landstriche.

Die Beschaffung der Hölzer für den Schiffbau wurde zur ernsten politischen Frage. In Mittel- und Osteuropa gab es noch genug Wälder, deren Herren darauf warteten, dafür stattliche Summen in Empfang zu nehmen. Wer von den großen und kleinen Herrschern bei der Aufteilung der Welt schon nicht dabei sein konnte, wollte wenigstens indirekt daran verdienen. Doch nicht nur der Schiffbau verschlang ganze Wälder. Der zunehmende Handel auf den Weltmeeren erschloß sich immer neue Wege, brachte neue Produkte nach Europa und förderte vor allem den Absatz der eigenen Güter. In Europa entstanden neue Industrien, die Rohstoffe aus Westindien und Amerika verarbeiteten. Die Weltwirtschaft begann sich zu entwickeln. Das alles schuf eine immer größere Nachfrage nach Holz.

Aber 1709 schien es, als ob die Wälder wieder aufatmen könnten. In Bristol benutzte Abraham Darby zum ersten Mal Koks zum Schmelzen von Eisen. Nun begann sich langsam die Benutzung der fossilen Brennstoffe, des zu Kohle verwandelten Holzes der vorzeitlichen Wälder, durchzusetzen. Als Boulten und Watt nach 1774 die Dampfmaschine verbesserten, war eine günstigere Energieausnutzung der Kohle möglich. Die ersten Fabriken mit den qualmenden Schloten kündeten vom Beginn einer großartigen technischen Revolution. Eisen war zum billigen Massenprodukt geworden, doch ohne Holz kam der Fortschritt auch künftig nicht aus. Für weite Teile Europas waren die Folgen der fortschreitenden Entwaldung aus Profitsucht weiterhin eine Last. Um 1800 hatten Raubbau und Mißwirtschaft wieder ernsthafte Holznotstände verursacht.

Wettlauf der Holzschiffe

Ein schwerer Sturm im Atlantischen Ozean verschlägt im Jahre 1419 zwei portugiesische Seeleute an die Küste eines felsigen Eilandes. Eigentlich sollte die Fahrt nach Westafrika gehen, aber nun sind João Gonzales und Martin Vaz froh, mit dem Leben davongekommen zu sein. Voller Dankbarkeit nennen sie die Insel Porto Santo[1]. Ein Jahr später nimmt die portugiesische Krone vom Eiland Besitz und siedelt einige Kolonisten an. Von Porto Santo aus erblickt Martin Vaz eines Tages, so berichtet es jedenfalls die Überlieferung, ein eigenartiges Gebilde am Horizont. Was anfangs wie ein Schatten aussah, entpuppte sich aus näherer Entfernung als eine dicht bewaldete weitere Insel. *Madeira*[2], die *Holzinsel*, ist die bekannteste der aus mehreren Inseln bestehenden Gruppe geworden. Von Anfang an sind die Inseln geheimnisumwittert, denkt man doch, hier die Überreste des versunkenen Atlantis entdeckt zu haben. Nach einer anderen Darstellung war die Inselgruppe den Portugiesen schon früher bekannt. Unter genuesischer Flagge sollen sie bereits hierher gesegelt sein. 1351 erscheint auf einer florentinischen Karte Madeira unter dem Namen *Insula di legname* – auch das bedeutet *Holzinsel*. Berühmt wurde das *Madeira-Holz* durch die Anfertigung von Möbeln für den portugiesischen Königshof.

Portugals Vorstoß nach Madeira und an die Küsten Afrikas war der Beginn eines verzweifelten Versuches, im Südwesten neue Handelswege zu erschließen. Es gab scheinbar nur diese Richtung, denn im Norden operierte die Hanse, und im Mittelmeer herrschten die italienischen Seestaaten als unüberwindliche Rivalen. Genua ließ jedes Jahr seine mit Waren vollbepackte Flotte nach den Niederlanden und England segeln. Das portugiesische Lissabon und das kastilische Sevilla wurden auch von den Schiffen angelaufen, weil hier besondere Handelsprivilegien winkten. Von italienischen Schiffbauern hatten die Portugiesen gelernt und mit ihren Erfahrungen die erste eigene Flotte gebaut. Die Krone unterstützte konsequent jede Initiative auf dem Gebiet des Schiffbaus. Holz für Planken und Masten durfte ohne Abgabe aus einem besonders bewirtschafteten Forstgebiet geschlagen werden. Der Drang auf das Meer führt zu

[1] Heiliger Hafen.

[2] Portug. madeira = Holz.

zahlreichen Unternehmungen, und als Bartolomeo Diaz 1487 die Südspitze Afrikas umsegelt, ist das ferne Indien schon bedeutend näher gerückt. Als 12 Jahre später Vasco da Gama mit drei Schiffen und 150 Matrosen Indien erreicht, hat der Genuese Kolumbus für Spanien bereits den Weg in die »Neue Welt« gefunden. Auch der spanische Staat hatte nach allen Kräften den privaten Flottenbau unterstützt. Unter der Mitwirkung des Papstes in Rom teilen Portugal und Spanien die damalige Welt unter sich in ihre jeweiligen Interessensphären auf. Teile von Südamerika, die nach dem wertvollen *Brasilholz* den Namen Brasilien erhalten, werden ebenso wie die Molukken, die Gewürzinseln des Stillen Ozeans, in die portugiesischen Kolonien eingegliedert. Schon um Brasilien (und später um die Molukken) kommt es zu Interessenkonflikten im »portugiesisch-spanischen Weltreich«.

Um 1550 ist Spanien dank des mexikanischen Goldes und des Silbers von Potosí auf dem Höhepunkt seiner Macht angelangt. Die Angliederung der portugiesischen Kolonien schafft ein Weltreich, das den ganzen Erdball umspannt. Doch nur noch wenige Jahrzehnte währt der spanische Triumph. Staatsbankrotte zerrütten die Wirtschaft. Im Jahre 1581 fallen die Niederlande ab. Philipp II., der Herrscher von Spanien, will mit seiner Flotte die Niederländer und Engländer einschüchtern. 130 Schiffe mit 2700 Mann Besatzung, darunter die einverleibte portugiesische Flotte, sind ein gewichtiges Druckinstrument. Doch 1588 vernichten wendige englische Galeonen die große »Armada« im Ärmelkanal. Die Kanonen des berühmten Kapitäns und Piraten Francis Drake befördern die spanische Flotte auf Grund, die heftigen Stürme tun ein übriges. 160 Schiffe verloren die Spanier. Schon ein Jahr zuvor hatte Drake Spanien Verluste beigebracht; eine Abteilung der Armada war bei Cadiz verbrannt. Die Wende im Seekrieg beschleunigte den Niedergang der spanischen Herrschaft.

Mit über 300 Städten und 6500 Dörfern stellten die Niederlande das dichtestbesiedelte und bedeutendste europäische Gewerbezentrum dar. In Rotterdam und Antwerpen wurden ungefähr 50 Prozent der Welthandelsgüter umgeschlagen. Nach den zahlreichen kriegerischen Auseinandersetzungen ziehen die Kaufleute in Scharen in den Norden. Dort übernimmt Amsterdam das Erbe von Antwerpen. Die Werften von Amsterdam und Umgebung besitzen langfristige Verträge für das In- und Ausland. Mit dem importierten Holz werden auch immer mehr eigene Schiffe gebaut. Allein die Fischfangflotte verfügt über annähernd 2000 Schiffe. Unaufhaltsam steigt die wirtschaftliche Kraft, und schon 1579 ist nach der Revolution ein von Spanien unabhängiger bürgerlicher Staat, die Vereinigten Provinzen der Niederlande[3], entstanden. Die junge holländische Republik, die erste in Europa, nutzt geschickt alle wirtschaftlichen Vorteile gegenüber den anderen Ländern, die Feudalstaaten blieben. Es ist nur zu verständlich, daß Spanien sich schwer mit diesem Verlust abfinden konnte. Philipp II. will mit den verhaßten Holländern endlich abrechnen. Er sperrt ihnen den Zugang zum Hafen von Lissabon und schneidet Holland damit von dem wichtigsten Umschlagplatz des Welthandels ab. In dieser Situation beschließen die Holländer, ihre Flotte, die längst an Umfang die der anderen Nationen überflügelt hat, in den Indischen Ozean zu schicken und den Kolonialhandel selbst in die Hand zu nehmen.

1602 wird die *Vereinigte Niederländische Ostindien-Kompanie* ins Leben gerufen, ein straff organisiertes und mächtiges Unternehmen. Es muß nicht nur ein neuer Seeweg gefunden, auch der Widerstand der Portugiesen in Übersee muß gebrochen werden. Die *Ostindienkompanie* besitzt viele Möglichkeiten. Auf ihren Werften entstehen neue Schiffe, die speziell diesen Anforderungen gewachsen sind. Die bewaffneten *Fleuten* mit einem Volumen von 100 Tonnen sind sehr manövrierfähige Schiffe. Überlegen ist auch der neue Schiffstyp des *Ostindienfahrers*, ein schnellfahrender, kanonenbestückter Dreimaster mit ausreichender Ladekapazität. Er trägt wesentlich dazu bei, daß auf See die Gefechte mit den Portugiesen immer mehr zugunsten der Holländer entschieden werden. Hollands Flotte zählt um 1650 doppelt so viele Schiffe, wie England und Frankreich zusammen besitzen. Bis zu 100 Millionen Florins[4] beträgt das umgeschlagene Bruttohandelsvolumen im Jahr. Batavia (Jakarta)[5], 1619 gegründet, wird

[3] Nach der größten und bedeutendsten Provinz kurz Holland genannt.

[4] Goldgulden.

[5] Jakarta bedeutet »Stadt des großen Sieges«. Nach dem Sieg über die portugiesischen Eindringlinge vergingen 100 Jahre, bis die Holländer die Stadt eroberten und umbenannten.

Hauptumschlagplatz der holländischen Kolonien, denn Außenhandel und Schiffahrt entwickeln sich in der Folge rasant.

Als die Portugiesen ausgeschaltet sind, melden die Engländer ihre Ansprüche an. Man arrangiert sich, doch die Verträge mit den Holländern überdauern nur vier Jahre. 1623 wird der vorher auf den Weltmeeren betriebene Kaperkrieg wieder aufgenommen. Die holländischen Kolonisten verfolgen die gleichen Ziele wie ihre räuberischen Vorgänger: Sklavenhandel, rücksichtslose Ausbeutung der eroberten Inseln und Handelsmonopolismus.

1626 entsteht die *Holländische Westindien-Kompanie*, die neben der Ausbeutung von Brasilien politische Aufgaben besitzt. Sie hat die Aufgabe, die Handelsschiffahrt vor Freibeutern zu schützen und die Seewege zu kontrollieren. Auf den Weltmeeren zeigten auch die Piraten zunehmend Flagge. Wo fette Beute in Aussicht war, konnten ihre Schiffe mit dem gehißten Totenkopf überraschend zur Stelle sein. Seitdem die Kriege von den europäischen Mächten wiederholt durch die schwimmenden Festungen in Gestalt der Holzschiffe auf die Meere getragen wurden, übernahmen die Seeräuber gegen große Geldsummen nicht selten den Geleitschutz von schwerbeladenen Handelsschiffen. Besonders die Franzosen haben sich so zumindest zeitweise vor holländischer, englischer und spanischer Konkurrenz zu schützen gewußt.

In Frankreich hatte der Minister Jean Baptiste Colbert (1619–1683), der »Generalkontrolleur der Finanzen« Ludwigs XIV., eine besonders erfolgreiche Spielart feudalabsolutistischer Wirtschaftspolitik entwickelt. Dieser »Colbertismus« fand in jener Zeit wie alles Französische seine Nachahmer. Colbert gelang es sogar, das ständig kriegführende Frankreich mit seinem riesigen Geldbedarf von wirtschaftlich überlegenen Gegnern, insbesondere von Holland, unabhängig zu machen. Nicht nur die drastische Erhöhung von Steuern und Zöllen war dabei der Schlüssel zum Erfolg. Kostbare Luxusgüter, die horrende Summen kosteten, wurden nicht mehr eingeführt, sondern selbst produziert und sogar exportiert. Das bedeutete starke Konkurrenz für die bisherigen Monopolinhaber, ja sogar Handelskrieg auf den Meeren.

Colbert ließ Schiffe bauen und gründete die *Ostindische*, die *Westindische* und die *Levante-Kompanie*. Die Holzlieferungen an die Flotte wurden gesetzlich geregelt. Mit Frankreichs Holzversorgung stand es nicht schlecht. In den Tälern der Loire und Dordogne grünten Eichenwälder, und in den Pyrenäen gab es noch umfangreiche Tannenbestände. Da von Anfang an mit Widerstand gerechnet wurde, entstand gleichzeitig mit den Handelsschiffen eine Kriegsflotte. Nur so war der Absatz der eigenen Waren in den neuen französischen Kolonien in Amerika, Afrika, Westindien und anderswo auf Dauer zu garantieren. Es gelang, die Holländer aus dem Kolonialhandel zu verdrängen. Aber das Blatt wendete sich. Wilhelm III. von Oranien (1650 bis 1702), der Erbstatthalter der Niederlande, wird 1689 König von England. Nun stehen die beiden entwickeltsten Wirtschaftsmächte der Welt auch mit ihren Flotten vereint gegen das absolutistische Frankreich Ludwigs XIV. Frankreichs Möglichkeiten verringern sich. Auch die privilegierten Handelskompanien können auf Dauer nicht den Erwartungen entsprechen. Ihnen fehlt das Element der freien kapitalistischen Unternehmertätigkeit. Im Reich des Sonnenkönigs bleibt die direkte Ausbeutung des Volkes die ergiebigste Einnahmequelle.

Der feudale Einfluß konnte in England die wirtschaftliche Aufwärtsentwicklung nicht bremsen. Selbst in der Restaurationsära nach der englischen Revolution (1640 bis 1660) mußte die Monarchie mit eingeschränkten Rechten zufrieden sein. Dank seiner Wirtschaftskraft und seiner Flotte stieg England zur bedeutendsten europäischen Macht empor. In Nordamerika stießen die wirtschaftspolitischen Interessen Frankreichs und Englands wiederholt aufeinander. Die Engländer besaßen die Kolonien an der Ostküste Nordamerikas und kontrollierten große Gebiete des heutigen Kanadas. Die 1670 gegründete *Hudson's Bay Company* lieferte Holz, Pelze und Salzfisch nach Europa. Auch Frankreich trieb erfolgreich in Kanada Handel, aber nach der Niederlage im Siebenjährigen Krieg (1756–1763) wurde er eingestellt. Im Indischen Ozean wurde die *französische Ostindienkompanie* durch das englische Unternehmen gleichen Namens überboten. Englands Handel expandierte in einem bisher nicht gekannten Maße. Die erste Industrienation der Welt überschwemmte bald mit seinen preisgünstigen Waren auch den europäischen Kontinent. Die Flotte achtete streng darauf, daß die anderen europäischen Konkurrenten ihren Einfluß nicht erweiterten und der Holznachschub aus den Wäldern des Kontinents nicht abriß.

Die Stärke der englischen Marine basierte vor allem auf der Feuerkraft ihrer Artillerie. Nach der Anzahl der Kanonen wurden auch die Schiffe jener Zeit klassifiziert. Hatten die Holländer ihre Handelsschiffe bereits als bewaffnete Zweidecker ausgelegt, waren die englischen Segelschiffe speziell für den Seekrieg gebaut worden. Sie besaßen teilweise sogar drei Geschützdecks. Zur Zeit des Admirals Nelson (1758–1805), der durch seine glänzenden Seesiege über die französische Flotte bei Abukir (1798) und über das vereinigte französisch-spanische Geschwader bei Trafalgar (1805) für ein Jahrhundert britische Vorherrschaft auf den Weltmeeren sicherte, verfügten die Linienschiffe (Zwei- und Dreidecker) über mehr als 84, teilweise über 100 Geschütze. Fregatten (32 bis 44 Geschütze), Briggs und Korvetten (20 bis 28 Geschütze) zählten zu den kleineren Kriegsschiffen.

Südenglands Waldbestände von Sussex und Kent waren im 18. Jahrhundert weitgehend abgeholzt. Eichenholz lieferten noch der NEW FOREST und der FOREST OF DEAN. Importholz wurde direkt auf die Werften von Portsmouth, Chatham, Woolwich oder Deptfort gebracht oder in London versteigert. England nutzte seine Seemacht auch dazu, den französischen Holznachschub zu unterbrechen, um so den Flottenbau zu behindern. 1761 besaß Brest keine Holzvorräte, weil von Le Havre die Holzfrachter nicht auslaufen konnten. Auch im Wettlauf um die Hölzer der Ostseeanrainerstaaten konnte die englische Flotte weitreichende Vorteile erwirken. Und sie hielt den direkten Zugang unter Kontrolle.

Von Küste zu Küste

Man schreibt den 16. Dezember 1773. Als kriegerische Indianer verkleidete Kolonisten, es sind an die 50 Mann, entern die im Hafen von Boston, an der Ostküste Nordamerikas, liegenden drei englischen Schiffe und werfen kurzerhand eine ganze Ladung des kostbaren ostindischen Tees ins Wasser. Das ist eine Kampfansage an die Steuereintreiber des britischen »Mutterlandes«. In den 13 englischen Kolonien gärte es schon seit einigen Jahren. Den Höhepunkt der Tumulte und Unruhen bildete 1770 ein blutiger Zusammenstoß in Boston mit englischen Soldaten, bei dem zwei Schwerverwundete und zwei Tote beklagt werden mußten. Seitdem die Briten nach dem Siebenjährigen Krieg in Europa stärkeren wirtschaftlichen Druck auf ihre nordamerikanischen Kolonien ausübten, erreichten sie das glatte Gegenteil. Mit der Parole »Besteuerung ohne Parlamentsbeteiligung ist Tyrannei« begann die Rebellion, die schließlich zum Sieg über die Engländer 1777 bei Saratoga und 1781 in Yorktown später zum Entstehen einer amerikanischen Nation führte.

Diese Begebenheiten wären sicherlich in einer Geschichte des Rohstoffes Holz nicht erwähnenswert, wenn nicht für die Seemacht England auch das Holz an der Ostküste Amerikas im Zeitalter der hölzernen Großsegelschiffe ein strategisch wichtiger Rohstoff gewesen wäre. Die Nadelwälder in der Umgebung von Halifax, Portsmouth und Boston bildeten riesige Reserven; im Süden dehnten sich gewaltige Laubwälder aus. Die Wälder in Neuengland lieferten ideales Mastholz. Schon wegen der Länge ihrer Stämme waren sie gefragt, aber sie kosteten auch weniger. Aus den Hölzern, die im Ostseebereich gehandelt wurden, konnten nur zusammengesetzte Schiffsmasten angefertigt werden. Frankreich blieb im Nachteil, solange die Engländer Lieferungen aus den Kolonien erhielten. Als sich die Amerikaner von der Vormundschaft befreit hatten, fiel der Preisvorteil für die Engländer weg.

Die Engländer hatten in den Kolonien auch komplette Schiffe bauen lassen. Immerhin waren hier die Kosten zeitweise bis zu 30 Prozent geringer als im europäischen Mutterland. Neben der druckausübenden Machtrolle Englands war dafür noch ein anderes Moment verantwortlich: Besonders in den nördlichen Kolonien war die kapitalistische Entwicklung der Wirtschaft schnell vorangekommen. Schon in den Jahren der englischen bürgerlichen Revolution entwickelte sich hier die Manufakturproduktion, als der Handel von dem Mutterland mehrfach unterbrochen worden war. Während des Unabhängigkeitskrieges bereicherten sich die Kaufleute in den Kolonien nicht nur an den Waren gekaperter englischer Schiffe, sondern verkauften auch dem Gegner Waren in großen Mengen. Das brachte enorme Gewinne und traf auch für den Schiffbau zu. Im Jahre 1775 wurde ein Drittel der gesamten britischen Flotte auf amerikanischen Werften gebaut. England hatte andererseits die dynamische Wirtschaftsentwicklung in den Kolonien besorgt verfolgt und dann versucht, durch Einführung von neuen Steuern und höheren Zöllen im Interesse der eigenen Warenwirtschaft eben diesen Prozeß zu verlangsamen.

Aus der englischen Niederlage von Saratoga wollten auch die Franzosen Kapital schlagen. Sie waren in den Kämpfen von 1753/54 in Kanada und im fernen Indien immer wieder die Unterlegenen gewesen. Nach den Schlachten des Siebenjährigen Krieges, der auf dem europäischen Festland Frankreichs Überlegenheit erzwingen sollte, waren die Staatsfinanzen restlos zerrüttet. Eine ganze Reihe von Kolonien mußte aufgegeben werden. Gekaperte französische Handelsschiffe brachten außerdem riesige Verluste. Nun konnte man den Engländern eine Lektion erteilen. Die Franzosen schickten im Jahre 1778 Kriegsschiffe an die nordamerikanische Küste. Den rebellierenden Kolonisten kam die Hilfe von See mehr als recht, denn die blockierten Häfen erschwerten das gesamte Wirtschaftsleben. Nach drei Jahren waren die Engländer geschlagen. Von starken Gruppierungen der Kolonisten und von der französischen Flotte eingeschlossen, mußte sich der englische General Cornwallis am 19. Oktober 1781 in Yorktown ergeben. In Frankreich kam es dann zu Friedensverhandlungen. Mit dem Frieden von Versailles (1783) wurde die amerikanische Unabhängigkeit durch England anerkannt.

Unaufhaltsam, ohne feudale Hemmnisse, stieg nach der Unabhängigkeit die Wirtschaftskraft der jungen amerikanischen Republik, die sich ab 1789 Vereinigte Staaten von Amerika (USA) nannte. »Wenn es unter den Europäern zu einem Konflikt kommt, können wir, falls wir klug die Vorteile ausnutzen, die uns unsere geographische Lage gewährt, und umsichtig handeln, aus ihrem Wahnwitz Vorteile ziehen«, prophezeite George Washington, der erste Präsident der USA, seinen Zeitgenossen. Solches Vorgehen wurde zu einer Art Richtschnur in der Wirtschaftspolitik auch in späteren Jahrhunderten. Um dieses Ziel zu erreichen, mußte die Handelsflotte erheblich vergrößert werden. Die technischen Voraussetzungen dazu und vor allem der Baustoff Holz waren im Lande vorhanden. In den Jahren von 1792 bis 1807 wurde die Tonnage der amerikanischen Handelsflotte mehr als verdoppelt: Sie erreichte den Stand von 1,3 Millionen Tonnen! War in Europa Krieg, hatten die Reeder und Kaufleute Hochkonjunktur. Zeitweise beförderten sie den gesamten Transport der Exportwaren von Frankreich, Spanien und Holland.

Durch die amerikanischen Schnellsegler, die Klipper[6], wird der Handel von Kontinent zu Kontinent noch effektiver. Doch auch hierbei gibt es Konkurrenz. Die Engländer hatten ähnliche, noch rasantere Schnellsegler, die sogar 200–300 Seemeilen pro Tag zurücklegten, entwickelt. Ein regelrechtes Wettrennen, bei dem jeder Fetzen Leinwand gesetzt wurde und den tollkühnen Kapitänen hohe Prämien winkten, setzte auf den Weltmeeren ein. Wolle und Weizen aus Australien oder Tee aus China kommen nun in kürzeren Zeiten nach Amerika und Europa. Es gibt Reedereien, die von Melbourne bis Liverpool, eine Route, die im allgemeinen 68 Tage in Anspruch nimmt, fünf Tage weniger benötigen. Die Blütezeit dieser, meist als Schoner getakelten, hölzernen Schnellsegler ist jedoch bald überschritten. Bereits 1843 hatte das erste stählerne Dampfschiff, die »SS Great Britain«, den Atlantik überquert und damit bewiesen, daß Stahlschiffe mehr Ladung transportieren können. Auch mit niedrigen Frachtraten können nun die Holzschiffe nicht mehr im Geschäft bleiben. Durch die dampfgetriebenen Stahlrumpfkonstruktionen mit größerer Tonnage (bis zu 5800 t) wird das Ende der Ära der großen Holzschiffe eingeleitet. Sie haben ihre Bedeutung eigentlich nur noch als Marineausbildungsschiffe behalten können.

Mit dem Landkauf und militärischen Eroberungen dehnten die USA ihr Territorium, das sich ursprünglich bis zum Mississippi erstreckte, wesentlich aus. Gegen die indianischen Ureinwohner führten Armee und bewaffnete Siedler einen regelrechten Vernichtungsfeldzug. Von der Ostküste aus ging es immer weiter in die Gebiete, die bereits vor den Unabhängigkeitskriegen von wagemutigen Jägern wie

[6] Nach engl. clip off the miles – das Meilenschneiden, dank der hohen Geschwindigkeit.

Daniel Boone (1734–1820) und Forschern erkundet worden waren. Sie überquerten als erste die Appalachen, durchstreiften Kentucky, erreichten das Shenandoah-Tal und kamen in die Allegheny Mountains und in die bewaldete Wildnis von Vermont. Unter der Führung von Lewis und Clark folgte eine Expedition dem Missouri stromaufwärts, überquerte die Rocky Mountains und gelangte schließlich bis an den Pazifik, die spätere Westküste der USA. Die Siedlungsgrenze (american frontier) verschob sich unablässig in Richtung Westen.

Von 5,3 Millionen im Jahre 1800 bis auf 23,1 Millionen im Jahre 1850 war die Bevölkerung angestiegen. Der Strom der Einwanderer aus Europa und die Einfuhr von Negersklaven aus Westafrika hielten weiterhin an. Alles drängte in die neuen Gebiete, in denen es fruchtbaren Acker, saftige Weiden, strotzende Wälder und reiche Bodenschätze gab. Eilig hatten die ersten Siedler, die Pioniere, aus Baumstämmen hölzerne Befestigungen errichtet. Diese Forts waren meist die einzigen Zufluchtsorte für die Siedler bei blutigen Kämpfen mit den Indianern. Erbittert setzten sich die rechtmäßigen Besitzer zur Wehr. Friedensangebote der Weißen erwiesen sich meist nur als Taktik. Sie galten solange, bis die eigene Unterlegenheit durch die Anzahl der Gewehrläufe wettgemacht wurde. Trotz aller Gefahren wurde die Kolonisierung des Landes vorangetrieben. Der starke Zusammenhalt der Siedler, der Squatter[7], setzte die notwendigen Kräfte frei. Nach dem Bürgerkrieg (1861–1865) erschlossen die Farmer in den westlichen Gebieten größere Flächen Akkerland. Das Heimstättengesetz (Homestead Act) sicherte jedem Ansiedler, der das Land rodete und bebaute, nach fünf Jahren auf 65 Hektar gegen eine Registriergebühr das Eigentumsrecht zu. Daneben erwarben auch die Eisenbahngesellschaften längs der Streckenführungen gewaltige Ländereien, darunter auch ausgedehnte Wälder. Wie in Mitteleuropa stellt auch hier die Bewältigung der Rodungsarbeiten die schwerste kolonisatorische Aufgabe dar. Außer dem etwa 800 km breiten Präriegürtel, der sich von Nord nach Süd erstreckt, war fast das ganze Territorium der USA ehemals mit Wald bedeckt.

Über 4400 km Land, von der Ostküste bis zum Stillen Ozean, werden durch die Eisenbahn mit einem stählernen Band verbunden. Hindernisse scheint es für die »Dampfrösser« nicht zu geben, Flüsse und Gebirgsschluchten werden mit gewaltigen Holzbrücken überwunden. Holz ist außer in dem Grasland der Prärie überaus reichlich vorhanden und läßt sich leicht verarbeiten. Außerdem sind die Ingenieure der Meinung, daß Stein oder Eisen im Brükkenbau die Erschütterungen nicht so gut vertragen würden. Es entstehen abenteuerliche, schwindelerregende Konstruktionen, darunter die größten Holzbrücken der Welt. Gerüstbrücken mit bis zu acht Stockwerken gehören zu den hölzernen Ungetümen. Die *Central Pacific Railways* baut über einen Sumpf eine Pfahlbrücke, die sogenannte Dale-Creek-Bridge mit einer Höhe von 40 m und einer Länge von 225 m. Die Eisenbahn leitet die rücksichtslose Entwaldung ein. Riesige Brände in menschenleeren Gegenden, ausgelöst von winzigen Funken, richten wie die natürlichen Katastrophen dieser Art gewaltige Schäden an, doch der Mensch erweist sich als noch gründlicher. Die USA sind 1894 im Umfang der Industrieproduktion an die erste Stelle der Welt gerückt. Der Holzeinschlag für die Industrie steigt ins Unermeßliche. Holz hat auch einen sehr prägenden Charakter auf die Lebensweise ausgeübt. Noch heute sind mit Ausnahme der Großstädte die meisten Wohnhäuser der Amerikaner aus Holz. Die Vorliebe für hölzerne Inneneinrichtung hat schon sehr früh zu einer Industrialisierung der Holzverarbeitung geführt.

In der Zeit der frühen Industrialisierung erkannte man zwar die drohende Vernichtung der Waldressourcen, doch ökonomische Argumente erwiesen sich meist stärker als ökologische. Um die Jahrhundertwende waren die einst stattlichen Wälder weitgehend ruiniert. Französische und deutsche Forstwissenschaftler mußten ins Land kommen, und unter ihrer Anleitung wurde im großen Stil aufgeforstet. 1891 sorgte erstmals ein Forstgesetz für die Schaffung von Waldreserven. Mit der Erweiterung der Nationalparks konnten nun auch größere Waldflächen unter Schutz gestellt werden. Trotzdem forderte der Raubbau mit Feuer und Axt seinen Tribut. Viele Farmer haben die an der Natur begangenen Sünden mit dem Verlust ihrer hart erwirtschafteten Existenz bezahlen müssen. Ungehindert fegten die Stürme über die völlig entwaldeten Ländereien

[7] Ansiedler ohne Rechtstitel.

der Staaten Nord- und Süddakota, Nebraska, Kansas und Oklahoma, trockneten das Land aus und verwandelten es allmählich in eine wüstenähnliche Landschaft. Gerade dort, wo Weizen und Mais besonders günstig gedeihen konnten, wurden durch Bodenerosion riesige Flächen von Kulturland zerstört. Die Trockenheit und die niedrigen Agrarpreise in den Jahren der Weltwirtschaftskrise (1929–1933) zwangen viele Farmer aus dem Mittelwesten nach Kalifornien überzusiedeln. Unter Präsident Roosevelt wurde in den 30er Jahren der verstärkte Kampf gegen die Bodenvernichtung aufgenommen. Obwohl die verbliebenen Wälder auch in den nachfolgenden Jahrzehnten sehr intensiv bewirtschaftet wurden, sind durch Wiederaufforstungen bedeutende Fortschritte erzielt worden. Im Süden werden heute auf ehemaligen Baumwollfeldern große Landstücke neu aufgeforstet.

Die amerikanischen Pioniere fanden im Südosten des Landes überwiegend Laubwälder mit Eichen und Hickoryarten vor. Heute hat sich das Aussehen der Wälder grundlegend gewandelt. Der Südosten besitzt nach der Pazifikküste die reichsten Holzvorräte, aber die Wälder sind anders zusammengesetzt. Kiefernarten mit besonders hohem Zuwuchs dominieren und haben Eichen, Birken und Nußbaum verdrängt. Die Gründe dafür sind in der Geschichte des Landes zu suchen. Von der Landnahme durch weiße Siedler bis in die ersten Jahrzehnte unserers Jahrhunderts ist der Wald ein Hindernis der Landwirtschaft gewesen. Die Böden der gerodeten Wälder gaben bald keine ausreichenden Ernten her. Die Farmer zogen weiter, den verödeten Boden nahmen danach wieder anspruchslose Kiefern in Besitz. Laubarten gesellten sich später dazu, und so konnten wieder Mischwälder entstehen. Wüteten jedoch die, klimatisch geförderten, Waldbrände auf großen Flächen, wurde der Jungwuchs der Laubwälder größtenteils vernichtet, die Nadelhölzer setzten sich durch. Erst mit dem verstärkten Einsatz von Düngemitteln, etwa ab 1930, ist der primitive Wanderfeldbau eingestellt worden. Dann begann die Holzindustrie größere Flächen aufzukaufen, um dort Nadelholz zu erzeugen.

Heute wird der Wanderfeldbau nicht mehr praktiziert; auch die verheerenden Waldbrände können sich durch ein gut funktionierendes Überwachungssystem nicht mehr so auswirken. Trotzdem befürchten Forstwissenschaftler auf Grund eines stark anwachsenden Holzbedarfes für die nahe Zukunft (etwa für die Jahre 2000–2010) eine unzureichende Nadelholzversorgung im Südosten der USA. Dazu muß man sich vergegenwärtigen, daß sich dort über 70 Prozent des Waldes im Privatbesitz befinden. Innerhalb der von der Holzindustrie bewirtschafteten Wälder können mit dem Einsatz moderner Technik – im Südosten besitzt die Forsttechnologie den höchsten Stand – forstliche Verjüngungsmaßnahmen die Entwicklung in die gewünschte Richtung lenken, das heißt, die bevorzugten Nadelhölzer bleiben dominant. Private Waldbesitzer sind wahrscheinlich zu keiner rentablen Bewirtschaftung zu bewegen. In ihren Wäldern können sich, langfristig gesehen, wieder die Laubhölzer durchsetzen. Das trifft vor allem auf den Besitz einer neuen Schicht von Eigentümern zu: der vermögenden Kaufleute, Ärzte, Rechtsanwälte und Rentiers. Für sie ist der Wald zum Wertanlageobjekt geworden.

Für die amerikanische Wirtschaft spielt der Rohstoff Holz eine besondere Rolle. Bei chronisch negativer Handelsbilanz forciert die USA-Regierung besonders den Export regenerierbarer Ressourcen, zu denen ja auch das Holz gehört.

Reichtum der Taiga

Ein kräftiger, großer Mann ist dieser neu angestellte Zimmermann Pieter. Er kann nicht nur fest zupacken, sondern ist umsichtig und besitzt außerdem einen erstaunlichen Drang nach Wissen. Ihn interessieren alle Arbeiten, und davon gibt es auf der Schiffswerft von Lynst Rogge mehr als genug: Hobeln, Abkrabben, Bröwen, Behauen, Einfügen, Bohren, Abschlichten oder Sägen. Abends sitzt Pieter in düsteren Kneipen, raucht seine Pfeife zum schäumenden Bier und vertreibt sich die Zeit mit derben Späßen im Kreise der ausgelassenen Seeleute und Hafenarbeiter. Peter Michailow ist der vollständige Name des einfachen Zimmermannes, aber schon nach einer Woche weiß nicht nur in dem kleinen Ort Zaandam an der Zuidersee jedermann, daß sich dahinter eine ganz große Persönlichkeit verbirgt. Bald spricht ganz Holland von diesem Ereignis, das später als zentrale Handlung in mehrere Opern Eingang findet. Die Volksoper »Zar und Zimmermann« von Albert Lortzing hat bis heute dieses Thema auf den Bühnen lebendig gehalten. Peter I., der Zar von Moskowien, ist in aller Munde, und an der Amsterdamer Börse werden große Summen darauf gewettet, ob der Zimmermann von Zaandam nun wirklich der russische Herrscher oder nur ein Gesandter ist. Der junge Peter bedauert, daß er sein Inkognito nicht wahren und nicht weiterhin unerkannt seine Studien betreiben kann.

»Wenn irgendwo gute Schiffe gebaut werden, Peter Alexejewitsch, so ist es in Zaandam: leicht sind sie, schnell und fest, es gibt keine besseren Schiffe auf der Welt«, das hatte ihm der Schmied Gerrit Kist in seiner Heimat erzählt, als er noch ein Junge war. Seitdem spürte Peter einen unwiderstehlichen Drang, diesen kleinen Ort in Holland selber aufzusuchen. Inzwischen lenkte er die Geschicke des russischen Reiches und hatte bereits manche Bewährungsprobe bestanden. Mit der Einnahme von Asow (1696) wird ihm die überragende Bedeutung seiner Flotte bewußt. Der Zugang zum Schwarzen Meer, gegen die Interessen der Türken, kann nur von See aus erkämpft werden. Noch im gleichen Jahr wird beschlossen, innerhalb von zwei Jahren 52 große Kriegsschiffe zu bauen. Aber der Flottenbau ist nur ein Schachzug des umsichtigen Zaren. Die 1697 nach Westeuropa aufbrechende 200köpfige »Außerordentliche Gesandtschaft«, in der Peter als Unteroffizier unerkannt mitreist, soll auf diplomatischem Wege neue Bündnisse schließen und gefragte Fachleute vom Handwerker bis zum Artilleristen in russische Dienste verpflichten. Der Zar zieht nicht nur aus dem Hintergrund die Fäden der Diplomatie, er scheut auch keinen körperlichen Einsatz. Nachdem er in Königsberg zum Geschützmeister ausgebildet wurde, drängt es ihn auf die holländischen Werften. Mittlere Schiffe werden hier in Tag-und-Nachtarbeit in sechs Wochen fertiggestellt. Außer den Kauffahrteischiffen und Walfängern werden auch die großen Segler gebaut, die den Handel mit den überseeischen Kolonien abwickeln. Als Peter in Zaandam erkannt wird, geht er für einige Monate nach Amsterdam auf eine Werft der »octoyirten ostindischen Compagnie«, um seine Studien weiterzutreiben. In dieser Zeit legt er bei dem Bau einer Fregatte selbst Hand an, beschäftigt sich mit Schiffsarchitektur, Zeichenkunst und schließt als Schiffsingenieur ab. In London schließlich lernt er das Navigieren.

Mit europäischem Kapital und dem technischen Wissen der führenden Nationen machte sich Rußland nahezu autark. Von Frankreich übernommene merkantilistische Praktiken und hohe Einfuhrzölle glichen zunehmend die russische Handelsbilanz aus und verkleinerten die Einfuhren. Um 1700 war Rußland zur größten Territorialmacht Europas aufgestiegen. Aus einer mittelalterlichen Monarchie hatte Peter I. (1689–1725), der später zu Recht der Große genannt wurde, eine moderne Großmacht geschaffen. Doch vieles war nur Tünche. Der berauschende Fortschritt war nur in den Städten mit den prächtigen Barock- und Rokokobauten anzutreffen. Es gab dazu keinen schärferen Kontrast als die ärmlichen Holzkaten und baufälligen Dorfkirchen auf dem Lande. Der Bauer, er stellte 90 Prozent der Bevölkerung, mußte die wachsende Steuerlast fast allein tragen. Rußland wuchs weiter. Durch den freien Zugang zum Asowschen Meer und zur Ostsee, zum »Fenster nach Europa«, wurde der Ausbau der russischen Flotte im Nordischen Krieg (1700–1721) weiter vorangetrieben.

1703 lief von der neuen Schiffswerft am Fluß Swir die *Standarte*, das erste Schiff der baltischen Flotte, vom Stapel. Zwei Jahrzehnte lang stellte Rußland die stärkste Flotte in der Ostsee. Peter der Große, »Zar aller Reußen«, hatte sein Ziel erreicht, und Rußland löste Schweden als Ostseegroßmacht ab. Bevor in den Sümpfen der Newa-Mündung 1703 mit dem Bau der Peter-Paul-Festung, dem Kern des späteren Petersburg, begonnen wurde, besaß der Hafen Archangelsk an der Dwina-Mündung am Weißen Meer eine überragende wirtschaftliche Bedeutung. Hierher kamen englische, später holländische, norwegische und deutsche Schiffe, um Handel zu treiben. Die Engländer genossen zeitweise besondere Privilegien, wie Konzessionen für die Ausbeutung der Wälder in der Umgebung von Archangelsk. Ohne Risiko war gutes Mastholz für billiges Geld allerdings nicht zu haben. Dazu mußte ganz Skandinavien umsegelt werden.

Hinzu kamen die schneidenden Winde im Eismeer, das gefährliche Treibeis und norwegische Piraten. Aber immer mehr Holz wurde in England und Holland gebraucht, wo Schiffe von 400–500 Tonnen auf den Werften gebaut wurden.

Heute wird im Norden des europäischen Teils der Sowjetunion mit modernsten Methoden Holz beschafft und verarbeitet. Die Forstwirtschaft der UdSSR ist hochtechnisiert. Großmaschinen, die speziell den Bedürfnissen der Taiga angepaßt sind, können hier besonders effektiv arbeiten. In den dichten mitteleuropäischen Wäldern ist moderne Technik nur bedingt einsatzfähig. Das unterstreicht die Bedeutung der Taiga für die sowjetische Holzgewinnung. 85 Prozent der Karelischen ASSR sind von Wald bedeckt. Aus karelischem Papier wird jede dritte Zeitung der UdSSR hergestellt. Den größten Holzreichtum besitzt die ASSR der Komi, *das Land des grünen Goldes* (90 Prozent Waldbedeckung). Auf einem Territorium, das der Gesamtfläche von Österreich, Belgien, Großbritannien und Dänemark entspricht, befinden sich in den Becken der Flüsse Petschora, Wytschegda und Mesen Holzvorräte, die doppelt so groß sind wie die von Finnland! Das Gebiet Archangelsk und die ASSR der Komi gehören zu den wirtschaftlichen Giganten, den sogenannten Territorialen Produktionskomplexen (TPK), die durch planmäßige und komplexe Erschließung die größten Zuwachsraten in der industriellen Produktion der UdSSR erbringen. Auch in anderen TPK, Westsibirien (Gebiete Tjumen und Tomsk), Mittlerer Jenissej, Bratsk/Ust-Ilimsk und Obere Lena gehört die Holzgewinnung und -verarbeitung zu den Grundpfeilern der sowjetischen Wirtschaft.

Mit dem Sieg der Oktoberrevolution veränderten sich die Besitzverhältnisse grundlegend. Im Mai 1918 unterzeichnet Lenin das Dekret »Über die Waldbestände« und legt damit bereits wichtige Grundprinzipien für eine moderne Forstwirtschaft fest. Von jetzt an werden die Wälder im Interesse des gesamten Volkes genutzt. Planmäßige Aufforstungen sollen die stark beanspruchten Wälder wieder leistungsfähiger und produktiver machen. Der Rohstoff Holz wird von der Holz-, Zellstoff- und Papierindustrie dringend benötigt. Mit der Anlage von bewaldeten Schutzstreifen wird der Bodenerosion, die besonders in der Ukraine größte Schäden verursachte, der Kampf angesagt. Im Jahre 1923 erhalten die im *Leninschen Dekret* formulierten Grundsätze Gesetzescharakter. *Das Waldgesetz der RSFSR* ist von nun an ein leuchtendes Beispiel, dem in den nächsten Jahren auch die anderen Unionsrepubliken folgen. Man ist seitdem enorm vorangekommen, auch wenn große Einschnitte, wie die Verwüstungen des zweiten Weltkrieges, Rückschläge brachten. Allein im Jahre 1976 nimmt die Fläche, die aufgeforstet und neu bewaldet wird, größeren Raum ein als vergleichbare Flächen in der gesamten Geschichte des vorrevolutionären Rußlands!

»Einen Baum zu fällen dauert fünf Minuten, ihn großzuziehen hundert Jahre«, diese Volksweisheit ist im Bewußtsein der Sowjetbürger verankert. Im Juni 1977 legt der stellvertretende Vorsitzende des Ministerrates der UdSSR, der Deputierte S. N. Nurijew, seinen Bericht über Maßnahmen zur weiteren Verbesserung des Schutzes des Waldes und zur rationellen Nutzung der Waldbestände vor. Gleichzeitig wird ein neuer Entwurf der Grundlagen der Forstgesetzgebung der UdSSR und der Unionsrepubliken vorgestellt. Nurijew hebt die Bedeutung der Forstwirtschaft für den Aufbau des gesamten Landes hervor und weist darauf hin, daß nach dem Umfang der Holzbeschaffung die UdSSR den ersten Platz in der Welt behauptet. Durch den Einsatz moderner Technik ist es nun möglich, jährlich mehr als 400 Millionen Kubikmeter bereitzustellen[8].

Aber auch Mängel und Versäumnisse spricht der Deputierte an. Gerade aus ihnen muß gelernt werden, denn das Produktionsvolumen von Zellstoff, Papier und Karton hat sich im Zeitraum von 1950 bis 1976 mehr als versechsfacht. Der Holzeinschlag im europäischen Teil, im Uralgebiet und in waldarmen Regionen muß verringert werden. Nicht immer sei »unser grüner Freund« mit der gebührenden Sorgfalt behandelt worden, kritisiert Nurijew. Und auch die verheerenden Waldbrände, besonders in Sibirien und im Fernen Osten, seien in vielen Fällen zu verhindern gewesen. Gerade dem Schutz der Wälder, dem einheitlichen staatlichen Waldfonds, müsse auch im Interesse zukünftiger Generationen unbedingte Priorität eingeräumt werden. Dann erläutert Nurijew die umfassenden Maßnahmen: Holzeinschlag, sofern er nicht zu Pflegemaßnah-

[8] Das entspricht einem Sechstel der damaligen Weltproduktlion.

men gehört, soll im grünen Gürtel der Städte, in Industriezentren und Ortschaften, um Seen, Stauseen, an Flüssen, um landwirtschaftliche Nutzflächen, in Gebirgsgegenden auf erosionsgefährdeten Böden und anderswo weitgehend eingestellt werden. Sicher, die UdSSR verfügt über riesige Waldareale. Allerdings darf man nicht vergessen, daß die großen Entfernungen gewaltige ökonomische Zwänge mit sich bringen. Trotzdem gehört die Devise »Ökologie und Ökonomie«, die in westlichen Ländern erst seit einigen Jahren stark artikuliert wird, längst zu der weit vorausschauenden Wirtschaftsstrategie der Sowjetunion.

Die grundlegende Position des Landes, hat Valentin Falin, der zu den Beratern des Generalsekretärs des ZK der KPdSU, Michail Gorbatschow, gehört, 1987 in einem Interview auf dem Friedensforum in Moskau so formuliert: »Wir in unserem System denken in viel langfristigeren Kategorien. Wir gehen davon aus, daß wir verantwortlich sind nicht nur für uns selbst, sondern auch für die Generationen, die nach uns kommen ...«

Gerade im Bereich der Forstwirtschaft wird diese Haltung deutlich, zumal die Wälder in den letzten Jahren international stärker in das Blickfeld kritischer Betrachtung gerückt sind. Wenn vom Reichtum der Taiga die Rede ist, sind natürlich auch die nahezu unerschöpflichen Holzreserven gemeint. Im fernen Jakutien, das durch den Reichtum von Diamanten, Gold, Erzen und Kohle immer wieder Aufsehen erregt hat, wird vom Holz allerdings selten gesprochen.

Vom Flugzeug aus erfaßt das Auge die unermeßlich erscheinenden Weiten der sibirischen Taiga als einen Teil des größten zusammenhängenden Waldgebietes der Erde. Der aufmerksame Beobachter kann aus der Luft in dem dahinschwebenden Landschaftsbild mit den unüberschaubaren Wäldern, den sich dahinschlängelnden Flüssen und zahlreichen Seen, ähnlich wie in einem Vexierbild versteckte Figuren erkennen. Über größere Distanzen ziehen sich da schnurgerade dünne Linien durch das regellose Gefüge der Vegetationsdecke. Es gibt auch Wendepunkte, dann verlaufen die Linien unter einem anderen Winkel weiter. Hier hat eindeutig der Mensch seine Spuren in der Landschaft hinterlassen. Das ganze entpuppt sich als eine Überland-Elektroleitung.

Doch wieder beginnen unvermittelt Linien und verlieren sich ebenso in der Weite der Taiga. Durch eigenartige rechteckig ausgeholzte Flächen sind sie gleichmäßig aufgeteilt: Das sind vorbereitete Bohrplätze auf einer Profiltrasse. An diesen Punkten werden später Erkundungsbohrungen Aufschluß über den geologischen Aufbau des Untergrundes geben und vielleicht ein neues Rohstoffvorkommen nachweisen oder abgrenzen. Unvermittelt endet an einem Steilhang die Taiga. Auf einer Ebene dehnt sich direkt an der breiten Lena die Stadt Jakutsk aus – heute eine moderne Stadt mit über 120 000 Einwohnern, sieben Flugzeugstunden von Moskau entfernt. Die hölzerne Vergangenheit dieser über 350 Jahre alten Stadt ist nicht mehr lebendig, aber für die Besucher bleibt noch genug zu entdecken. Ein aus Lärchenholzbalken gezimmerter überdachter Turm, Teil des ehemaligen Ostrogs von Jakutsk, ist das älteste Gebäude von Jakutien. Die letzten zerfallenen Blockhäuser, einige werden als Museen überleben, weichen modernen Neubaublocks, die auf Betonstelzen im Permafrost fest verankert sind. Nur in der warmen Jahreszeit taut hier der Boden bis in zwei Meter Tiefe auf und verwandelt alles in einen glitschigen Morast. Wo heute breite asphaltierte Straßen großstädtischen Verkehr ermöglichen, wurde früher der weiche Untergrund durch Holzstämme mühsam befestigt und begehbar gemacht. Bevor Beton und andere Werkstoffe ein modernes Bauen ermöglichten, gab es nur Holz.

Die Eroberung Sibiriens im 17. Jahrhundert wäre ohne das Holz der Taiga sicherlich nicht denkbar gewesen. Auf den Spuren der Kosaken und Jäger folgten die Kaufleute und Siedler. Ein eigenständiges Leben aber war anfangs nur in den hölzernen Festungen, den Ostrogs, möglich. Von hier aus breitete sich die Besiedlung immer weiter nach Osten aus. In noch nicht einmal 65 Jahren stürmten die Kosaken weiter nach Osten, quer durch die Taiga, befuhren Flüsse, zogen ihre Boote an Schleppstellen über die Wasserscheiden und ließen sich auf Hundeschlitten ziehen, immer weiter bis an das Ende des Kontinents. Mit der Gründung von Ochotsk am Rande des Pazifischen Ozeans wurde die riesige Entfernung von über 6000 km zur Hauptstadt Petersburg überbrückt. Bei der wirtschaftlichen Erschließung bisher unbewohnter Territorien in der Zeit nach der Oktoberrevolution hat auch der Wald einen entscheidenden Beitrag geleistet, und er leistet ihn immer noch.

Bleiben wir bei dem Beispiel Jakutien. Hier ist die Pionierzeit noch immer gegenwärtig. Das früher für unbezwingbar gehaltene Sibirien muß immer mehr von seinen Reichtümern preisgeben. Die modernen Pioniere sind die Geologen. Überall dort, wo sie in der weiten Taiga bedeutende Bodenschätze erkundet haben, entstehen später einmal nicht selten Städte.

Doch bevor urbanes Leben mit all seinen vielfältigen Annehmlichkeiten einschließlich kultureller Möglichkeiten nach europäischen Maßstäben sich überhaupt entwikkeln kann, werden Wohnhäuser und Unterkünfte aus Holz errichtet.

Kolonialhölzer

Zusammen mit funkelnden Schätzen brachten die Segelschiffe auch neue, bisher unbekannte Früchte, Pflanzen und aromatische Hölzer wie das *Sandelholz* nach Europa. Mit den Wurzeln, Rinden und dem Holz tropischer Bäume wurden mit mehr oder weniger Erfolg in Europa auch verschiedene Krankheiten behandelt. Die Spanier brachten aus Mittelamerika das berühmt gewordene *Guajakholz* mit. Es galt als sicheres Heilmittel gegen die Syphilis und löste die schmerzhafte Behandlung mit Quecksilber ab. Das Holz stieg beachtlich im Wert und wurde mitunter sogar mit Gold aufgewogen. Anfang des 16. Jahrhunderts gelangte das erste Guajak nach Spanien. 1 Pfund dieses Holzes stand mit 7 Goldkronen hoch im Kurs. 1525 kaufte der Rat der Stadt Straßburg 107 kg, und die Ratsapotheke in Braunschweig soll 1609 insgesamt 190 Pfund besessen haben. *Teakholz* aus Südasien erwies sich besonders für den Schiffbau geeignet. Man kannte schon lange die eichenähnlichen Eigenschaften und die besondere Widerstandsfähigkeit gegen Insekten und Pilzbefall.

Ebenholz und Mahagoni aus den Kolonien kamen später zu glänzendem Ansehen. An den Höfen schufen die Ebenisten, wie die Kunsttischler genannt wurden, für ihre hochherrschaftlichen Auftraggeber wahre Prunkmöbel mit raffinierten Mechaniken und hochpolierten Oberflächen. Die Möbel waren eigentlich noch gar nicht lange in Gebrauch. Im Mittelalter waren Schränke, Bänke und Tische noch Bestandteil des Hauses, meist fest mit den Wänden verbunden. Nun sorgten die beweglichen Möbel, das Mobiliar, in Herrschaftshäusern und bald auch in Bürgerstuben für eine angenehmere, wärmere Atmosphäre, kurz, das Wohnen wurde gemütlicher. Welchen Wert man den Möbeln beimaß, bewies die rasche Entwicklung der Möbelherstellung.

Die künstlerische Fertigung erreichte mehrere Höhepunkte, die denen der »hohen Kunst« durchaus ebenbürtig waren. Große Holzbildschnitzer wie Tilman Riemenschneider und Veit Stoß hatten aus einheimischem Holz unnachahmliche Werke geschaffen. Die feingliedrigen Figuren auf den Kirchenaltären schienen von Fleisch und Blut zu sein. Doch später erhielten sie einen farbigen Anstrich, der Zeitgeschmack verlangte es so. Anders bei den hölzernen Möbeln. Die Kunsttischler der Renaissance suchten, wie die anderen Künstler, ihre Vorbilder in der Antike. Ihre Arbeiten ähnelten den Metallstühlen und Steintischen aus dieser Zeit. Bevor tropische Hölzer verarbeitet wurden, versuchte man mit Eiche und Nußbaum, diesen Materialien in ihrer Wirkung möglichst nahezukommen. Und später finden sich in Holz umgesetzte Elemente der Steinarchitektur an den Möbeln wieder: Friese, Säulen, Pilaster. Es war ja auch der Baum, dessen Holzstamm ursprünglich als Vorbild für die dachtragende Säule gedient hatte. Die ersten Säulen der antiken Paläste in Europa waren nicht aus Stein, sondern aus Holz.

Entwerfer, Schreiner, Schnitzer – meist waren alle in einer Person vereint – arbeiteten in der Renaissance an einem Möbelstück wie an der Realisierung eines Bauwerkes, wir sprechen ja noch heute in diesem Zusammenhang von Innenarchitektur. Die künstlerische Ausgestaltung konnte sich besonders an den Schränken, den jeweiligen Hauptstücken des Mobiliars, reich entfalten. Fast alle zur Verfügung stehenden Flächen wurden mit einbezogen. Dazu kamen geschnitzte Figuren, gedrechselte Elemente oder Einlegearbeiten mit verschiedenfarbigem Holz (Intarsien) und Furniere aus dekorativen Hölzern, die auf gewöhnliches Holz (Blindholz) geleimt wurden. Schon damals war dies eine alte Kunst, denn von den Ägyptern war das Furnieren über die Babylonier und Assyrer zu den Griechen und Römern nach Europa gelangt. Die dünnen Holzschichten mußten die Tischler blattweise auf mühsame Art von einem senkrecht stehenden Holzstamm absägen; daran änderte sich bis zum Beginn des 19. Jahrhunderts nichts. Das bekannteste und am meisten verwendete Edelholz, das Furnierholz schlechthin, wurde das Mahagoni[9]. Nachdem Nußbaum und Eiche für lange Zeit den Charakter der Oberflächen bestimmt hatten, begann langsam der Siegeszug des tropischen Rotholzes. In der Möbelkunstgeschichte wird die Zeit von 1720 bis 1810 mit Recht als »Mahagonizeitalter« bezeichnet.

Lange bevor *Mahagoni* in der Möbelherstellung eine Rolle spielte, fand es im Schiffbau Verwendung, weil es ähnliche Eigenschaften wie Teak aufwies. Schon die spanischen Eroberer bewunderten die Mahagoniboote der Indianer und reparierten mit dem roten Holz ihre schwimmenden Festungen. In Westindien sind dann auch die ersten Holzarbeiten aus Mahagoni entstanden, Schnitzereien und Inneneinrichtungen für Kirchen. Bald darauf gibt es in Spanien die ersten Mahagonimöbel. Als England im 17. Jahrhundert seine Herrschaft in Westindien ausdehnt, nutzt es ebenfalls das Edelholz zuerst für den Schiffbau.

In den zwanziger Jahren des 18. Jahrhunderts beginnt die Blütezeit des Mahagoniholzes. Auf dem englischen Markt ist es sehr gefragt, aber auch sehr knapp. Die Regierung hilft mit einer speziellen Zollgesetzerweiterung nach. Hölzer aus den westindischen und nordamerikanischen Kolonien kommen nun ohne Steuern nach Europa. Von 1722 an klettert das Importvolumen von Mahagoni von nicht ganz 300 Pfund in kaum 80 Jahren auf den erstaunlichen Wert von 77744 Pfund. Es entstehen die berühmten englischen Mahagonischiffe. Doch bald ist man von der Schönheit des rötlichbraunen, festen Tropenholzes so fasziniert, daß es immer häufiger im Möbelbau verarbeitet wird. Die Tischler bemerken schnell, daß sich ihre Bearbeitungswerkzeuge beim Drechseln, Hobeln und Schnitzen nicht besonders abnutzen. Außerdem kann die glatte, rißfreie Oberfläche ohne Schwierigkeiten ausgezeichnet poliert werden. Das war das ideale Holz für besonders anspruchsvolle Möbelstücke.

Mit dem Triumph des Mahagoniholzes ist der Name eines englischen Kunsttischlers besonders innig verbunden: Thomas Chippendale (1718–1779). Als Sohn eines geschickten Tischlers bekam er schon sehr früh alle notwendigen Kenntnisse und Fertigkeiten vermittelt. Der Traum, einmal in London, das damals auch den Ruf einer Möbelkunstmetropole besaß, seine Vorstellungen und Maßstäbe verwirklichen zu können, ging in Erfüllung. Mehr noch, seine Stühle, Schränke und anderen Möbelstücke prägten den Geschmack seiner Zeit, gaben einer ganzen Stilepoche den Namen. Er verstand es, dem vorherrschenden französischen Möbelstil des Rokoko ein typisch englisches Gepräge zu geben, eben das, was wir heute als Chippendale bezeichnen. Auch die berühmten Kunsttischler Georg Hepplewhite und Thomas Sheraton sind mit dem Mahagoni aufs engste verbunden.

In Frankreich, das mehrere Generationen von Hofebenisten aus dem In- und Ausland während des Barock und Rokoko kaum zu übertreffenden Möbelprunk fertigen läßt, kommt das Mahagoni erst relativ spät zu größerem Ansehen, und zwar zur Zeit Ludwig XV. Doch mit dem Sieg der Revolution von 1789 hatte das höfische Kunsthandwerk ausgedient. In Versailles wurden die Prunkmöbel versteigert. Die meisten Stücke gingen nach England. Erst als Napoleon zur Macht kam, waren wieder Glanz und Verschwendung gefragt. Mit seiner Herrschaft über Europa verbreitete sich mit dem Empire-Stil auch der koloniale Glanz des Mahagoni. Durch die Kontinentalsperre von 1806 wird die Einfuhr über England verhindert. Das erhöht den Holzpreis auf dem Kontinent. In Deutschland konkurriert das teure Mahagoni anfangs mit den Obsthölzern (Nuß-, Kirsch-, Birnbaum), mit Birke, Ahorn, Esche und Rüster. Erst in den zwanziger Jahren des 19. Jahrhunderts benutzen die Tischler verstärkt Mahagonifurniere. In der Spätphase des Biedermeier wird es dann fast ausschließlich zum Furnieren eingesetzt.

1812 erfindet der Pariser Mechaniker Cochot eine Furniermaschine. Die Handsä-

[9] Bei den Spaniern wurde es nach seiner Eingeborenenbezeichnung »Caoba« genannt. Im 17. Jahrhundert soll der afrikanische Ausdruck »M'Oganwo« willkürlich in Mahagoni (engl. = Mahagony, ital. = Mogano) umgewandelt worden sein.

ger bangen um ihre Aufträge, denn die Maschine ist ihnen überlegen. Aus einer Zollbreite Furnierholz sägt sie 10–15 Furniere, während im Handsägebetrieb gerade 10 Stück erreicht werden. Um die Holzverluste durch Sägespäne und -mehl ganz zu verhindern, werden neue Maschinen entwickelt: Schneide-(Messer)maschine und Schälmaschine. Ein bewegliches Messer wird ähnlich wie beim Hobeln gegen einen festliegenden oder einen rotierenden Holzstamm geschoben. Das Rundschälen erzeugt ein »endloses« Furnierblatt. Durch den hohen Stand der Technik ist die Furnierindustrie heute in der Lage, die Strukturbilder der verschiedensten Hölzer noch wirkungsvoller zur Geltung zu bringen. Bis auf 0,08 mm geht die Furnierstärke herab. Die Palette der tropischen Edelhölzer für die Furniergewinnung ist größer geworden. Mahagoni kommt heute aus Mittel- und Südamerika (SWIETENIA MACROPHYLLA: echtes amerikanisches Mahagoni). Im ehemaligen Westindien (SWIETENIA MAHAGONI: das ursprünglich echte, amerikanische Mahagoni[10] aus der Karibik) sind die Bestände so zusammengeschrumpft, daß es international nicht mehr gehandelt wird. Dafür ist eine ganze Reihe von afrikanischen Mahagoniarten dazugekommen (*Khaya, Sapelli, Sipo*).

Bilanz

Anläßlich des 500jährigen Jubiläums der 68tägigen Atlantiküberquerung des Christoph Kolumbus soll 1992 ein einmaliges Schauspiel Millionen Fernsehzuschauer in seinen Bann ziehen. Nachbauten der weltbekannten spanischen Karavellen »Santa Maria«, »Niña« und »Pinta« werden wie einst Kurs auf den damals noch unbekannten Kontinent nehmen. Geeignetes Holz für den Bau steht zur Verfügung, doch trotz zahlreicher Abbildungen geben die Daten der Entdeckerschiffe den Konstrukteuren immer noch einige Rätsel auf. Denn Bauzeichnungen von Schiffen waren damals noch nicht üblich. Es scheint aber, als ob Portugiesen und Spanier damals aus Gründen der Geheimhaltung zusätzlich darauf achteten, daß nicht alle Einzelheiten ihrer erfolgreichen Schiffbaukunst ins Ausland gelangten. Auch die Nachwelt hat bisher keine Schriften auswerten können, die alle Geheimnisse lüften. Mit einer Geschwindigkeit von 200 Seemeilen pro Tag, die »Niña« und »Pinta« auf der Rückfahrt nach Europa zurücklegten, gehörten sie zu den schnellsten Segelschiffen überhaupt, wenn man von den ausgesprochenen Rennjachten der Moderne einmal absieht. Sie waren leichter gebaut als die Karacken und Galeonen[11] ihrer Zeit und dreimal länger als breit. Mit einem Tiefgang von gerade zwei Metern konnten diese Karavellen auch in flachen Buchten und Flüssen geschickt manövrieren.

Bekanntlich haben die Karavellen des Kolumbus nicht als erste Schiffe den Atlantik überquert. Als in den Jahren um 1000 die Drachenschiffe der Wikinger unter Leif Eriksson an der nordamerikanischen Küste landeten, verfügte die Schiffahrt in anderen Regionen der Erde schon über jahrtausendealte Erfahrungen und Traditionen. Nach dem Einbaum der mittleren Steinzeit kamen in der Bronzezeit die ersten Holzschiffe Nordeuropas auf. Bereits 1191 v. u. Z. lieferten sich die »Nord- und Seevölker« mit den Ägyptern vor dem Nildelta die erste Seeschlacht der Weltgeschichte. Zu dieser Zeit lagen die ersten Fahrten der ägyptischen Seeleute zum Libanon bereits 2500 Jahre zurück. Seit dem Entstehen der ersten Hochkulturen in Mesopotamien, in Ägypten und im Industal spielte auch die Schiffahrt im Handelsgeschehen eine bedeutende Rolle. Auf dem Mittelmeer, dem Roten Meer und dem Indischen Ozean fuhren Handelsschiffe und brachten ihre Fracht zu den großen Warenumschlagplätzen. Von Ostasien aus segelten chinesische Schiffe im 1. Jahrtausend in das Südchinesische, das Japanische Meer und in den Stillen Ozean.

Nach dem Vorbild der mehrmastigen Dschunken bauten die Europäer später größere Schiffe. Als im Sturm der »Nord- und Seevölker« die ältesten Hochkulturen Europas, das blühende Mykene und Kreta,

[10] Swietenia ist eine Ableitung des Namens v. Swieten, dessen Inhaber Leibarzt der Kaiserin Maria Theresia von Österreich war. Linné fügte 1761 die westindische Mahagoniart in sein binäres Nomenklatur-System ein.

[11] Größere Schiffe mit einer Wasserverdrängung von etwa 600–1000 t und mit wuchtigen Aufbauten.

untergingen, übernahmen die Phöniker mit ihrer Seemacht den Handel im Mittelmeer und weit darüber hinaus. Sie und ihre karthagischen Nachfolger gründeten weit vom Mutterland entfernt die ersten Handelskolonien. Griechen, Römer und Byzantiner lösten sich danach in der Beherrschung des Meeres ab. Im »goldenen arabischen Zeitalter« herrschten die Flotten unter dem Banner des Propheten nicht nur im Mittelmeer, sondern fuhren auch nach Indien und China, lange bevor die Europäer in die fernen Länder gelangten.

Es gibt keine Berechnungen darüber, wieviel Holz allein für den mediterranen Schiffbau in der Antike verbraucht wurde. Wir kennen jedoch die Auswirkungen, die besonders im Mittelmeerbereich bis heute nicht zu übersehen sind. Hinter den Sonnenstränden des Mittelmeeres und der Adria ist der Wald kaum zu sehen, bestenfalls in Resten. Entblößtes Felsgestein, kahle Anhöhen mit versteppten oder verkarsteten Böden herrschen vor. Meist ist nur niederwüchsiger Busch anzutreffen. Sicher, die ersten Hochkulturen verschlangen geradezu Holz als Bau- und Brennmaterial, aber der Bau von Schiffen muß einen besonders hohen Posten ausgemacht haben. In diesem Zusammenhang ist ein Vergleich zu derartigen Berechnungen, die im 19. Jahrhundert angestellt wurden, sehr interessant. In seiner aufsehenerregenden Schrift schockiert der französische Kolonialbeamte und Historiker Alexandre Moreau de Jonnès 1825 die Zeitgenossen mit allerlei Zahlenmaterial, das er akribisch zusammengestellt hat. Allein aus dem Holzverbrauch für die Fertigung von Handels- und Kriegsschiffen errechnet er eine riesige zusammenhängende Waldfläche, die das Rohmaterial für ein Jahrhundert Holzschiffahrtära geliefert hat.

»Europa holzt 4000 Quadratmeilen Wald ab, indem es in jedem Jahrhundert 2050 Linienschiffe und 350 000 andere Kriegsschiffe oder Handelsschiffe braucht«, schreibt Moreau de Jonnès. Das ist eine Fläche, die doppelt so groß war wie Frankreichs Wälder, zehnmal so groß wie die Waldfläche der deutschen Rheinprovinzen. »Da alle südlichen und westlichen Länder beinahe gänzlich entwaldet wurden«, bangt er um den Forstbestand der nordischen Wälder. Bei näherem Hinsehen zeigt sich aber, daß auf dieser gewaltigen Fläche auf zwei Hektar in einem Jahrhundert nur acht Stämme ausgesucht wurden. Allerdings waren das meist die besten ihrer Art, und da die Holzbeschaffung Verwüstungen hervorrief oder nach sich zog, waren die Schäden doch mehr als beträchtlich. Außer dem Bauholz wurde noch eine ganze Palette anderer Produkte für die Schiffsindustrie gebraucht, die außer Leder, Flachs und Hanf ausschließlich aus dem Wald kamen, wie Teer, Pech, Harz oder Wachs. In den europäischen Kieferwäldern sorgten zahlreiche Teeröfen mit ihrer Teer- und Pechgewinnung für ständigen Nachschub. Ein Ofen dieser Art aus der Berliner Gegend hat nach alten Aufzeichnungen 1600 Klafter, also rund 5345 Kubikmeter, im Jahr verbraucht. Bedenkt man, daß die seefahrenden Nationen damals kaum noch über ausreichende Holzvorräte verfügten, wird das Ausmaß des Raubbaus an den mitteleuropäischen Wäldern deutlich. Während die Seemächte auf den Ozeanen um Einflußsphären kämpften und dabei gewaltige Mengen von natürlichen Rohstoffen verbrauchten, heizten die Herrscher über die Wälder diesen Wettlauf um die Macht geradezu noch an. Die Triebfeder dabei war die merkantilistische Wirtschaftstheorie der absolutistischen Staaten.

Doch die Holzbeschaffung wurde immer schwieriger. Nun kamen auch die oberen Lagen der Mittelgebirge und Alpenhänge an die Reihe. Die Holzaufkäufer besaßen geschickte Arbeitskommandos, die auch unter ungünstigen Bedingungen die gefällten Stämme zu Tal brachten und riesige Flöße zusammenstellten. Auf dem flachen Land ging der Ausverkauf der Wälder trotz mahnender Stimmen weiter. »Menschen sind mir lieber als Bäume«, soll Friedrich II. einmal gesagt haben. Um die Bevölkerung weiter anwachsen zu lassen, was höhere Steuereinnahmen versprach, mußten die Wälder weichen. Daß sie dabei noch beträchtliche Summen an guten holländischen Gulden abwarfen, erschien als ein wahrer Segen. Um den Gewinn komplett zu machen, brachte die Umwandlung in Ackerland noch jedes Jahr Ernten ein. Diese Rechnung ging nicht immer auf. Und wer wußte eigentlich, wieviel Wald ein Land überhaupt nötig hatte, welchen Nutzen er langfristig bringen konnte? Die Verwüstungen der Kriege hatten schon lange ein energisches Handeln notwendig gemacht. In seinem politischen Testament von 1768 widmet Friedrich II. der Wiederaufforstung ein gesondertes Kapitel. 1770 richtet der preußische König im Generaldirektorium einen speziellen Amtsbereich für »die königlichen, als auch die städtischen und übrigen Forst-, Jagd-, Mast- und Holzhandlungssachen« ein. Außerdem nehmen Kommissionen für Nutz- und Brennholz ihre Arbeit auf.

Will man die Bilanz der Holzschiffahrtära ziehen, darf neben den bemerkenswerten Leistungen der geographischen Entdekkungen und der Entstehung des Welthandels auch das Leid, das bis an die entferntesten Punkte unserer Erde durch die kolonialen Auswüchse getragen wurde, nicht verschwiegen werden. Hier sollen zwei Zahlen genannt werden, die das Ausmaß nur zum Teil verdeutlichen können. An Bord von Segelschiffen haben bis in die zweite Hälfte des 18. Jahrhunderts hinein, oft unfreiwillig, sechseinhalb Millionen Menschen den Atlantischen Ozean überquert, um in Nordamerika Arbeit und Brot zu finden. Davon waren 5,5 Millionen schwarze Sklaven von den Küsten Westafrikas und nur eine Million Europäer. Es ist unbestreitbar, daß in jenen Jahrhunderten, in denen die europäischen Nationen und später Nordamerika auf Kosten der damals wenig entwickelten Länder zu Industriestaaten aufstiegen, auch der Grundstein für noch heute spürbare Rückständigkeit und Armut auf unserer Erde gelegt wurde. Während arme Länder im ungleichen Handel ihre kostbarsten Güter hergaben, ja sogar ihrer Menschen beraubt wurden, häuften sich in den Häfen der Schiffsnationen Reichtümer an Waren aus aller Welt.

Zu den Überseeprodukten, die auf europäischen Märkten sehr gefragt waren, gehörte auch der billige Rohrzucker aus Amerika. Eine Frucht aus Südamerika hat besondere Umwälzungen bewirkt – die Kartoffel. Als Pizarro das Inka-Reich eroberte, lernte er schon 1526 in Peru die Kartoffel kennen. Wahrscheinlich ist sie kurz danach in der Gegend von Sevilla angebaut worden. Die Engländer erbeuteten die Knollenfrüchte sicherlich zusammen mit der kostbaren Fracht spanischer Schiffe, bevor sie selber die ersten Kartoffeln entdeckten. Nachdem die Kartoffel schon über 100 Jahre lang in England als wichtiges Nahrungsmittel eine Rolle gespielt hatte, setzte sich in Mitteleuropa der Anbau zur Zeit des Absolutismus um 1750 durch. Nicht nur für die Ernährung der Menschen, sondern auch für die Masthaltung des Viehs wurde die Kartoffel bald unentbehrlich. Die Stallhaltung brachte jetzt mehr Tiere über den Winter, und die Waldweide, vor allem unter den fruchttragenden Eichenbäumen, verlor zusehends an Bedeutung. Gefällte Eichen konnten jetzt leere Kassen füllen. Allerdings löste die Stallhaltung einen weiteren Mißstand aus, der den Wäldern sehr zu schaffen machte: Fehlendes Stroh wurde meist duch Laub- und Bodenstreu aus dem Wald ersetzt. Davon brauchten die Bauern jetzt mehr denn je. Das sogenannte *Streurechen* unterbrach den Nährstoffkreislauf, führte zu schweren Bodendegradationen und verhinderte ein kräftiges Baumwuchstum.

Das kommende Industriezeitalter forderte einen steigenden Holzbedarf. Der Ausbau der Infrastruktur mit Eisenbahnen und Telegrafenleitungen verlangte gigantische Mengen an Holz. Es mußten Hölzer mit bestimmten Eigenschaften sein, die in großer Stückzahl kurzfristig bereitzustellen waren. Für den Wald bedeutete dies, daß dort, wo das geeignete Holz stand, großflächig abgeholzt wurde.

Ohne *Kahlschlagwirtschaft* konnte der Bedarf nicht mehr gedeckt werden. Die Wälder wandelten sich; Buche und Eiche wurden immer mehr durch Fichte und Kiefer zurückgedrängt. Für die Holzbeschaffung entstanden neue Probleme, die nur in der Kombination der alten, bewährten Erkenntnisse mit neuen Ideen zu meistern waren.

Fünftes Kapitel

Der bewirtschaftete Wald

Um die Mitte des vorigen Jahrhunderts ward in der Kriegs- und Domainenkammer die Frage rege: Was machen wir mit diesem Forst? Hochstämmig ragten die Kiefern auf; aber der Ertrag, den diese herrlichen Holz- und Wildbestände gaben, war so gering, daß er kaum die Kosten der Unterhaltung und Verwaltung deckte. Hirsch und Wildschwein in Fülle; doch auf Meilen in der Runde kein Haus und keine Küche, denen mit dem einen oder anderen gedient gewesen wäre. »Was tun mit diesem Forst?« so hieß es wieder. Kohlenmeiler und Teeröfen wurden angelegt, aber Teer und Kohle hatten keinen Preis. Die nächste nachhaltige Hülfe schien endlich die Herrichtung von Glashütten bieten zu sollen, und in der Tat, es entstanden ihrer verschiedene zu Dagow, Globsow und Stechlin; ein Feuerschein lag bei Nacht und eine Rauchsäule bei Tag über dem Walde; vergeblich, auch der Glashüttenbetrieb vermochte nichts, und der Wald brachte es nur spärlich auf seine Kosten.

Da zuletzt erging Anfrage von der Kammer her an die Menzer Oberförsterei; wie lange die Forst aushalten werde, wenn Berlin aus ihm zu brennen und zu heizen anfange, worauf die Oberförsterei mit Stolz antwortete: »Die Menzer Forst hält alles aus.« Das war ein schönes Wort, aber doch schöner, als es sich mit der Wirklichkeit vertrug. Und es sollte bald erkannt werden. Die betreffende Forstinspektion wurde

beim Wort genommen, und siehe da, ehe dreißig Jahre um waren, war die ganze Menzer Forst durch die Berliner Schornsteine geflogen. Was Teeröfen und Glashütten in alle Ewigkeit hinein nicht vermocht hätten, das hatte die Konsumtionskraft einer großen Stadt in weniger als einem Menschenalter geleistet. Ja, Hülfe war gekommen, die Menzer Forst hatte rentiert; aber freilich, die Hülfe war gekommen nach Art einer Sturzwelle, die, während sie das aufgefahrene Schiff wieder flottmacht, es zugleich auch zerschellt. Abermals mußte Wandel geschaffen werden, diesmal nach der entgegengesetzten Seite hin, und das berühmte, wenn auch unverbürgte Wort, das König Friedrich einst in delikatester Situation an Schmettau richtete, dasselbe Wort richtete jetzt die königliche Verwaltung der Forsten und Domainen an den Oberförster von Groß-Menz: »Hör Er auf«. Und man hörte auf. Der Hauptstadt wurde durch dieses »Halt« übrigens nichts entzogen, denn die Linumer Torfperiode war inzwischen angebrochen, die Menzer Forst aber stieg auf der tabula rasa ihres alten Grund und Bodens neu empor: Eichen, Birken, Kienen in buntem Gemisch, und die Bestände, wie sie jetzt sich präsentieren, sind Kind jener Schonzeit und Stillstandsepoche, die dem dreißig Jahre lang geführten »guerre à outrance« auf dem Fuße folgte.

Als Theodor Fontane in der zweiten Hälfte des vorigen Jahrhunderts mit diesen Worten die Probleme der 24000 Morgen umfassenden Menzer Forst bei Rheinsberg beschrieb, waren seit dem »auf's äußerste geführten Krieg« gerade hundert Jahre vergangen. Die Glashütten waren vom Holz nicht mehr abhängig, Pottasche wurde durch Kalisalze ersetzt. Das Verhältnis zum Wald hatte sich entscheidend gewandelt. Es ging nicht mehr um kurzzeitige Profite, man wollte möglichst gleichbleibende Einnahmen. Die großen Verwüstungen, besonders in der Zeit des Absolutismus, hatten in den meisten mitteleuropäischen Wäldern unhaltbare Zustände hervorgerufen. Kritische Stimmen beklagten wiederholt die Mißstände, aber keiner wußte, wie eine deutliche Wende herbeigeführt werden konnte. Die mahnende Schrift des sächsischen Bergmanns Carl von Carlowitz konnte noch nicht konsequent in die Tat umgesetzt werden. Die oft prophezeite große Holzkrise blieb jedoch aus. Trotzdem, irgendetwas blockierte die weitere Entwicklung. Da waren die Kriege, aber auch die feudalen Fesseln, die den Fortschritt bremsten. Noch bevor im Zuge der Französischen Revolution neues Gedankengut gesellschaftliche Veränderungen herbeiführte, schufen Männer wie Heinrich Cotta oder Georg Ludwig Hartwig in persönlicher Initiative, den Forderungen ihrer Zeit entsprechend, die ersten *Forstschulen* in Deutschland.

Gesellschaftliche Veränderungen bedeuteten für den Wald in erster Linie Änderungen der Besitzverhältnisse. Als 1806 Franz II. unter dem Druck Napoleons auf die deutsche Kaiserkrone verzichtet, hört das heilige Römische Reich Deutscher Nation auf zu existieren. Mit dem Ende der Kleinstaaterei beginnen sich auch die verworrenen, unübersichtlichen Eigentumsformen an den Wäldern aufzulockern. Doch die Fürsten behalten die Macht, die Reaktion kann sich behaupten und wieder festigen. Im Zuge der Säkularisation gehen auch die Wälder, die zu Kirchengütern gehörten, in den Besitz der verbleibenden Feudalstaaten über. Eine Reihe von Fürsten, die bei der territorialen Neuordnung ihre Hoheitsrechte mediatisiert[1], also verloren sahen, erhielt als Abfindung Privatwälder. Ein großer Anteil des heute privat genutzten Waldes der Bundesrepublik Deutschland (44 Prozent der Gesamtfläche; 97 Prozent der Waldbesitzer verfügen allerdings über weniger als 20 Hektar) ist in dieser Zeit vergeben worden. Auch Reichsstädte wurden mediatisiert. Nach der Entmachtung behielten einige, zum Beispiel Frankfurt am Main, ihren Wald als kommu-

1 Mediatisierung bedeutet Mittelbarmachung, das heißt Unterwerfung unter die Landeshoheit anderer Territorien.

nales Eigentum. Die Markwälder gingen in das Eigentum der umliegenden Gemeinden über oder wurden vielfach zerstückelt an die einzelnen Mitglieder abgegeben.

Die spätfeudale Restaurationspolitik, die auf die Unterdrückung revolutionärer Bewegungen abzielt, bewahrt zwar Deutschlands Zersplitterung, aber die Zahl der bestehenden Länder macht nur noch ein Zehntel des Standes von 1789 aus. Auch für die Wälder ist das ein großer Fortschritt. Wie in anderen Bereichen können nun auf größeren zusammenhängenden Waldflächen die Wirtschaftspraktiken des Merkantilismus überwunden werden. Nach der Abschaffung der Leibeigenschaft und nach einigen Agrarreformen setzen sich auch auf dem Land kapitalistische Wirtschaftstheorien stärker durch. Besonders die Lehre des englischen Ökonomen Adam Smith (1723–1790) über die produktive menschliche Arbeit übt einen sehr großen Einfluß aus. Auch der Wald ist ein Wirtschaftsraum, der nach den neuen kapitalistischen Gesichtspunkten mehr Gewinn denn je abwerfen kann. Doch dazu mußte eine geeignete Bewirtschaftungsform gefunden werden, etwas Neues, das den veränderten Anforderungen auch gerecht wurde. Daraus erklärte sich das verstärkt einsetzende Interesse an der Förderung der noch jungen Forstwissenschaft.

»Nicht Holzmangel, nicht Furcht vor derselben fördert unsere Wissenschaft, sondern das Interesse der Staatsverwaltung, hervorgehend aus eigenem Waldbesitz«, schreibt 1837 Theodor Hartig. Neugeschaffene Forstverwaltungen erarbeiten Strategien, die alle das gleiche Ziel haben: aufforsten, um möglichst viel Holz zu erzeugen. Ursprünglich dachten die Förster, daß die ehemals überwiegenden Laubwaldregionen in der gleichen Art wieder neu entstehen könnten. Bald stellt sich jedoch heraus, daß Kiefer und Fichte nicht nur industriell stärker gefragt sind, sondern daß ihre Schnellwüchsigkeit die gesetzten Ziele überhaupt erst möglich machen kann. Die Bedeutung der Nadelhölzer für den Bergbau war ja schon länger bekannt, aber jetzt begannen sie sich allgemein stärker durchzusetzen.

Großen Einfluß übten auch die ökonomischen Zwänge aus, denn neben der Wiederherstellung der forstlichen Pracht sollte auch die Holzerzeugung nicht ins Hintertreffen geraten. Der starke Vormarsch von Kiefer und Fichte, später kurz »Verfichtung« genannt, konnte das bestehende Landschaftsbild beeinflussen und sogar ändern – das war nicht nur den weitsichtigen Forstleuten klar. Aber um die Sünden der Väter und Großväter endgültig wiedergutzumachen, ohne den Fortschritt zu bremsen, gab es keinen anderen Ausweg. Für viele war die Vorstellung eines künstlich angelegten, dazu noch monoton aussehenden Waldes unerträglich. Sie wollten einen anderen Weg beschreiten, aber auch dabei das Maximale aus dem Naturwald herausschlagen.

Um die Jahrhundertwende, als die Romantik besonders die Widersprüche zwischen dem Individuum und dem hereinbrechenden Kapitalismus emotional auffangen wollte, waren solche Reaktionen nur zu verständlich. Aber selbst die romantisierende Waldherrlichkeit eines Joseph von Eichendorff (1788–1857) war nicht widerspruchsfrei. Sprechen seine Zeilen: »O Täler weit, o Höhen / o schöner, grüner Wald« von vorhandener Harmonie, so heißt es in einem anderen Gedicht von ihm: »... schaurig rühren sich die Bäume, Wolken ziehn wie schwere Träume.«

Die Förster begannen zu rechnen. Verschiedene Theorien wurden entwickelt und führten zu langwierigen Auseinandersetzungen, die nahezu ein ganzes Jahrhundert andauerten und auch bis heute in Teilfragen nicht restlos überwunden sind. Die Konfrontation einzelner Theorieverfechter spitzte sich zu. Schließlich stand die *Bodenreinertragslehre* unversöhnlich der *Waldreinertragslehre* gegenüber. Während die einen maximale Verzinsung des Waldbodenkapitals anstrebten, wollten die Verfechter des Naturwaldes mit weniger Kosten größere Einnahmen erzielen. Daß sich die Bodenreinertragsvertreter stärker durchgesetzt haben, ist daran zu sehen, daß in unseren Wäldern schon von der Zahl her eindeutig die Nadelbäume dominieren. Zum Glück ist aber die »Verfichtung« nicht immer so konsequent betrieben worden, wie es einige Forstleute wollten.

In einer einsamen Waldlichtung, nahe dem thüringischen Ort Zillbach stand einstmals das *Großherzoglich-Sachsen-Weimar-Eisenachische Jagdhaus*, kurz »kleine Zillbach« genannt. Hier erblickte am 30. Oktober 1763 Johann Heinrich Cotta als Sohn eines Pirschknechtes und einer Gutspächterstochter das Licht der Welt. Vater Heinrich Nikolaus übt seinen Beruf gewissenhaft, man kann sagen leidenschaftlich, aus und ist gewillt, beruflich weiterzukommen. Vieles davon überträgt er früh auf den kleinen Heinrich. Als Vater Cotta 1777 Förster in Wasungen wird, fühlt sich Heinrich bereits im Walde wie zu Hause. Er ist ein Kind des Waldes, wie er später selbst über sich schreibt, und mit dem Wald bleibt er zeitlebens verbunden. Heinrich schwärmt für den Beruf des Vaters und stillt seinen Wissensdurst auf gemeinsamen Revierbegehungen. So ist es ganz natürlich, daß er die forstliche Laufbahn einschlägt. Er bleibt beim Vater und erlernt die Jägerei, ohne die damals ein Förster nicht zünftig erschien. Der junge »Jägerpursche« wird danach auch weiter vom Vater unterrichtet.

Bei ausreichendem Fleiß und den notwendigen Voraussetzungen soll Heinrich die Universität in Jena besuchen dürfen. Das spornt den Jungen enorm an, und nach insgesamt sechs Jahren Ausbildung belegt er zwei Semester Forstwirtschaft und Mathematik. Noch in der Studienzeit trifft Heinrich im Elternhaus mit dem weimarischen Kammerrat Appelius zusammen, der hier Quartier genommen hatte. Der Kammerrat erkennt die Begabung des Studiosus und beschert Heinrich den ersten Auftrag seiner beruflichen Laufbahn. Die Flur des Dorfes Fischbach bei Kaltennordheim soll vermessen werden. Heinrich Cotta kann zum ersten Mal sein Wissen in der Praxis anwenden. Er geht gründlich zu Werke. Drei Sommer lang nimmt ihn die Arbeit in Anspruch. Im Winter rechnet und zeichnet er im Hause seiner Eltern. Inzwischen ist der Vater bemerkenswerter Leistungen wegen zum Oberförster befördert worden und verwaltet das Zillbacher Revier. Hierher kam öfter der junge Herzog Carl August, in dessen Begleitung auch Goethe die Gegend bereiste. Heinrich Cotta betreibt mit Enthusiasmus seine Arbeiten und kann auch andere mitreißen. Junge Jäger schließen sich ihm an. Sie wollen bei ihm das notwendige Fachwissen für Vermessungsarbeiten erlernen. Heinrich beweist pädagogische Fähigkeiten, und ehe er sich versieht, hat er ungewollt einen kleinen Lehrbetrieb ins Leben gerufen. Zehn Lehrlinge sind es, als das Fischbacher Revier vermessen ist. Die Notwendigkeit, sein theoretisches Wissen weiter auszubauen, führt auch zu ersten Veröffentlichungen. Er besitzt autodidaktische Fähigkeiten wie der Vater, kann sie aber noch stärker für sich nutzen. Ein Naturforscher meldet sich zu Wort. Mit seiner Denkweise gehört er bereits zu der Generation, die sich von der mechanischen, ausschließlich analytischen Naturbetrachtung gelöst haben. Das zeigt sich besonders bei den Problemen des Holzanbaus, auf dem die gesamte Forstlehre damals aufbaute.

Die junge Wissenschaft stand noch auf wackligen Beinen. Cotta stellt sich in einem anonymen Artikel, der im *Reitterschen Journal für das Forst- und Jagdwesen* abgedruckt wird, gegen die Bodenbearbeitung im Wald, die mit Hilfe von Hacke und Pflug die Aussaat von bestimmten Hölzern erleichtern sollte. Er verweist auf die Natur: »Je näher ein Land der Beschaffenheit eines Ortes kommt, wo eine Holzart am besten anzutreffen ist, je besser ist es zur Ansaat dieser Art geschickt; so wird es leicht sein, über einen Platz zu urteilen, inwiefern er für diese oder jene Holzart zur Ansaat tauglich ist oder nicht.«

Die Frage ist also: Welche Hölzer wachsen auf welchem Boden am besten und bringen den höchsten Nutzen? Cotta sieht Möglichkeiten, bis dahin Unbekanntes zu ergründen und will »der Natur folgen, die sich keine Gesetze vorschreiben läßt, aber uns erlaubt, ihr nachzugehen«. Sein Begriff von der »materiellen Seele« soll eine spätere Erklärbarkeit bei noch unbekannten Lösungswegen ausdrücken. Wo eindeutige Beweise fehlen, müssen Erfahrungen anderer in die Überlegungen einfließen, kurz, Cotta will Theorie und Praxis sinnvoll miteinander verknüpfen. Bei dieser Denkungsart werden dem erst 27jährigen Forstläufer erstaunliche Einblicke möglich, die geradezu modern wirken. Daß Veränderungen in der Waldentwicklung nur vorübergehend sein können, weil der an den jeweiligen Boden am besten angepaßte Waldtyp sich immer wieder durchsetzt, also das, was wir heute als »biologisches Gleichgewicht« bezeichnen, war Cotta bereits klar.

Per Zufall war Heinrich Cotta dem Herzog Carl August vorgestellt und von dem »gnädigen regierenden Herrn Herzog, seiner Hochfürstlichen Durchlaucht« zum Forstläufer mit einer Besoldung von 12 Talern und Anstellung in Zillbach ernannt worden. 1792 bittet Heinrich Cotta den Herzog um die Erlaubnis, in Zillbach eine Forstbaumschule anlegen zu dürfen. Carl August interessiert sich als Landesvater besonders für schnellwachsende ausländische Holzarten. Wie bereits angedeutet, besaß Cotta zu Holzwachstum und Standortfragen fundierte Ansichten. Der zur Mode gewordene »Ausländeranbau« interessierte ihn nur insofern, als daß er durch die Anlage einer Baumschule mit möglichst vielen, auch fremdländischen Hölzern gute Anschauungsmöglichkeiten für seinen Lehrbetrieb bekommen konnte. Der Herzog willigte ein, und mit dem Eintreffen des ersten Geldes begann der Anbau der sogenannten Plantage, die heute noch in der Nähe des inzwischen 800jährigen Zillbach besichtigt werden kann. Nach zwei Jahren sind von dem eifrigen Cotta bereits 166 – meist ausländische – Hölzer gepflanzt worden. In jedem Jahr kommen mehr dazu; schließlich werden es insgesamt 437 Arten. Übriggeblieben sind davon heute nur noch einige hohe Lärchen und Weymouthskiefern. Cottas Forstunterricht weitet sich in den folgenden Jahren aus. Er kann ein ehemaliges Pächterhaus in Zillbach für seine Zwecke erwerben. Das ausgebaute Haus reicht sogar für den Internatsbetrieb. Was fehlt, sind die herzogliche Anerkennung seiner Einrichtung und weitere finanzielle Unterstützung.

Nach einigen bürokratischen Verzögerungen bekommt Cotta 1795 endlich die Genehmigung. Er wird zum Förster befördert und steht jetzt dem Zillbacher Revier vor. Den Forderungen des Herzoges entsprechend, verfolgt Cotta an seiner Forstschule, die bald darauf in das Zillbacher Jagdschloß von Carl August einzieht, kameralistische Prinzipien im Sinne seines Landesherrn. Trotzdem gehen seine Vorstellungen immer darüber hinaus. Mittelpunkt seines Strebens sind eigentlich Erkenntnisse und nicht unbedingt nur die Mehrung des Kammervermögens. Er ist sich seiner Verantwortung bewußt, denn in der Forstwirtschaft werden Fehler erst den Nachkommen sichtbar. Seine »hirsch- und forstgerechten Jäger« sollen gleichermaßen theoretisches und praktisches Wissen erwerben.

Die Arbeiten im Wald und in der Forstschule bringen Cotta einen guten Ruf ein, der auch über die Landesgrenzen hinausreicht. Besonders in Sachsen, wo bereits mehrere Absolventen seiner Forstschule tätig sind, schätzt man ihn sehr. Das Finanzkollegium in Dresden sucht einen neuen Direktor für die Forstvermessung, der mit Hilfe von Taxation und Waldeinteilungen Grundlagen für eine optimale Bewirtschaftung der sächsischen Wälder schaffen soll. Der erfahrene Cotta scheint der geeignete Mann zu sein. Die Tatsache, daß man einem »Bürgerlichen« diese wichtige Aufgabe zuteil werden läßt, zeigt deutlich, daß die zu besetzende Position alles andere als ein Repräsentationsamt ist. Cotta fühlt sich geehrt und sagt zu, weil ihn diese Arbeit ungemein reizt. 1810 wird er in Dresden als »Forstrat und Direktor der Forstvermessung und Taxation« vereidigt.

Der naturverbundene Cotta hält nicht viel vom Großstadtpflaster; er bestimmt das Städtchen Tharandt zum Wohnort und zum Sitz seiner Forstschule. Hier, am Rande des Tharandter Waldes, fühlt er sich wohl, und außerdem ist er nicht zu weit von der Residenz entfernt. Bei Hof kann nicht jeder seinen Zorn unterdrükken, daß Cotta in dem erlauchten Kreis ein gewichtiges Wort mitzureden hat. Anfangs steht er als Forstrat in der Hofrangliste über den Oberforstmeistern, später wird das geändert. Cotta, dessen Familie ursprünglich das Adelsprädikat besaß und durch einen Brand die Urkunde verloren hatte, war an einer Wiedererlangung des Titels nicht interessiert. Er wollte bewußt die berufliche Stufenleiter von ganz unten besteigen und nur durch persönliche Überzeugungskraft, nicht durch gesellschaftliche Vorrechte überzeugen. Daß ihm das über alle Maßen gelungen ist, beweisen seine übergroße Popularität und Anerkennung, die er schon zu Lebzeiten genoß. Neben den Problemen der Forstvermessung gilt seine besondere Zuwendung der Lehranstalt, die 1816 in eine staatliche Forstakademie umgewandelt wird. Mit Tharandt besaß Deutschland damals die erste Forstakademie in der Welt. Cotta steht ihr weiterhin als Direktor vor und wird zum Oberforstrat befördert.

Auf ausgedehnten Reisen durch die deutschen Wälder, die er »zur Entfernung der Einseitigkeit sowie zur Erweiterung und Fortbildung seiner forstlichen Intelligenz« unternimmt, trifft er mit vielen Forstleuten zusammen, streitet über kontroverse Themen, nimmt an Empfängen teil und gibt Gutachten ab. Seine Gedanken, die ständig um das Schicksal der Wälder kreisen, nehmen immer umfassenderen Charakter an. Sie werden schließlich zu einer Art Weltanschauung. Auch Cotta ist nicht frei von Dogmatismus und keineswegs unfehlbar, aber viele seiner Ideen weisen weit in die Zukunft und sind erst sehr viel später verwirklicht worden. Das Ideal eines Forstmannes ist für ihn der Mensch, der in sich gleichermaßen den Wissenschaftler und den Künstler vereinen kann. Das sind hohe Maßstäbe. Aber er hält sie für gerechtfertigt, denn er schätzt die Bedeutung des Waldes bereits so hoch ein, wie wir sie heute sehen. Die »Waldungen müssen so benutzt werden, wie es der menschlichen Gesellschaft am zuträglichsten ist«, das ist seine Schlußfolgerung aus der Geschichte. Allen Wirtschaftsformen, die den Wald nur als Finanzquelle sehen, erteilt er eine Abfuhr, denn »nur um der Bäume willen« ist der Wald nicht da. Cotta sieht weiter: Der Wald darf durch seine Bewirtschaftung nicht seiner wichtigsten Schutzfunktion gegen Lawinen, Sturm oder Versandung beraubt werden. Auch in der Beurteilung der Eigentumsformen ist er seinen Zeitgenossen voraus.

Fortschrittliche Forstleute wie Wilhelm Pfeil (1783–1859) wandten sich gegen die absolutistische Behinderung der freien wirtschaftlichen Betätigung in den Wäldern. Das hieß volle Freiheit des Privateigentums, frei von aller staatlichen Bevormundung, also Privatwald. Cotta war den damaligen progressiven Ideen nicht abgeneigt, aber im Wald wollte er sie nicht konsequent verwirklicht sehen. Und das aus gutem Grund. Zuviel Eigennutz mußte bei privater Bewirtschaftung dem Allgemeinwohl schaden.

Welchen Stellenwert bei ihm das Allgemeinwohl besaß, beweist seine Theorie von der *Baumfeldwirtschaft*. Besonders im ackerarmen Erzgebirge und Vogtland sollte sie der armen Bevölkerung die Möglichkeit geben, durch Waldfeldbau ihre Einkünfte zu erhöhen. Brot und Holz für die Bevölkerung, das waren die Ziele Cottas. Entgegen seinen früheren Ansichten, so wenig wie möglich in die Natur einzugreifen, müssen bei diesen Gedanken auch persönliche Eindrücke aus den Hungerjahren 1816/17 maßgebend beteiligt gewesen sein. Von der Tagespresse werden Cottas Ideen wohlwollend aufgenommen und wiederholt verbreitet.

In den forstlichen Kreisen ist man erst zurückhaltend, dann kritisch und ablehnend. Cotta erläutert immer wieder seine Argumente und räumt mit Vorurteilen auf. Er will selbstverständlich nicht alle Wälder zu Baumfeldern machen, auch wenn ihm das von einigen schlechten Kritikern unterstellt wird. Nach seiner Meinung würde auch die bestehende Forstwirtschaft davon profitieren. Auf diese Weise könnten auch Flächen, die infolge alter Nutzungsrechte nicht in die planvolle Bewirtschaftung einbezogen werden konnten, größere Gewinne erbringen.

Das sächsische Finanzkollegium äußert Bedenken, Cottas Vorstellungen in die Praxis umsetzen zu lassen. Man fürchtet finanzielle Verluste für den Staat. Auf einer mehrtägigen Fahrt lassen sich die Finanzbeamten von der Durchführbarkeit der Cottaschen Baumfeldwirtschaft im oberen Erzgebirge überzeugen. Zu einer staatlichen Anordnung mit anschließender Anwendung des Waldfeldbaubetriebes ist es allerdings nicht gekommen. Die Entscheidung überließ man den Oberförstern, die im Laufe der nächsten Jahre auch zahlreiche »Reihenpflanzungen« vornahmen. So konnten zumindest einige Blößen in den erzgebirgischen Wäldern aufgeforstet werden. Zwischen den Pflanzreihen (Abstand 4,3 m) wuchs dann Gras, das für die Verfütterung genutzt wurde.

Die Sorge um das öffentliche Wohl und sein unbeugsames Wesen haben Cotta mehr als nur Sympathie eingebracht. In den letzten Jahrzehnten seines Lebens wird er von seiner begeisterten Anhängerschaft regelrecht gefeiert. An seinem 60. und 70. Geburtstag werden von den Studenten Fackelzüge und Festsitzungen veranstaltet. In der *Dresdner Abendzeitung* erscheinen zu diesen Anlässen Gedichte, deren Wert nicht in der Poesie, sondern in der Art der Wertschätzung für Cotta liegt. An seinem 70. Geburtstag findet der Leser folgende Verse vor: »Gaudeamus! Cotta zählt siebzig Jahresringe. Daß noch viel am Umtrieb fehlt, sind bekannte Dinge ...«

1843, an seinem 80. Geburtstag, pflanzen Hunderte Schüler und Absolventen der

Forstakademie im Beisein ihres greisen, aber noch rüstigen Lehrers unter der strahlenden Herbstsonne achtzig Eichen. Auch zahlreiche Bewohner Tharandts und Leute aus der Umgebung sind erschienen und geben dem Ganzen einen festlichen Rahmen. Ein Jahr später wird der Ort am Rande des Tharandter Waldes zur letzten Ruhestätte dieses bedeutenden Forstmannes, dessen Leistungen weit über die Grenzen Sachsens hinaus der Forstakademie Tharandt internationalen Ruhm einbrachten.

Die Traditionen Cottas werden von der *Sektion Forstwirtschaft an der Technischen Universität Dresden* erfolgreich weitergeführt. Tharandt ist heute eine weltweit anerkannte Lehr- und Forschungsstätte mit einem speziellen Ausbildungsspektrum für die tropische Forst- und Holzwirtschaft. Damit wurde ein anerkannter Beitrag zur Unterstützung der Forstwirtschaft in den jungen Nationalstaaten geleistet.

Starke Beachtung finden auch die Ergebnisse auf dem Gebiet der Rauchschadensforschung. Besonders große Anstrengungen werden jetzt unternommen, um die akuten Probleme der Umweltbelastung, insbesondere durch industrielle Rauchgase, zu erforschen und mit dem Einsatz industrieller Rauchgasentschwefelungsanlagen zu reduzieren. Die Tharandter Wissenschaftler erforschen mit einem speziell entwickelten Gasprüffeld die Wirkungen von unterschiedlichen Schadstoffen und -mengen auf Forstbäume sowie auf landwirtschaftliche und gärtnerische Nutzpflanzen. In diesem Zusammenhang muß auch das generelle Problem der weiteren Steigerung der Holzproduktion gesehen werden.

Fraget die Bäume

Bereits zur Zeit Friedrichs II. (des Großen) ist die Kiefer der »Brotbaum des preußischen Staates«. Auf den nährstoffarmen und trockenen Böden der Mark Brandenburg gedeiht dieser unverwüstliche Baum wie kein anderer. Bei seiner großen natürlichen Verbreitung hat er sich hier gut angepaßt. Da die preußische Geschichte namentlich im 18. Jahrhundert mit Kriegen und Hungerjahren mehr als reichlich gesegnet war, mußten auch die Wälder wiederholt ihren Tribut zahlen. Kieferngehölze, aber auch Eichen für den Schiffbau, mußten die ewigen Löcher im Staatssäckel schließen helfen. Von einer geregelten Forstwirtschaft konnte keine Rede sein. Aber dann sollte alles anders werden. 1770 wird durch einen Erlaß Friedrichs II. eine Forstakademie in Berlin eingeweiht. Doch als nach der Doppelschlacht bei Jena und Auerstädt im Jahre 1806 das preußische Staatswesen zusammenbricht, wird auch die neugegründete Akademie geschlossen.

Nach der Pariser Konvention vom 9. August 1808 beträgt die von Napoleon geforderte Kontribution 140 Millionen Taler. Für das Volk bedeutet das Entbehrungen und Steuern, aber auch die Wälder müssen wieder bluten. In den verkehrsgünstig gelegenen Revieren, wie in der Gegend um Chorin, werden über die Wasserstraßen die geschlagenen Bestände rasch abtransportiert, ohne daß Wiederaufforstungsarbeiten die entstehenden Blößen schließen können. Die Entfernung zum Abtransport des Holzes bestimmt die Höhe des Einschlages. In den Kiefernwäldern betreiben außerdem zahlreiche Pächter die Teerschwelerei und Harzgewinnung. Nur ein Ofen verbrauchte pro Jahr ungefähr 4000 Festmeter harzreiches Kiefernholz. Der durch langsame Verkohlung gewonnene Teer war als Wagenschmiere sehr gefragt.

Die Mißstände in den preußischen Wäldern waren bekannt. Aber ohne qualifizierte Forstleute konnte dem Übel nicht zu Leibe gerückt werden. Abhilfe erhofften sich die zuständigen Regierungsstellen von einem Mann, der bereits in Hungen (Provinz Hessen) erfolgreich eine Forstschule gegründet und geleitet hatte. Georg Ludwig Hartig (1764–1837) soll für Ordnung sorgen und wird zu diesem Zweck 1811 als Oberlandforstmeister und Staatsrat nach Berlin berufen. Hartig kann zwar keine wesentlichen Neuerungen einbringen, aber seine »Generalregeln« machen die verworrene Vielfalt des inzwischen angehäuften Forstwissens wesentlich durchschaubarer und helfen, falsche Praktiken abzuschaffen. Hartigs größtes Verdienst liegt schließlich darin, eine straffe Staatsforstverwaltung in Preußen organisiert zu haben. Als weitsichtiger Pädagoge fordert er, auch für die Forstwirtschaft hochqualifizierte Kader akademisch auszubilden. Das zuständige Finanzministerium und auch Hartig selber sind der Meinung, daß er als Direktor an einer künftigen Forsthochschule geeignet wäre. Doch später zieht Hartig seine bereits gegebene Zusage zurück.

Inzwischen ist 1816 eine bemerkenswerte Schrift mit dem überlangen Titel »Über die Ursachen des schlechten Zustandes der Forsten und die allein möglichen Mittel, ihn zu verbessern, ... auf die Preußischen Staaten« erschienen, die auch im Finanzministerium aufmerksam gelesen wird. Der Herr Finanzminister von Bülow ist direkt angesprochen, denn die Schrift ist ihm gewidmet. Verfasser ist ein dreiunddreißigjähriger Oberförster mit Namen Friedrich Wilhelm Leopold Pfeil aus der Provinz Schlesien. Oberförster Pfeil nimmt kein Blatt vor den Mund. Direkt und unumwunden greift er die kritischen Punkte auf: »... Von dem Zustande der Forsten und des Wissens auf den Zustand der Wissenschaft geschlossen, muß man mit Recht glauben, daß kaum ihre Morgenröte angebrochen ist, und daß von ihr noch keine klare Idee, sondern nur eine dunkle Ahnung vorhanden sein kann.« Er kritisiert »die elenden Bestände, die schlecht oder gar nicht kultivierten großen Forstflächen und die elende Benutzung der bestandenen Wälder« und wird immer deutlicher. Die Ignoranz der meisten Forstleute werde nur noch durch ihre Arroganz übertroffen, und überhaupt bleibe »die Kultur der Forsten im allgemeinen gegen die rasch fortschreitende Kultur des Landes zurück«.

Drastisch führt Pfeil dem Leser vor Augen, weshalb nach seiner Meinung die Forstwirtschaft Preußens so uneffektiv ist. Viele Gründe, wie zu niedrige Holzpreise, eine schlechte Bewirtschaftung der Forsten, die keine Wende in der privaten und gewerblichen Holzverschwendung auslösen können, der fehlende Einsatz von fossilen Brennstoffen wie Steinkohle, Braunkohle und Torf, oder das zu milde Vorgehen gegen Forstfrevler ergeben sich daraus, daß auf Preußens Flächengröße im Verhältnis zur landwirtschaftlichen Nutzfläche und zur Bevölkerung zu viel Wald kommt. So sieht es Pfeil. Damals wie heute ruft diese Argumentationsweise unwillkürlich Protest hervor, und doch sind die Gedanken Pfeils im Verständnis seiner Zeit durchaus begründet. Für die Eigennützigen, die aus den zum Teil chaotischen Zuständen ihre Vorteile zogen, für die überheblichen Vertreter der Forstwirtschaft mit ihrem Festhalten an dem Althergebrachten, aber auch für die Naturverbundenen mußte das wie eine kalte Dusche wirken und scharfe Ablehnung hervorrufen. Das Alte war überlebt, es wurde Zeit, das allzu romantische Verhältnis zum Wald mit den Forderungen der Gegenwart in Einklang zu bringen. Der Ruf nach mehr Wald war damals im wesentlichen emotional begründet und hatte noch nichts mit dem tieferen ökologischen Verständnis unserer Zeit zu tun. Zu sehr waren noch Pfeils Kritiker dem kameralistischen Wirtschaftsdenken verhaftet, doch das Industriezeitalter hatte auch an die Forstwirtschaft neue Anforderungen gestellt.

Wenn Pfeil mit seinen kritischen Bemerkungen auch etwas über das Ziel hinausschießt, macht er doch seinen Zeitgenossen klar, daß neue Bewirtschaftungsformen unumgänglich sind. »Hätten diese Provinzen nur die Hälfte Forstgrund, so würde schon das Bedürfnis, die stärkere Nachfrage, der bessere Ertrag der übrig bleibenden Waldungen, ihre bessere Kultur von selbst bewirken ...«, schreibt er und macht damit deutlich, welche Möglichkeiten sich bei einer stärkeren Einbeziehung der Forsten in das kapitalistische Marktgefüge ergeben können. Hier wird klar, wie sehr Pfeil die Wirtschaftstheorie des Adam Smith auch auf die Forstwirtschaft angewendet wissen will. Ließe sich der fruchtbare Boden der Flußauen nicht besser nutzen, als Wälder darauf wachsen zu lassen? Angesichts der staatlichen Ohnmacht gab es für Pfeil scheinbar keine andere Alternative, als die Privatforste zu fördern und die staatlichen Wälder nach und nach ebenfalls in Privathand zu geben. Er verließ sich auf das freie Spiel der marktwirtschaftlichen Kräfte. Der verschwenderische Umgang mit Holz würde aufhören, der Holzpreis sich verändern, und dieser Rohstoff mußte im Wert steigen: »Man gebe dem Holze seinen natürlichen Wert, und die Knüppeldämme werden von selbst und ohne Verbot aufhören.«

Im Gegensatz zu den meisten Forstleuten weiß er, wie die weitere Entwicklung vor sich gehen würde. Für Pfeil ist die Berechnung der Holzproduktion und des Bedarfes »eine Sache, welche die bürgerliche Gesellschaft bloß unter sich abmachen kann und abmachen wird, sobald sie dazu die nötige Freiheit hat«. Dabei hält er jegliche Aufsicht der Landesregierung über die Privatwälder für überflüssig: »Man gebe dem Grundbesitzer nur die Überzeugung, daß seine Kultur sich wirklich belohnt, und daß er sein Kapital durch Verbesserung des Waldes ebenso gut benutzen kann, als durch Verbesserung des Ackers, und er wird gewiß dieselbe auch unternehmen«, das ist eine von Pfeils Empfehlungen.

Vorerst verläuft die weitere Entwicklung allerdings so, wie es der Staat vorsieht, und der will seine Forstverwaltung nicht unbedingt auflösen. In den Privatwäldern hatten sich jedoch die Verhältnisse langsam durchgesetzt, die Pfeil als unumgänglich ansah. Daß es dabei zu mancher Übertreibung kommen sollte, konnte Pfeil damals noch nicht abschätzen. Das lag auch daran, daß sich die kapitalistischen Marktgesetze im Wald verselbständigen sollten.

Pfeil kennt den Baum, dessen Zukunft damals bereits begonnen hatte. Für ihn ist die genügsame Kiefer, die auf schlechtestem Boden sämtliche Holzbedürfnisse befriedigt, »die Krone aller unserer Holzarten«. Pfeils Schrift hat einen großen Einfluß auf die weitere Entwicklung der Forstwirtschaft ausgeübt. Er selber sollte allerdings auch als Persönlichkeit eine wichtige Rolle spielen. Noch immer war nach Hartigs Absage die freie Stelle für das Forstlehrinstitut, das in Berlin eröffnet werden sollte, nicht besetzt. Die Suche nach einem qualifizierten Mann »mit geprüfter Erfahrung und praktischer Geschicklichkeit« erweist sich für den Unterrichtsminister und den Finanzminister schwieriger als erwartet. Man hat schon seine Vorstellungen, aber wieder gibt es Absagen.

Unter gewissen Bedingungen ist dann der Sachsen-Weimarische Forstrat und Oberförster Gottlob König zu Ruhla, ein Schüler Heinrich Cottas, bereit, das Amt anzunehmen. Doch muß man sich von einem »Ausländer« Bedingungen stellen lassen? Der preußische König Friedrich Wilhelm III. gibt den Ministern zu bedenken, »ob unter dem ansehnlichen Forstpersonal in den diesseitigen Staaten« nicht auch ein geeigneter Mann zu finden sei. Die Wahl fällt schließlich auf Pfeil, der inzwischen zu Carolath an der Oder als Forstmeister in fürstliche Dienste getreten ist. Zuvor hatte Pfeil sich im Mai 1820 mit einem Brief an den Finanzminister gewandt und darin seine Sorge um die Zukunft der preußischen Forsten zum Ausdruck gebracht: »Eine richtige Bildung der verwaltenden Forstbediensteten entscheidet größtenteils über die zweckmäßige Behandlung der Forsten, welche unserem Vaterland bei der großen Fläche, welche sie einnehmen, doppelt wichtig ist ...« Auch in dieser Frage war Pfeil durchaus kompetent, denn er betrieb in Carolath mit Erfolg eine private Forstschule. Noch im gleichen Jahr wird Pfeil das Lehramt angetragen. Vom Finanzminister wird er als »einsichtsvoller und aufgeklärter Forstmann« dem König vorgeschlagen. Der hat gegen einen ehemaligen Landwehrhauptmann und Teilnehmer an den Schlachten von Großbeeren und Wartenberg sowie den derzeitigen Hauptmann der Landwehr-Kavallerie nichts einzuwenden. Ein paar Monate später ist Pfeil Oberforstrat mit einem Gehalt von 2000 Talern und steht ab Mai 1821 der Berliner Forstakademie vor. Auch seine Ernennung zum Professor der Universität läßt nicht auf sich warten.

Von Anfang an versteht sich Pfeil nicht nur als Ausbilder für staatliche Forstleute, sondern er möchte sein Wissen zum Wohle der ganzen Nation weitergeben, er will eine »volkstümliche Forstwissenschaft«. Als Pädagoge besitzt er eine erstaunliche Gabe, seine Schüler anzuregen und sie mitzureißen. Pfeil weiß um den großen Wert einer umfassenden, praxisverbundenen Ausbildung, auch bei ihm sind Theorie und Praxis gleichrangig. Bevor er selbst zum »Forstschriftsteller« wurde, hatte Pfeil in seiner »Lehrzeit« alle verfügbaren Fachbücher und Veröffentlichungen gelesen, ausgiebig studiert und versuchte, dieses Wissen in der Praxis anzuwenden. Doch immer wieder hatte er feststellen müssen, daß die gutgemeinten Ratschläge und Lehrsätze auf sein Revier, seinen Standort, nicht direkt zutrafen. In dieser Zeit entstand sein Groll gegen das Bücherwissen, und er forschte weiter. Scharf kritisierte er den fruchtlosen Streit zwischen den maßgeblichen Forstkoryphäen um die beste Holz- und Wirtschaftsart. Der Schlüssel der Erkenntnis mußte woanders liegen.

Je mehr Pfeil sein theoretisches Wissen mit den praktischen Erfahrungen verknüpfte, desto deutlicher erschlossen sich ihm die Zusammenhänge. In seiner »Docierzeit« gab er den Erfolg seiner persönlichen Betrachtungsweise an seine Schüler weiter. Sie haben sicherlich oft seine Worte gehört: »Fraget die Bäume, wie sie erzogen sein wollen; sie werden besser darauf antworten, als die Bücher es tun«.

Pfeil braucht wie Cotta in Sachsen die unmittelbare Nähe des Waldes. 1830 verlegt er seinen Wirkungskreis nach Neustadt-Eberswalde, um den Unterricht in Hörsaal und Wald besser miteinander verbinden zu können. Auf mehreren ausgedehnten Exkursionen bereist er mit seinen Schülern die wichtigsten Forstgebiete Deutschlands. Pfeil ist ein streitbarer Geist, wenn es darum geht, aussichtsreiche Entwicklungen voranzutreiben. In seinen »Kritischen Blättern« nimmt er zu den verschiedensten Forstproblemen Stellung und publiziert seine persönlichen Anschauungen. Über Cotta hat sich Pfeil voll Bewunderung geäußert, aber er hat ihn auch heftig kritisiert. Sein Verhältnis zu G. L. Hartig, der ihm zu Beginn seiner Berliner Laufbahn freundlich gesonnen war, der ihn sogar für das freie Amt vorgeschlagen hatte, verschlechterte sich. Zu sehr gerieten die Vorstellungen dieser beiden bedeutenden Forstmänner über die Zukunft der preußischen Wälder auseinander.

Während sich die preußische Staatsforstverwaltung zum Ziel gesetzt hatte, den größten Holzmassenertrag durch verstärkte Aufforstungen und lange Umtriebszeiten zu erwirtschaften, lenkte Pfeil auch nach Erscheinen seiner Schrift von 1816 das Interesse auf die intensive Bewirtschaftung des Bodens, also darauf, »daß der Boden das höchste nachhaltige oder gleichbleibende Geldeinkommen liefert, wenn man alle seine benutzbaren Erzeugnisse ohne Ausnahme zu Geld berechnet, weil sich daraus ergibt, daß er dann diejenige Erzeugung liefert, welche am meisten bedurft und darum am besten bezahlt wird«. Das entsprach dem ökonomischen Programm der fortschrittlichen Physiokraten[2], für die der Boden die Quelle des Mehrproduktes und somit allen Reichtums war. Viele wirtschaftliche Gedanken Pfeils, die uns heute etwas zwiespältig erscheinen, sind im Charakter seiner Zeit begründet und werden gerade im Zusammenhang mit seinen physiokratischen Anschauungen deutlich.

Vor diesem Hintergrund wird verständlich, weshalb für Pfeil immer wieder Standortfragen so wichtig sind. Er gilt heute als »Vater einer standortbezogenen Waldbaulehre«. Aus seiner genauen Beobachtungsgabe und Naturverbundenheit hat die klassische Forstwirtschaft gelernt, wahrhaftig Kapital zu schlagen. »Nur wenn Klima und Boden für einen Baum passend sind, kann er gedeihen, niemals wird der Wald einen lohnenden Ertrag geben, wenn das Eine oder Andere für die Holzarten nicht paßt, aus denen er besteht«, lautet ein wichtiger Grundsatz seiner Standortlehre.

Pfeils Erkenntnisse, die nach seinem Tod (1859) von seinen Nachfolgern im »Eisernen Gesetz des Örtlichen« zusammengefaßt wurden, berücksichtigen natürliche Umweltbedingungen und ökonomische Faktoren gleichermaßen. Sie wurden zur Richtschnur eines neuen Waldverständnisses, das nach der Jahrhundertwende immer modernere Züge annahm.

In Eberswalde ist diese Entwicklung besonders durch den Vertreter des Waldbaus, Dengler, den Ertragskundler Wiedemann und den Bodenkundler Wittich vorangetrieben worden. Nach dem zweiten Weltkrieg haben dann Prof. Wagenknecht und seine Kollegen in konsequenter Fortführung Pfeil'scher Ideen die Grundlagen einer »Standortgerechten Forstwirtschaft« entwickelt. So wurde von Rügen bis zum Vogtland eine forstliche Standorterkundung und -kartierung durchgeführt. Die Ergebnisse dieser umfangreichen Untersuchungen ermöglichen die sogenannte Baumartenoptimierung. Damit wird die Festlegung der günstigsten Standorte für die verschiedenen Holzarten landesweit möglich.

Gegenwärtig liegt ein Schwerpunkt der Forschungstätigkeit im *Institut für Forstwissenschaften Eberswalde* im Erkennen und Vermindern von Rauchschäden, die zu einer ernsthaften Bedrohung der Wälder geworden sind. Vor allem die Frage, was sofort gegen diesen schädlichen Einfluß unternommen werden kann, beschäftigt die Forstwissenschaftler und Forstwirtschaftler. Einen wesentlichen Beitrag zur Regenerierung der belasteten Wälder leistet der Bereich Forstpflanzenzüchtung Waldsieversdorf des Eberswalder Instituts. Hier wird an der Aufzucht rauchresistenter Baumarten und den Problemen im Zusammenhang mit dem effektiveren Anbau von Ersatzbaumarten intensiv gearbeitet.

2 Physiokratie, griech – Naturherrschaft. Die »physiocrates« oder »économistes« entwickelten ihr ökonomisches System im Frankreich des 18. Jahrhunderts.

1858, ein Jahr bevor Pfeil stirbt, erscheint eine forstliche Anleitung, die besonders den privaten Waldbesitzern bei konsequenter Anwendung hohe Gewinne verspricht. »Der rationelle Waldwirt und sein Waldbau des höchsten Ertrages« von Rudolf Preßler, dem Professor des forstwirtschaftlichen Ingenieurwesens an der Akademie von Tharandt. Er propagiert die *Bodenreinertragslehre,* deren extreme Umsetzung berühmt-berüchtigt werden sollte. Mit Hilfe von mathematischen Formeln und einem willkürlich festgelegten forstlichen Zinsfuß soll der Wald wie ein industrielles Unternehmen behandelt werden. Das Holz der Bäume, der sogenannte Holzvorrat, ist dabei das Kapital und sein jährlicher Zuwachs der Zins.

Nun wird es für den mit Gewinn wirtschaftenden Waldbesitzer interessant. Wenn der Holzvorrat und seine Zunahme durch entsprechende Vermessungen und Untersuchungen bekannt sind, kann auch die Verzinsung seines Kapitals, also der Gewinn des Geldes, das er in den Wald gesteckt hat, rein mathematisch berechnet werden. Für den, der den Wald nur aus dieser Perspektive sah oder als kleiner Unternehmer so sehen mußte, war die *Bodenreinertragslehre* mehr als eine Berechnungsgrundlage. Er konnte auch nachrechnen, ob sein Waldbesitz überhaupt noch die geforderten Zinsen abwarf. War das nicht der Fall, geriet der jährliche Zuwachs unter den forstlichen Zinsfuß (zum Beispiel 3 Prozent), ordnete er den Kahlschlag an, denn schließlich mußte sich das Unternehmen rentieren.

Das war eine neue Art des Kahlschlages, das Holz wurde geschlagen, wenn es »finanziell hiebreif« war. Die damit verbundenen kurzen Produktionszeiträume (60 bis 90 Jahre, bei Fichten sogar nur 55 Jahre) hingen mit den bevorzugten Holzarten zusammen. Die Kosten durften nicht so hoch sein, und das Holz sollte schnell zuwachsen. Der Waldbesitzer glich einem Unternehmer, der sein Kapital bei nicht ausreichender Verzinsung aus dem Geschäft nahm und es dann anderweitig arbeiten ließ. Da das Ziel dieser »Holzfabrik« die maximale Verzinsung des Bodenkapitals war, konnte die Entscheidung, welche Hölzer angepflanzt werden sollten, nicht schwer sein.

Laubhölzer wachsen langsamer und werden außerdem von Rehen und Hirschen stärker verbissen. Fichte und Kiefer garantieren bei Neubegründungen rascheres Wachstum und weniger Verluste durch Wild. Die Berechnung von Waldwert und Rentabilität erleichterten die *Holzertragstafeln.* Dieses Tafelwerk gab Auskunft über den zu erwartenden Massezuwachs der Hölzer bei gleichzeitiger Berücksichtigung der verschiedenen Betriebsarten und Standortklassen. Berechnungen, in die das Alter und die durchschnittliche Höhe des Bestandes eingingen, vermittelten den Waldwirten einen Maßstab für die *Holzertragsleistungen (Bonität).* Die eindeutige Bevorzugung der Nadelhölzer begünstigte nun den *Monokulturbetrieb.* Es wuchsen Wälder heran, die das Gesicht einer Landschaft völlig verändern konnten.

Angefangen hatte alles eigentlich ganz harmlos. Bereits Cotta hatte im Auftrage des Dresdner Finanzkollegiums 1818 seinen »Entwurf einer Anweisung zur Waldwertberechnung« erarbeitet und verlegen lassen, nachdem 1812 in Preußen und 1814 in Württemberg ähnliche Anleitungen erschienen waren. Im napoleonischen Europa und erst recht nach den Kriegsjahren, immer wenn in den Staatskassen gähnende Leere herrschte, wurde eine Frage wiederholt gestellt: Wie kann der Geldwert eines Waldes sicher ermittelt werden? Wenn die Regierungen vor der Notwendigkeit standen, auch ihren Waldbesitz zu veräußern, wollte man bei der Wertberechnung über möglichst genaue Unterlagen verfügen. Mit Hilfe der Forstwirtschaft, die seit 1800 wesentlich systematischer arbeitete, hatten auch die Staatsbeamten aus den Fehlern der Vergangenheit dazugelernt. Es hatte sich herumgesprochen, daß man sich mit schlecht bewirtschafteten Wäldern um die laufenden Erträge vieler Jahre brachte. Nur intakte Bestände waren von hohem Wert, wenn der Kahlschlag das dringend benötigte Geld sofort erbringen mußte. Regelmäßige und höhere Einnahmen erwirtschafteten eben nur die Wälder, in denen neue forstliche Erkenntnisse angewendet wurden.

Man setzte auf lange Umtriebszeiten und hohe Holzvorräte, erntete jedes Jahr das schlagfähige Holz und verjüngte so ständig den Wald. Kosten und Einnahmen wurden wie in der kameralistischen Wirtschaftsführung Jahr für Jahr gegenübergestellt und erlaubten eine einfache Berechnung des sogenannten *Waldreinertrages*. Die Kosten der Forstbegründung spielten dabei keine Rolle mehr, und wurde aufgeforstet, nahmen die Forstbeamten das Geld dafür aus dem Erlös des geschlagenen Holzes. Auch hier wurde wirtschaftlich gedacht. In dem Schlag, wo sofort die höchsten Erträge aus Abtrieb und Durchforstung gegenüber den laufenden Kosten zu erwarten waren, wurde das Holz geschlagen. Wer so nach der *Waldreinertragslehre* wirtschaftete, brauchte keine großen Schläge kahlzuschlagen, sondern konnte sich weitgehend auf die Naturverjüngung verlassen. Bei den langen Umtriebszeiten brauchte auf die Laubhölzer nicht verzichtet zu werden. Das starke Holz von Eichen und Buchen erbrachte zudem höhere Preise als dünneres Nadelholz. So kam jedes Jahr Geld, die sogenannte *Waldrente*, in die Forstkasse.

Der Mischwald erwies sich gegenüber den reinen Beständen außerdem als wesentlich widerstandsfähiger. Sturm, Schneebruch und Schädlingsbefall richteten in den Monokulturen ungleich größere Schäden an. Trotz dieser augenscheinlichen Vorteile des Waldreinertrages hat die *Bodenreinertragslehre* unsere Wälder bis heute in großem Maße beeinflußt. Das ist nicht zu übersehen. Im Berg- und Hügelland hat die »Verfichtung« zu dem hohen Anteil des Nadelholzes geführt und den ursprünglich überwiegenden Laubwaldanteil verdrängt. Im Flachland hat die Kiefer die Rolle der Fichte übernommen.

Schon damals gab es eine starke Opposition gegen Kahlschlag und Monokultur. Nicht nur der »Waldreinerträgler«, sondern auch der Naturfreund empfand kahlgeschlagenen Waldboden als unästhetisch und empörte sich gegen die eintönigen Forstkulturen. Doch der rationell arbeitende Waldbesitzer hielt mit der Zeit Schritt. Von romantischen Gefühlen konnte sich ein kapitalistischer Unternehmer nicht leiten lassen, denn auch die Konkurrenz war bereits im Wald. Die maximale Verzinsung des Bodenkapitals garantierte auf kleineren Flächen meist ein wirtschaftliches Überleben und führte außerdem dazu, daß sich schlechter rentierende Kapitalien aus dem Wald verdrängt wurden. Wenn Holz in kurzen Zeiten produziert wurde, konnte man nicht auf die Naturverjüngung warten, es mußte kahlgeschlagen werden. Die Empörung über den »rationellen Wald« konnten die Anhänger der Bodenreinertragslehre nicht verstehen. Sie schufen ja neuen Wald. Nach den zeitlich aufeinanderfolgenden Kahlschlägen wuchsen die neubegründeten Wälder in den verschiedenen Altersklassen zum *Altersklassenwald* heran. Die altersmäßige Abstufung sollte gleichzeitig die Nachhaltigkeit garantieren. Man wollte Sorge dafür tragen, daß trotz der regelmäßigen Nutzungen der Weiterbestand des Waldes nicht gefährdet wurde. Damit war scheinbar alles in die Wege geleitet und der Natur Genüge getan.

Aber das war nicht immer der Fall, überhaupt dann nicht, wenn die schnellwachsenden »Zinswälder« dort wuchsen, wo eigentlich Laubhölzer zu Hause waren. Sehr stark hat die Buche unter dem Vormarsch der Nadelholzkulturen gelitten. Ihr Terrainverlust kam durch mehrere Gründe zustande. In den Gebieten, wo sich die natürliche Vermehrung durch verschiedene hemmende Faktoren nicht einstellte, war es leichter, Fichte statt Buche anzupflanzen. Unter dem Einfluß der *Bodenreinertragslehre* trieb man auf nicht allzu guten Böden die Buchen vollständig ab und ersetzte sie durch Koniferen. Selbstverständlich kann der starke Buchenrückgang nicht allein der Bodenreinertragslehre angelastet werden. Solange die fossilen Brennstoffe keine überragende Rolle spielten, diente das Buchenholz überwiegend der Energiegewinnung. Als die Nachfrage sank, herrschten über die Verwendbarkeit der Buche zeitweise Unklarheiten. Erst neue Einsatzmöglichkeiten, wie Eisenbahnschwellen oder Parkett, und die starke Nachfrage der Holzchemie haben verhindert, daß dieser für die Ökologie der Wälder so wichtige Laubbaum noch stärker zurückgedrängt wurde.

Von den Kritikern der *Bodenreinertragslehre* wird bald ein weiterer Makel herausgestellt. Und der ergibt sich aus dem Boden, von dem der Zuwachs am stärksten abhängt. Neben der Anfälligkeit der Monokulturen gegenüber Sturm-, Schnee- und Insektenschäden wurde teilweise ein deutlicher Zuwachsrückgang in der zweiten Generation der reinen Fichtenbestokkung festgestellt. Besonders auf lehmreichen, zeitweise vernäßten Böden war das bei deutlicher Verschlechterung der Bodenstruktur und Verringerung der Durchwurzelungstiefe festzustellen.

Die Monokulturen sind also weiterhin umstritten und liefern wieder ein zugkräftiges Gegenargument für die »Waldreinerträgler« im langandauernden Streit um die bessere Bewirtschaftung der Wälder. Dennoch darf die Bodenreinertragslehre nicht einseitig verurteilt werden. Sie hat zu wichtigen ökonomischen Erkenntnissen in der Forstwirtschaft geführt. Die gewaltige Leistung, die aus den einst geplünderten, lückenhaften Nieder- und Mittelwäldern produktive Hochwälder hat entstehen lassen, wäre ohne diese Theorie sicherlich nicht möglich gewesen. Schließlich mußten die Wälder auch weiterhin Holz liefern und konnten sich nicht »ausruhen«. Kurze Umtriebszeiten schlugen nun wesentlich früher zu Buche und erwirtschafteten steigende Gewinne. Auch die Staatsforsten wollten da nicht zurückstehen. Dort, wo die Nadelbäume schon von Natur aus in der Überzahl verbreitet waren, erschien das Wirtschaften nach der Bodenreinertragslehre als konsequente Fortführung der bestehenden Verhältnisse. Wenn 1850 in den preußischen Staatsforsten pro Hektar fast 5 Mark Überschuß erwirtschaftet wurden, waren es um die Jahrhundertwende schon 20 Mark.

Da der technische Fortschritt in dieser Zeit nur sehr zögernd Einzug in die Wälder hielt, haben auch die hart schuftenden Waldarbeiter einen gewiß nicht kleinen Anteil daran. Auch wenn sich immer mehr die Erkenntnis durchsetzte, daß Mischwälder generell den Monokulturen überlegen sind, blieben Kiefer und Fichte die wichtigsten Ertragsbäume. Besonders in den schwierigen Zeiten nach den beiden Weltkriegen war schnelles Handeln oberstes Gebot, ohne daß dabei die erforderlichen Aspekte der modernen Forstwirtschaft berücksichtigt werden konnten. Und deshalb sind unsere Wälder noch heute teilweise von den Auswirkungen der Kriege gezeichnet.

Industriemöbel

Daß sich die Buche seit der Mitte des vorigen Jahrhunderts verstärkter wirtschaftlicher Nachfrage erfreute, ist nicht zuletzt einem Rheinländer zu verdanken, der die speziellen Eigenschaften dieses Laubholzes für die erste industrielle Möbelherstellung der Welt zu nutzen wußte. Hier ist seine Geschichte:

Es war sicherlich ein außergewöhnlicher Tag im Leben des Tischlermeisters Michael Thonet, als er im Jahre 1841 seine Aufwartung auf Schloß Johannisberg am Rhein machte. Schließlich war der Schloßherr kein geringerer als der berühmt-berüchtigte Staatskanzler und Außenminister Fürst Clemens Metternich. Ein Mann, den viele seiner Zeitgenossen als die »verkörperte Macht der Finsternis und der Reaktion« ansahen. Doch für Thonet spielten diese Einschätzungen keine Rolle, für ihn zählte nur die Chance, seine Erfindung vorstellen zu können. Und der Fürst besaß ein Gespür für Neuerungen. Wenn es sich nicht gerade um eine Angelegenheit handelte, die auf raffinierte Art und Weise einen staatsgefährdenden Aspekt in sich barg, konnte Metternich sogar zum Innovationsförderer werden.

Was Michael Thonet dem Fürsten nun vorführt und während des Spazierganges durch die Weinberge wortreich erläutert, scheint in der Tat so umwälzend, daß eine Förderung dieser Idee ihren unausbleiblichen Erfolg nur noch vergrößern kann. Der Tischlermeister aus Boppard am Rhein hat einen bequem anmutenden und elegant geformten Sessel mitgebracht und bittet den Fürsten, darauf Platz zu nehmen. Metternich spürt sofort eine angenehme Elastizität in Rücken- und Armlehne. Ein überaus wohltuendes Sitzgefühl, aber noch beachtlicher ist die Art der Fertigung: Die wichtigsten Einzelteile bestehen aus vorgefertigtem, gebogenem Buchenholz. Das bedeutet ideale Herstellungsbedingungen und weniger Holzaufwand. Für den am Rhein weilenden österreichischen Außenminister sind das überzeugende Argumente. Thonet soll in der Kaiserstadt Wien mit der Fabrikation seiner Bugmöbel beginnen.

Es gab mehrere Gründe, die Michael Thonet dazu brachten, neue Wege in der Möbelherstellung zu gehen. Da war der große Konkurrenzdruck der technischen Revolution, die im vorigen Jahrhundert alle Produzenten zwang, neue Techniken zur Anwendung zu bringen. Auch der Möbelstil jener Zeit mit seinen rundlichen und geschwungenen Formen hatte den Tischlermeister herausgefordert, mit dem Holz zu experimentieren. Die Wagner, die

Deichseln und Räder aus gebogenem Holz fertigten, kannten schon im 18. Jahrhundert diese Technik. Derartige Holzteile waren den aus Vollholz gefertigten überlegen, sie erwiesen sich einfach als langlebiger und obendrein noch als billiger. Auch Thonets Bugholzsessel besaß bereits einen Vorläufer. 1808 bekam ein gewisser Samuel Gragg in Boston (USA) ein Patent für einen »elastic chair«. Doch den eigentlichen Durchbruch sollten die Bugmöbel erst nach der Begegnung auf Schloß Johannisburg erreichen.

Thonet zog mit seiner Familie nach Wien und erhielt am 16.7.1842 das ersehnte Privileg mit dem Wortlaut: »Jede, selbst die sprödeste Gattung Holz auf chemisch-mechanischem Wege in beliebige Formen und Schweifungen zu biegen.«

Im Technischen Museum für Industrie und Gewerbe der Stadt Wien sind die einzelnen Arbeitsgänge der Bugmöbelherstellung aus der Erfinderzeit durch Fotos und Anschauungsstücke lückenlos belegt. Der Besucher sieht Buchenstämme, die mit der Gattersäge zu Brettern verschnitten werden. Auf der Kreissäge erfolgt der Zuschnitt zu Möbellatten. Danach werden die Stuhlfüße auf der Drehbank abgerichtet. Bevor die Hölzer nun gebogen und in die stählerne Biegeform eingespannt werden, wirkt Wasserdampf auf sie ein. Anschließend werden die in die Biegeform eingespannten Möbelteile bei 70 °C getrocknet. Glätten, Beizen, Polieren und Montieren der einzelnen Teile schließen den Herstellungsvorgang ab, und fertig ist der Thonetstuhl. Das Biegen um die Stahlform wird heute noch nur von erfahrenen Meistern, die viel Einfühlungsvermögen besitzen, besorgt. Einfache Automaten würden hier versagen, denn jedes Stück Buchenholz reagiert auf die Verformung auf seine spezifische Art.

In Wien kann sich Thonet durch eine Reihe von respektablen Aufträgen Anerkennung verschaffen. So ist er maßgeblich bei der Umgestaltung der Inneneinrichtung des Liechtenstein'schen Majoratshauses beteiligt. Thonets Sessel aus dieser Zeit besitzen kein spätbiedermeierliches Aussehen mehr; ausladende Formen ersetzen die sanften Biegungen. Das zweite Rokoko war bereits um 1834 in der Donaumetropole in Mode gekommen. 1849 kann Michael Thonet mit seinen Söhnen endlich einen eigenen Betrieb eröffnen. Jetzt konzentriert sich der eifrige Tischlermeister auf die Herstellung von preiswerten Massenartikeln. Das war der Grundstein zur ersten industriellen Möbelfertigung in der Welt. Das Industriezeitalter mit seinen neuen Lebensverhältnissen förderte die Massenproduktion. Die individuelle Fertigung von Möbelstücken wurde schließlich zur Ausnahme. In Thonets Werkstätten entstanden aber auch sonderangefertigte Luxusmöbel.

Auf der Weltausstellung in London stellte die Wiener Firma 1851 kostbare Möbel aus Palisanderholz aus und holte sich zum ersten Mal internationale Anerkennung. Die Pariser Weltausstellung von 1855 brachte noch mehr Erfolg. Es gelang sogar, den Weltmarkt zu erobern. Thonet-Möbel wurden nun auch bis nach Südamerika exportiert. Mit der steigenden Nachfrage waren der Produktion in Wien bald Grenzen gesetzt. Man begann nun auch in Mähren mit der Möbelfertigung. Dort, wo schier unerschöpfliche Buchenwälder grünten und billige Arbeitskräfte in großer Zahl angeworben werden konnten, stellten sich der Massenproduktion keine Hindernisse mehr in den Weg.

Im Jahre 1877, der Vater Michael Thonet war bereits einige Jahre tot, beschäftigten die fünf Söhne bereits 10000 Arbeiter in fünf Fabriken. Bis zur Jahrhundertwende konnten in Mähren 250000 ha Wald für eine ständige Holznutzung erworben und 25000 neue Arbeitskräfte eingestellt werden. Das Produktionsgeheimnis wurde durch ein Patent geschützt. Seit 1856 ließen sich alle Bestandteile der Thonet-Möbel aus kompaktem Bugholz fertigen. Das erleichterte die Fertigung und verkürzte die Produktionszeit erheblich. Die Möbel der Firma *Gebrüder Thonet* hatten schon längst Furore gemacht, darunter besonders der berühmte Kaffeehausstuhl Nr. 14. Bis 1903 konnten allein davon 45 Millionen Stück verkauft werden! Ausgehend vom fünfsprachigen Firmenkatalog konnte man jederzeit Bestellungen vornehmen. Je nach Geschmack und Geldbeutel wählten die Käufer Holzart und Möbeltyp. Und ging ein Teil entzwei, wurde es nachbestellt. Ohne Tischler konnten die Reparaturen selber vorgenommen werden, denn schließlich waren alle Möbelteile mit Schrauben verbunden. Vor allem die sozial schwachen Bevölkerungsschichten nutzten das preisgünstige Möbelangebot, sie waren die größten Abnehmer. Thonet schien sogar die Gegensätze zwischen arm und reich zu verwischen. Ob zu Hause oder im Kaffeehaus, der Wiener saß wie Kaiser Franz Joseph auf einem Stuhl von Thonet, oder im Sessel, wie man an der Donau sagt.

Im Jahre 1869 war das überaus erfolgreiche Patent abgelaufen. Nun entstanden in ganz Europa Konkurrenzunternhmen, die den Erfolg kopieren wollten. Die *Gebrüder Thonet* blieben aber weiterhin in führender Position, bis ihnen auf der Pariser Weltausstellung von 1900 die Firma *Jacob & Josef Kohn* den Rang ablief und verdient den ersten Preis vor Thonet für ihre Möbelprodukte erhielt. Nach den Entwürfen von angesehenen Architekten und Designern gefertigt, waren die Bugholzmöbel bei der Konkurrenz zu hochmodischen Artikeln geworden. Eine geschickte Werbung betonte besonders die künstlerischen Aspekte der neugeschaffenen Möbel. Als in Wien, zur Zeit des Jugendstils, um 1910 ein neuer Einrichtungsstil kreiert wurde, arbeiteten Architekten wie Gustav Siegel und Marcel Kammerer auch für Thonet und verhalfen der Firma zu neuem Auftrieb.

Der erste Weltkrieg unterbrach diese Entwicklung. Danach ging es mit der Bugholzmöbelindustrie bergab.

Auch die große Zeit für die Pioniere der Möbelindustrie war vorbei. Andere Verarbeitungstechniken und andere Materialien kamen in Gebrauch. In Österreich produzieren heute noch direkte Nachfahren des Michael Thonet Möbel aus gebogenen Hölzern. Ihre Stühle, Bänke und Tische im Stil der zwanziger und dreißiger Jahre, des *Art Deco*, sind wiederum zum Verkaufsschlager geworden.

Holzschliff und Zellstoff

Ein Wald, der den Zustand des Bodens günstig beeinflußt, der gegen Sturm, Feuer und auch gegen Insekten besseren Widerstand leisten kann, der ausreichend Holz erzeugt und dabei außerdem den Forderungen des Holzmarktes nach verschiedenen Hölzern gerecht wird, ein derartiger Wald kann eigentlich nur ein gemischter Wald sein. Hier kann die Natur durch die vielfältig miteinander verflochtenen Beziehungen zwischen Pflanze, Tier und Umwelt jene Kräfte entwickeln, die den Zinswäldern in kritischen Zeiten fehlen.

Die konsequenteste Absage an die Monokulturen kommt aus dem Süden Deutschlands. Professor Karl Gayer (1822–1907), der sich vehement dagegen wehrt, daß der Waldbau durch rein wirtschaftliche Überlegungen geprägt wird, propagiert mit Schriften und Büchern seinen Mischwaldgedanken. 1886, also vor über 100 Jahren, erscheint sein Werk »Der gemischte Wald, seine Begründung und Pflege«. Das Konzept von Gayer zielt auf einen naturnahen Wald ab. Den Urwald, in dem der Mensch – ohne selbst einzugreifen – der Natur Leben und Sterben überläßt, will auch er selbstverständlich nicht. Eine zeitgemäße Anpassung des Waldes ist seine Forderung. Gerade der Kahlschlag zerstört abrupt die komplizierte Vernetzung organischen Lebens. Im naturnahen Wald, der sich natürlich verjüngt, wachsen junge Bäume im Schutze älterer auf, sobald ihnen das Licht durch den Abtrieb hiebreifer Stämme die Möglichkeit dazu gibt. Im Laufe der Zeit stellen sich auch die Baumarten ein, die an den Standort angepaßt sind.

Die Erkenntnisse von Karl Gayer, die heute in den Grundzügen vielfach verwirklicht sind, konnten damals nur schwer in die Praxis überführt werden. Eigentlich kam es dazu nur in der Schweiz und in Süddeutschland. Es lag nicht daran, daß zu wenige diesen Ideen zugestimmt hätten oder schlechte Bodenverhältnisse das Wachsen von gemischten Beständen erschwert hätten. Auch herrschte trotz des wachsenden Bedarfes der Industrie kein Holzmangel mehr. Importe, die mit ihren meist niedrigen Preisen dem einheimischen Holzmarkt stark zusetzten, hatten die Lücken mehr als geschlossen. Aus Osteuropa und aus Übersee kam die Konkurrenz. Holzzölle, die 1865 außer Kraft gesetzt worden waren, wurden 1879 in Deutschland wieder eingeführt und brachten der Forstwirtschaft neuen Aufwind. Trotzdem erwies sich diese Zeit nicht als experimentierfreudig.

Wer von den privaten Waldbesitzern wollte mehrere Jahrzehnte auf Kahlschlag verzichten und einen gemischten Wald heranwachsen lassen? Auch wenn die Gayerschen Ideen logisch erschienen und in wirtschaftlicher Hinsicht nicht von der

Hand zu weisen waren, rascher Profit und ständige Konkurrenzfähigkeit erwiesen sich als durchsetzungsfähiger. Ökonomie galt eben immer noch mehr als Ökologie. Der weiteren Aufrechterhaltung der Monokulturen kam zugute, daß diese Wirtschaftsform den Anforderungen der industriellen Verarbeitung von Holz nicht widersprach, sondern sogar entgegenkam. Nach 1870 wuchs der Bedarf an schwächerem und mittelstarkem Holz besonders stark und löste eine nie zuvor gekannte Nachfrage aus. Hölzer mit Durchmessern ab 10 cm gehörten schon zu den begehrten Klassen, die ab jetzt immer stärker benötigt wurden. In nur 40 Jahren, von 1844 bis 1884, hatten sich in der holzverarbeitenden Industrie völlig neue Verfahren durchgesetzt. Neue Produkte kamen mit Hilfe des Holzes auf den Markt.

Die grundlegende Erfindung, die diese Entwicklung ermöglichte, war die Herstellung des *Holzschliffs*. Diesen Vorgang der Holzzerfaserung realisierte der Weber Friedrich Keller mit Schleifsteinen im Jahre 1844. Ein Jahr später wurde das Verfahren patentiert. Es ermöglichte in den nächsten beiden Jahrzehnten die massenweise Herstellung von Papier auf Holzgrundlage. So konnten die Druckereien wesentlich mehr produzieren, und das hatte wiederum Auswirkungen. 1860 wurde bereits der Rotationsdruck für Zeitungen erfunden. Die Presse verlangte nach immer mehr Papier. Friedrich Keller war allerdings nicht der erste, der für die Papierherstellung diesen Rohstoff verwendete.

Bereits im 18. Jahrhundert war aus Holz Papier hergestellt worden, nachdem man erkannte, daß sich für die Zellulosefasergewinnung nicht nur Lumpen aus Leinen, Baumwolle und Jute eigneten. Von Dr. Schäffer wurden bereits 1765 in Regensburg Versuchsunterlagen und 81 Muster vorgelegt. Die Papierstücken enthielten unter anderem Kräuter-, Moos- und Torffasern; andere waren auf der Grundlage von Fichten-, Weiden- und Buchenholz entstanden. Die Qualität dieser Papiere ließ allerdings noch sehr zu wünschen übrig. Aber es war gelungen, den Holzzellstoff herzustellen. An eine technische Verwertung dieser Versuche war damals noch nicht zu denken. Als die Holzschliffmethode von Keller bekannt war, mußten erst einmal rationell arbeitende Schleifapparate entwickelt werden.

Holzschliff (auch Holzstoff) wird auch heute noch auf ähnliche Weise gewonnen. Man stellt daraus minderwertiges Papier her. Bei der mechanischen Zerfaserung des Holzes[3] bleibt das Lignin[4], eine makromolekulare Stützsubstanz, im Zellulosebrei erhalten. Ligninhaltiges (holzhaltiges) Papier dunkelt mit der Zeit nach. Wir kennen diesen Effekt von alten, vergilbten Zeitungen her.

Auch bei der Verwendung der einzelnen Holzarten mußten Schwierigkeiten überwunden werden. Es dauerte sehr lange, bis das Kiefernholz wegen seines störenden hohen Harzgehaltes industriell zur Herstellung von Holzschliff verwendet werden konnte. Doch zurück ins vergangene Jahrhundert.

Nachdem sich bereits über zwei Jahrzehnte die Rotationsmaschinen drehten, wurden Verfahren entwickelt, die das Holz chemisch aufbereiteten. Die rasante Entwicklung der Holzchemie begann. Bei der Zellstoffproduktion, der großtechnischen Herstellung von Zellulose durch chemische Behandlung des Holzes, erwiesen sich wiederum die Nadelhölzer als geeigneter und rangierten vor den Laubhölzern. Fichten- und Kiefernholz liefern lange Fasern, stehen meist ausreichend zur Verfügung und sind billiger. Die Buche kann mit der Faserlänge nicht konkurrieren und wird erst später bei der Kunststoffherstellung interessant. Das Holz anderer Laubbäume, wie Pappel, Linde, auch Erle und Birke, ist ebenfalls noch geeignet; allerdings kann es selten in ausreichenden Mengen bereitgestellt werden.

Die Produktion von Zellstoff aber steigt beständig. Bei den chemischen Verfahren muß das Holz aufbereitet werden. Es wird zerschnitzelt, wobei Rinde und Bast stören und entfernt werden. Alles andere besorgen die Laugen. Ohne daß sich die Zellulose verändert, wird sie aus dem Holzverband herausgelöst. In der Ablauge sind dann die sogenannten Inkrusten, die begleitenden Polyosen und das Lignin enthalten. Papier, das aus Holzzellstoff hergestellt wird, ist dem aus Holzschliff gefertigten qualitativ überlegen, es ist »holzfrei«. Je nach Verwendungszweck werden Holzschliff und Zellstoff zusammen mit anderen Inhaltsstoffen gemischt. Herkömmliches Zeitungspapier besteht beispielsweise aus 75 Prozent Holzschliff und 25 Prozent Zellstoff.

[3] Nadelholz besteht aus durchschnittlich 45 bis 50 Prozent Zellulose (Zellstoff), 25–30 Prozent Lignin, 15–20 Prozent Polyosen u. a.

[4] Lignin enthält 65 Prozent Kohlenstoff.

Bei dem von Mitscherlich nach 1870 entwickelten *Sulfitverfahren* wurde das geschälte und zerhackte Holz in Metallbehältern unter Druckeinwirkung in Lauge gekocht. Die Ausbeute betrug aber nur 40 bis 50 Prozent, das heißt, die Hälfte des ursprünglichen Holzgewichtes geriet ungenutzt in die Ablauge und somit über die Vorfluter ungeklärt in die Flüsse. Alle Versuche, die Ablauge aufzubereiten, konnten sich nur schwer durchsetzen. Der darin enthaltene Holzzucker, aus dem durch Vergärung und Destillation Alkohol gewonnen werden konnte, stellte die privaten Betreiber der Zellstoffabriken vor Probleme, denn das Alkoholmonopol besaß der Staat. Aus Ablauge gewonnene Gerbstoffe und Klebstoffe waren nur in begrenzten Mengen auf dem Mark gefragt.

Auch die Möglichkeit, aus der organischen Substanz der Ablauge feste Kohle zu gewinnen und diese für die Energiegewinnung der Fabrik zu nutzen, blieb lange Zeit eine undurchführbare Forderung. Es gibt Berechnungen, daß in den 30er Jahren in Deutschland aus diesen Gründen etwa eine Million Tonnen organische Substanz aus Ablaugen einfach ins Wasser abgeleitet worden sind. Das ist neben einer unvorstellbar hohen Umweltverschmutzung eine starke Energieverschwendung, wenn man bedenkt, daß dazu 2 Millionen t Holz verarbeitet wurden. Günstiger läßt sich die Ablauge beim *Sulfatverfahren* aufbereiten. Durch Eindampfen und Verbrennen der organischen Substanz kann unter Ausnutzung moderner Energiegewinnungstechnologien das Lignin bis zu 70 Prozent des Kohlebedarfs einer Zellstoffabrik decken. Die chemischen Aufschlußstoffe (hauptsächlich Natriumsulfat) werden dabei zum großen Teil zurückgewonnen und können die Umwelt nicht mehr in dem Maße belasten. Auf Grund dieser Vorzüge wird das *Sulfatverfahren* heute immer breiter angewendet. Neben der Verbesserung der Ablaugenbeseitigung durch chemisch-biologische Methoden kann auch die rohstoff- und energiesparende Altpapierrückgewinnung noch stärker gefördert werden.

Mit der industriellen Zellstoffgewinnung ist im vorigen Jahrhundert ein großer Schritt vollzogen worden. Nicht nur die Papierherstellung hat davon stark profitiert. Die Chemiker experimentierten weiter und versetzten den Zellstoff mit Säuren, Basen und anderen Verbindungen. Immer neue Stoffe wurden von dem Naturstoff Holz über die Zellulose abgewandelt; die ersten Kunststoffe erlangten große Bedeutung. Holz erwies sich dabei als der wichtigste Rohstoff. Einer der ältesten und auch bekanntesten Kunststoffe auf Zellstoffbasis ist das Zelluloid. Das Medium Kino verdankt diesem Kunststoff seinen Aufstieg, auch wenn die leichte Entflammbarkeit den Umgang damit nicht immer ungefährlich machte. Die Entwicklung ging weiter; der nicht entflammbare Zellitfilm aus Acetylzellulose schaffte Abhilfe.

Lang ist die Palette der Zellstoffprodukte; darunter sind Lacke, Folien (Cellophan), Preßmassen oder Kunstleder. Am erstaunlichsten ist sicherlich, daß es gelang, aus dem chemisch behandelten Zellstoff einen Textilrohstoff zu machen. Bereits 1883 gelang dem französischen Grafen Chardonnet die Herstellung von Spinnfasern aus Zellstoff. Sieben Jahre später errichtete er die erste Kunstseidefabrik. Weitere Verfahren wurden entwickelt: Das Ziel war ein wolleähnlicher Rohstoff für die Textilindustrie, die Zellwolle. Von 1916 bis 1920 kamen die ersten geeigneten Faserersatzprodukte auf den Markt. Nach dem zweiten Weltkrieg wurde die sogenannte Stapelfaser großindustriell hergestellt. Bei diesem Verfahren ist der Ausgangsstoff die Viskoseseide, die naß auf bestimmte Längen (Stapel) geschnitten wird. Beim Trocknen kräuseln und verkürzen sich die Fasern, und erst dann werden sie versponnen. Gegenüber der teuren Baumwolle hat sich die Zellwolle auch wegen ihrer geringeren Festigkeit nicht vollständig durchsetzen können. Beide Produkte ergänzen sich heute. Es kommt immer auf den Verwendungszweck an – entweder stellt man reine Kunstfaserprodukte oder Mischgewebe her.

Die komplexe chemische und chemisch-biologische Aufbereitung des Holzes wird in Zukunft eine große Rolle spielen. Zum einen werden dabei Umweltbelastungen verringert. Außerdem entstehen so wichtige Stoffe wie Lignin, Zucker, Harze, Alkohol oder Terpentinöl als Nebenprodukte der Zellstoffherstellung.

Sechstes Kapitel

Ökologie und Ökonomie

David Frenzel ist sächsischer »Edelgesteins-Inspector« von Beruf. Das ist keine leichte Arbeit, denn er muß die schleifwürdigen Mineralien und Gesteine im Gelände selber ausfindig machen. Wie oft hatte er einen Schurf angelegt, ohne daß es sich im geringsten gelohnt hätte. Und doch bleibt ihm das Glück hold; auf seine Spürnase ist eben Verlaß. Wenn es nach den Abnehmern der Dresdner Kurfürstlich-Königlichen Schleifereien ginge, könnte er jede Woche ein neues Vorkommen entdecken. Herrliche Chalzedone und Karneole, aus denen ansehnliche Schmuckstücke gefertigt werden, konnten immer wieder gefunden werden; man mußte nur unermüdlich suchen. An einem Tage im Jahre 1751 durchstreifte Frenzel die Gegend um Hilbersdorf, damals noch eine Stunde von Chemnitz entfernt. Hier führte ein Feldweg zu einer Anhöhe, auf der er schon des öfteren Stücke von versteinertem Holz gefunden hatte. Sie sahen nicht gerade ansehnlich aus. Aber als sie geschliffen und poliert waren, zeigten viele doch ihre reizvolle Struktur und konnten sogar mit dem Achat konkurrieren. Dazu kam die mysteriöse Versteinerung des einst weichen Holzes. Keiner konnte sagen, wie die Umwandlung vor sich gegangen war, ganz zu schweigen davon, wie lange die Hölzer im Schoße der Erde zugebracht hatten. Schon vor einiger Zeit hatte Frenzel beschlossen, den »Steinhölzern« sein be-

sonderes Augenmerk zu schenken. Da bot sich endlich eine günstige Gelegenheit für ihn, Rohmaterial, das wahrscheinlich in großen Mengen vorkam, aufzufinden. Er hatte sogar schon kleinere Stämme freigelegt. Manche Stücke sind rissig, andere wieder eintönig dunkel, aber es gibt auch versteinerte Hölzer, die, wenn er die Oberfläche anfeuchtet, eine farbkräftige Musterung erkennen lassen. Davon will der Berufssammler Frenzel soviel wie möglich finden. Auf einer Anhöhe bei Hilbersdorf gelingt ihm schließlich ein Fund, der ihm vorerst zwar nicht die ersehnten Farbsteine beschert, ihn aber bekannt macht, und der schon bei der Bergung großes Aufsehen erregt. Aber bis es dazu kommt, rinnen ungezählte Tropfen Schweiß von seiner Stirn. Frenzel fängt am höchsten Punkt der Anhöhe an zu graben. Der weißliche Mergel ist anfangs locker, dann wird der Boden immer fester, toniger. Mit zunehmender Tiefe werden erste Fundstücke sichtbar. Offenbar passen sie zusammen. Sollte hier ein ganzer vorzeitlicher Baum in der Erde stecken? Schön und gut, denkt Frenzel, aber er muß auch anderen Verpflichtungen nachgehen: Hier braucht man ganz einfach mehr Zeit. Er meldet den Fund, äußert seine Vermutungen und bekommt schließlich die Order, an dieser Stelle weiterzugraben. Gesagt, getan, wieder arbeitet sich Frenzel in das Erdreich. Dann wird ein mächtiger Stamm, nicht ganz anderthalb Meter im Durchmesser, zusammenhängend und gänzlich unzerstückelt, in der Grube sichtbar. Bei über drei Metern unter der Oberfläche merkt Frenzel, daß seine Grabung seitlich erweitert werden muß. Eigenartigerweise gehen nun vom Stamm astähnliche Gebilde ab. Es ist der fast vollständige Wurzelstock des versteinerten Baumes, insgesamt sind 12 Wurzeln in ihren Ansätzen erhalten. Ein prächtiger, ein überraschender Fund. Die Bergung und der Abtransport dieses über 100 Zentner schweren Kolosses bereiten ernsthafte Schwierigkeiten. Auf einem eigens dafür angefertigten Transportwagen wird der »höchstmerkwürdige petrificirte« Baumstamm nach Dresden in die königliche Naturalienkammer gebracht. David Frenzel gräbt noch weitere Baumstämme aus. Dabei finden sich so viele brauchbare Stücken für die Schleifereien und Sammlungen, daß allein davon wiederum ganze Wagenladungen zusammenkommen.

Zu Schmuck verarbeitetes fossiles Holz kam dank Frenzels Entdeckungen alsbald in Mode und erfreute sich starker Nachfrage. Einige Exemplare sind heute noch im sogenannten Sterzeleanum[1] des Museums für Naturkunde in Chemnitz zu sehen.

Mit dem Baumstamm konnten die Gelehrten damals noch nicht so viel anfangen, wenn wir unseren heutigen Wissensstand als Maßstab nehmen. Die rein äußerliche Ähnlichkeit mit knorrigen Eichen oder anderen Bäumen ließ die Vermutung aufkommen, daß es sich dabei um Versteinerungen eben dieser Baumarten handeln würde. Da sich in Frenzels Schurfgrube Wasser angesammelt hatte, schien sich die Annahme zu bestätigen, daß im Boden zirkulierende Wasser, die »ihre zartesten, irdischen Teilchen nach und nach in fremden Körpern ansetzen«, für die Versteinerung verantwortlich waren. Obwohl das Schichtenwasser damit nicht in Verbindung gebracht werden kann, ist diese Ansicht prinzipiell gesehen nicht völlig unrichtig.

[1] So benannt nach dem 1914 verstorbenen Erforscher der Kieselhölzer, Johann Traugott Sterzel.

Allerdings wären die gelehrten Herren damals sicherlich sehr erstaunt gewesen, wenn sie erfahren hätten, daß die Chemnitzer Bäume vor über 250 Millionen Jahren zur Zeit des Unterrotliegenden wuchsen und abstarben. Daß wir heute noch ihre kompakten Überreste bewundern können – vor dem Museum für Naturkunde steht ein ganzer »versteinerter Wald« – liegt an den besonders günstigen Bedingungen bei der Einlagerung und Inkrustation der Baumstämme. Nach der Einbettung in vulkanische Asche haben kieselsäurehaltige Wasser die organische Substanz völlig durchdrungen. Durch Ausscheidung der Kieselsäure (Quarz) und farbige Beimengungen (Eisenoxid) blieb so die pflanzliche Struktur erhalten.

Lebende Fossilien

Als in der Gegend des alten Chemnitz noch warmes, wechselfeuchtes Klima herrschte und Baumfarne, Nadelbäume, Schachtelhalme und weitere Pflanzenarten von der Natur konserviert wurden, waren bereits mehr als 150 Millionen Jahre vergangen, als die Pflanzen über das Algenstadium das Festland erobert hatten. Zu den ältesten Landpflanzen, die sich als Fossilien erhalten haben, gehören die sogenannten Psilophyten aus devonischen Ablagerungen Schottlands. Der etwa 370 Millionen Jahre alte Hornstein aus der Gegend des Dorfes Rhynie in Aberdeenshire brachte für die Paläontologen in den Jahren 1917 bis 1921 äußerst interessante Ergebnisse.

Schon die Erhaltung der Pflanzenfossilien war einzigartig und gestattete den Forschern überraschende Einblicke in das Wirken der Evolution. Unter dem Mikroskop wurde das Muster der ältesten Landpflanzen nach und nach deutlich erkennbar. Eine der wichtigsten Voraussetzungen für das Leben auf dem Lande sind Gefäßsysteme, so wie das allgemein von den Pflanzen bekannt ist. Rhynia, die Forscher hatten die noch blattlose Landpflanze nach ihrem Fundort benannt, besaß bereits derartige Einrichtungen. Zylindrische Rohrleitungssysteme, in denen das notwendige Wasser aus dem Boden in die Pflanze geführt wird und die außerdem den Stofftransport der erzeugten Substanzen in entgegengesetzter Richtung übernahmen, ermöglichten die neue Lebensweise. Für die Haltbarkeit der zentral angelegten »Wasserleitung« sorgten bereits Holzzellen. Ohne ihre stützende Funktion hätten aus den 50 cm großen Rhynien im Laufe der weiteren stammesgeschichtlichen Entwicklung keine größeren Pflanzen und Bäume entstehen können. Holz macht die Pflanze zum Baum.

Und noch etwas an den ersten Landpflanzen war völlig neu: An den Enden der Sprosse befanden sich kleine Verdickungen, in denen die Sporen lagerten. Durch den Wind verwehte Sporen erlaubten nun im Zeitalter der Farnpflanzen eine wesentlich verbesserte und vor allem schnellere Form der Pflanzenvermehrung. Nur in einem ähnelte Rhynia noch ihren Vorfahren, den Algen. Sie assimilierte mit dem ganzen Pflanzenkörper, da sie noch nicht über Blattorgane verfügte.

Wann entstanden nun die ersten Wälder mit Bäumen, die unseren heutigen ungefähr ähnelten? In erdgeschichtlichen Zeiträumen gedacht, machte die Evolution ziemlich rasch Fortschritte. Es dauerte vielleicht 50 Millionen Jahre, als nach den ersten Landpflanzen mehrere Meter hohe Stämme ihre Kronen aus Farnwedeln in die Höhe streckten. Zahlreiche Funde von fossilen Überresten deuten darauf hin, daß vermutlich schon im Devon ausgedehnte Wälder existiert haben. Dann kam das feuchtwarme Karbon, das Zeitalter der Steinkohlenwälder.[2] Die Pflanzen hatten endgültig von weiten Teilen der Landmassen Besitz genommen und wucherten besonders stark in sumpfigen, nährstoffreichen Tiefebenen. Riesige Bärlappgewächse, wie der bis 30 Meter hohe eigentümliche Siegelbaum (Sigillaria), 9 Meter hohe Schachtelhalme (Calamites), Schuppenbäume (Lepidodendron), Baumfarne (Medullosa) und die ersten primitiven Vorfahren der Nadelgehölze wuchsen in einem fast nicht enden wollenden Vegetationsschub.

Die Standfestigkeit der Baumriesen beruhte noch nicht ausschließlich auf dem

[2] Steinkohle ist auch außerhalb der Karbonzeit entstanden. Entscheidend für ihre Entstehung ist nicht ein hohes Alter, sondern der Inkohlungsgrad.

Holzkern, sondern auch auf der ungewöhnlich starken Rinde. Der geringe Holzanteil gestattete nur die Ausbildung weniger Leitgefäße, so daß diese Gewächse nur auf feuchte Standorte angewiesen waren. Ihre organischen Reste, die unter Sauerstoffabschluß gerieten und schließlich durch die Wirkung von Druck und Hitze zu Steinkohle wurden, besitzen heute hohe wirtschaftliche Bedeutung. Im Rotliegenden (dem anschließenden Zeitabschnitt), aus dem auch die Funde des sächsischen Edelsteininspektors David Frenzel stammen, herrschten ähnliche Vegetationsverhältnisse. Das Klima begann sich jedoch zu ändern. Kohleflöze wurden nur noch vereinzelt gebildet. Luftfeuchtigkeit und Temperatur fielen allmählich. Für die stark angepaßte Pflanzenwelt bedeutet das den Untergang: Riesenschachtelhalme und Großbärlappe starben weitgehend aus. Heute erinnert noch der Ackerschachtelhalm an das Aussehen seiner baumartigen Vorfahren.

Ein neues Zeitalter in der Entwicklulng der Pflanzenwelt brach an. Nun bekamen die Nacktsamer (Gymnospermen), die bereits als Samenfarne und Koniferen in den vorangegangenen Wäldern untergeordnet vertreten waren, ihre günstigsten Ausbreitungsbedingungen. Mit Hilfe von Samen, die unter einer Schutzhülle auch Nährstoffe für den Keimling besaßen, gelang es jetzt der Pflanzenwelt, weitere Landareale zu erobern und vor allem länger anhaltende Trockenperioden unbeschadet zu überstehen. Bei den baumartigen Gewächsen war der Holzkörper größer geworden und konnte daher die Stützfunktion voll übernehmen, die Rinde diente nur noch dem Schutz der Pflanze.

Über 150 Millionen Jahre dominierten auf den Landmassen die Koniferen, deren Nachfahren das Erscheinungsbild der immergrünen Wälder auf unserer Nordhalbkugel prägen. Daneben entwickelten sich Palmenfarne (Cycadeen) und ginkgoartige Gewächse, die zum Teil bis heute fast unverändert geblieben sind. Samenfarne und andere Gewächse behaupteten sich neben Schachtelhalmen und Bärlappflanzen ebenfalls, starben aber noch innerhalb dieser Periode aus. Bevor die tierischen Kolosse des Erdmittelalters, die gigantischen Saurier, mit etwa drei Vierteln aller Tierarten ausstarben, kam es erneut zu einer grundlegenden Umgestaltung der Pflanzenwelt. Mit den Bedecktsamern (Angiospermen) war der neue Typ der Blütenpflanzen erschienen – die ersten Laubhölzer.

Bäume mit dem ungefähren Aussehen von Eichen, Buchen und anderen Arten eroberten sich nun nach und nach die Wälder. Im anschließenden Tertiär, dem Braunkohlenzeitalter, kommt es dann auch zu einer überaus reichen Entfaltung der Bedecktsamer. Mächtige Braunkohlenlager zeugen vom üppigen Wachstum der Vegetation unter tropischen Bedingungen. Sumpfzypressen, Mammutbäume und Fächerpalmen wuchsen dort, wo heute Kiefern, Buchen, Eichen und Fichten verbreitet sind. Im Jungtertiär kommt es zu einem erneuten Klimawechsel in Mitteleuropa. Langsam verändert sich das Vegetationsbild und nimmt uns vertraute Formen an.

Dann, im Zuge der dramatischen Abkühlungen, dringt das Inlandeis in mehreren Schüben bis an den Rand der Mittelgebirge vor. Das Leben erstarrt. In den Kältesteppen bedecken Moose und Flechten die rauhen Böden. Nur kleinwüchsige Büsche von Birken und Weiden kommen als Gehölze vor. Aber sobald das Eis weicht, gewinnt die Vegetation in den Warmzeiten wieder an Boden. Als sich dann das Eis vor etwa 10000 Jahren endgültig zurückzieht, kann die Pflanzenwelt allmählich vordringen und ihre alten Räume, wenn auch unter Verlusten an Arten, wieder einnehmen. Dabei werden Stadien durchlaufen, die auch heute noch in den einzelnen Klimabereichen angetroffen werden: Tundra, Nadelwälder und Laubwälder.

Den langen Entwicklungsgang der Pflanzenwelt haben einige altertümliche Formen in geringer Veränderung als »lebende Fossilien« überdauert. Während andere Pflanzenarten längst ausgestorben und bestenfalls noch fossil erhalten geblieben sind, ist bei ihnen ein Stillstand in der stammesgeschichtlichen Entwicklung eingetreten.

So kommt es, daß wir sie als zu Stein gewordene Zeugnisse vergangener Erdgeschichte und gleichzeitig als heute noch lebende Pflanzen bewundern können. Die Ginkgogewächse existieren seit über 200 Millionen Jahren auf der Erde. Im Laufe dieser langen Zeit haben sich ihre fächerförmigen Blätter zu der typischen Form umgewandelt, wie sie uns heute entgegentritt. Diese Veränderung der Blattgestalt, das heißt die einzelnen Stufen der Evolution, können an einem lebenden *Ginkgobaum*, der einzigen heute noch lebenden Art (GINKGO BILOBA), während seines Wachstums eindrucksvoll beobachtet werden.

Schon der berühmte englische Naturforscher Charles Darwin (1809–1882) hat den Ginkgo als »lebendes Fossil« erkannt. Aber auch die letzte Art der Ginkgogewächse, die sich in die Jetztzeit hinübergerettet hat, wird mit Sicherheit keine neue Blütezeit in ihrer langen Entwicklungsgeschichte erleben. Einst war sie weltweit verbreitet, heute ist nur noch China ihr natürliches Verbreitungsgebiet. Der Schönheitssinn des Menschen hat dazu beigetragen, daß Ginkgobäume, die ursprünglich in buddhistischen Tempelanlagen gezogen wurden, auch in europäischen Parks zu sehen sind.

Fremdartige, urtümliche Schönheit geht auch von den *Araukarien* aus. Ihr Schicksal ist dem der Ginkgos ähnlich, allerdings sind sie heute stärker verbreitet. Sie sind heute in Südamerika wichtige Holzlieferanten. Bekannt geworden sind sie in Europa durch die zierlicheren Formen der chilenischen Schmucktanne oder durch die Zimmertanne. Die *Sequoien* oder *Mammutbäume* aus dem äußersten Westen der USA haben bereits vor 130 Millionen Jahren ihren Entwicklungshöhepunkt erreicht und waren auch danach weit verbreitet. Im Tertiär hatten ihre Überreste wesentlichen Anteil an der Bildung unserer Braunkohlenlagerstätten. Mit dem nachfolgenden Klimawechsel nahmen die Verbreitung und die Artenvielfalt stark ab. Nur in Kalifornien haben Restbestände von zwei Sequoienarten wenig verändert die Kaltzeiten überstanden.

Nach dem Rückzug des Inlandeises konnten in Nordamerika prinzipiell mehr Baumarten als in Europa wieder an ihre angestammten Plätze zurückkehren. Hier hatten schon die Gebirgsketten beim Zurückweichen der Vegetation keinen Widerstand entgegengesetzt. Viele Baumarten der europäischen Wälder scheiterten an der riesigen Gebirgsbarriere, die sich ihnen von den Pyrenäen über die Alpen bis hin zu den Karpaten als ein geschlossenes Hindernis entgegenstellte. Darin liegt auch der Grund, weshalb die europäischen Wälder wesentlich artenärmer zusammengesetzt sind. In Ostasien waren die Wälder weiter von den Vereisungszentren entfernt, so daß auch hier keine starken Einbußen hingenommen werden mußten. Hier hat auch der *Urwelt-Mammutbaum* (METASEQUOIA GLYPTOSTROBOIDES) das Eis überdauert. Zuerst war die Gattung *Metasequoia* nur fossil bekannt; erst 1941 hatte man ihre Abdrücke im Sedimentgestein gefunden. Dann wurden einige Jahre später lebende Exemplare aus Südchina bekannt. Heute wächst der Urwelt-Mammutbaum in Botanischen Gärten und Arboreten auf der ganzen Welt.

Die Biomaschine

Unablässig, aber in äußerst langsamen Drehbewegungen schiebt sich das geschmeidige Gestänge auf der Suche nach Wasser in die sandig-lehmigen Lockergesteinsschichten des Untergrundes. Da trifft es auf einen Stein. Kein Problem, das harte Hindernis wird einfach umgangen, und weiter geht es durch Sandkörner und Tonpartikel. Dann tritt Ruhe ein. Oberhalb des bohrerähnlichen Kopfes werden nun Tausende kleinster Schläuche ausgefahren, die das Wasser mit den darin gelösten Mineralsalzen der Umgebung aufsaugen und in das Innere des Förderungsgestänges pumpen. Dieser Vorgang dauert ein paar Wochen, bis schließlich der Vortrieb wieder aufgenommen wird.

Das geförderte Wasser steigt in zylindrischen Rohrgefäßen bis in beträchtliche Höhen empor und gelangt weiter in die »chemische Fabrik«. Dort entstehen tagsüber unter Ausnutzung der Sonnenenergie aus dem Bodenwasser und zugeführtem Kohlendioxid aus der Luft relativ kompliziert aufgebaute organische Verbindungen, die Kohlenhydrate oder ganz einfach Zucker. Dieser energiereiche Saft nimmt nun den Weg zu den Wachstumspunkten. Zucker ist die Ausgangssubstanz für alle Betriebs- und Baustoffe, ohne die das Ganze überhaupt nicht denkbar wäre. So etwa arbeitet und ernährt sich die »Biomaschine« Baum. Bei der Wirkungsweise der Wurzeln und der Leitgefäße bis hin zur Photosynthese in den Blättern handelt es sich um sehr komplizierte Vorgänge, die längst noch nicht alle bis in die letzte Einzelheit von der Wissenschaft erklärbar sind. Während der Wachstumsperiode des Baumes entsteht aber auch der Rohstoff, der für den Menschen so überaus nützlich ist, das Holz. Im Laufe seines Lebens wächst der Baum oft zu stattlichen Exemplaren heran. Unsere Bäume können in der Regel mehrere hundert Jahre alt werden. Eichen können es sogar noch auf ein höheres Alter bringen. Sie sind unter entsprechenden Bedingungen in der Lage, über tausend Jahresringe anzulegen. Die selten gewordene Eibe soll sogar über 2000 Ringe schaffen. Holzmasse und Höhe stehen nicht unbedingt in direktem Verhältnis zum Alter der Bäume. Die ältesten Bäume der Erde, es sind gleichzeitig die ältesten Lebewesen überhaupt, wirken eher zierlich.

Die Grannenkiefer (PINUS LONGAEVA)[3] wird in Kalifornien, Colorado und Arizona ungefähr 12 Meter hoch. Da sie in ihrer rauhen Umgebung meist eher einen unscheinbaren Eindruck macht, hat sie das Interesse der Botaniker sehr spät erreicht. 1954 stellt Dr. Schulmann von der Universität Arizona fest, daß einige Grannenkiefern immerhin über 4000 Jahre alt waren. Voller Ehrfurcht betitelte Schulmann seine sensationelle Entdeckung mit »oldest living things«. Es war ihm leider nicht vergönnt, das vielleicht älteste lebende Baumexemplar der Erde zu untersuchen. Nach der Entdeckung von Dr. Schulmann fand einer seiner Mitarbeiter an einem fast 3000 m hohen Hang der White Mountains eine Grannenkiefer mit dem fast unwahrscheinlichen Alter von 4680 Jahren. 1960 wurde in Newada sogar eine über 4900 Jahre alte Kiefer ausfindig gemacht. Welch eine Zeitspanne hat dieser Baum schon während seines langen Lebens überbrücken können! Als er noch ein Sämling war, existierten die ersten Hochkulturen der Erde im Zweistromland und am Nil gerade erst ein paar Jahrhunderte. Das war noch vor der Zeit, als der legendäre Gilgamesch vielleicht König von Uruk war und im frühen Reich der Ägypter die Könige noch nicht die hochragenden Pyramiden als Grabmäler bauen ließen. Auf ein langes, aber auch auf ein sehr hartes Leben kann diese uralte Grannenkiefer zurückblicken. Starke Winde und nicht allzu hohe Niederschlagsmengen haben den Kampf um die Existenz nicht gerade leicht gemacht. Die abgestorbenen Holzteile ihres Stammes sind von Eis und Sandkörnern auf Hochglanz poliert worden.

Äußerlich wesentlich stärker beeindruckend als die Grannenkiefer ist der *Riesenmammutbaum* (SEQUOIADENDRON GIGANTEUM), der ebenfalls in Kalifornien einige ausgedehnte Bestände bildet. Das größte Exemplar von ihnen, der »General Sherman« gilt wegen seiner gigantischen Ausmaße (Basisdurchmesser 11,1 m, Höhe 83,8 m), und vor allem durch das gewaltige Stammvolumen von 1486,6 m³ als »das größte Lebewesen auf Erden«. Sein Alter wird auf rund 3000 Jahre geschätzt. Den Höhenrekord halten die großen *Küstensequoien* (SEQUOIA SEMPERVIRENS), die mit den Mammutbäumen eng verwandt sind. Von der *National Geographic Society* wird der höchste Baum der Welt mit 112,1 m angegeben. Einige australische Eukalyptusarten wie EUKALYPTUS AMYGDALINA erreichen ebenfalls Höhen von über 100 m.

Die riesigen Küstensequoien werden in den USA wegen ihres roten Holzes auch als »red wood« bezeichnet. Zur Zeit des kalifornischen Goldrausches wurden die Rothölzer verstärkt zum Bau der Pioniersiedlungen und für den Bergbau abgeholzt. Aus der Gegend von San Francisco verschwanden sie zuerst, dann kamen die Bestände an der zugänglichen Küste an die Reihe. Heute gibt es noch einige Gebiete, in denen Rothölzer geschützt sind. Touristen sind immer wieder beeindruckt, wenn sie vor den übergroßen Bäumen stehen. »Sie muten einem gar nicht wie Bäume an, sondern eher wie Geister. Man könnte glauben, daß Zentauren oder Götter ihre bewaldeten Schluchten heimsuchten. Die Bäume erheben sich stolz und majestätisch-ernsthaft, als ob sie schon ewig dort gestanden hätten«, schrieb der englische Dichter John Masefield über die Baumgiganten. Diese Worte machen wieder einmal deutlich, welchen tiefen Symbolgehalt Bäume für uns Menschen besitzen.

Einen Superlativ ganz anderer Art stellt der fernöstliche *Bonsai*[4] dar. Die durch gezieltes Verschneiden von Wurzeln und Sproß verzwergten Miniaturbäume wurden schon zur Zeit der Han-Dynastie (202 v. u. Z. bis 220 u. Z.) in China von adligen Liebhabern gehalten. Über Japan kam diese reizvolle Beschäftigung nach Amerika und Europa und ist heute zum Hobby tausender Bonsai-Freunde geworden. Der Reiz liegt darin begründet, daß man sich in den Wachstumsprozeß der Natur regelrecht einfühlen kann, das heißt, die Dinge

[3] Auch als Borstenkiefer bekannt, wurde früher als Pinus aristata bezeichnet.

[4] Nach jap. bon = Tablett oder Schale, sai = Baum, Pflanze.

im wahrsten Sinne des Wortes begreifen lernen kann. Die Harmonie von Mensch und Natur herzustellen – seit vielen Jahrhunderten ein erstrebenswertes Ziel der asiatischen Weltanschauung – wird mit dem Bonsai direkt erlebbar.

Wie steht es nun um das Geheimnis des Wachstums, warum werden die natürlich wachsenden Bäume entweder riesengroß oder erlangen nur durchschnittliche Größe? Die Wissenschaft hat diese Frage bereits beantwortet: Hormone steuern das Wachstum der Pflanzen.

Zwischen saftleitendem und wasserleitendem Holzgewebe befindet sich die sogenannte Kambiumschicht, das Zentrum der intensivsten Zellteilung. Wie das Wachstum einen Baum zu einem stattlichen Individuum hat werden lassen, können wir an einem Stammquerschnitt deutlich erkennen. Mehr noch, wird ein Baum gefällt, können wir seine abgeschlossene Lebensgeschichte, seine Chronik, Jahr für Jahr fast von Beginn an lückenlos verfolgen.

Mit Hilfe von markanten Begrenzungslinien, den *Jahresringen* (von den Forstwissenschaftlern als Jahrringe bezeichnet), läßt sich das Alter eines Baumes direkt auszählen. Diese konzentrisch verlaufenden Zeitmarken entstehen durch den steten Wechsel von Winter und Sommer, in anderen Breiten sind es Regen- und Trokkenzeiten. Nur im tropischen Regenwald, der mit seinem gleichförmigen Klima keine gravierenden Änderungen der Umwelt hervorruft, kommt es zu keiner regelmäßigen Ausbildung von Jahresringen.

Genauer betrachtet entsteht ein Jahresring so: In jedem Frühjahr ist nach den Wintermonaten der Bedarf des Baumes an Nährstoffen und Wasser besonders hoch, daher kommt es zur Bildung von hellem *Frühholz*, das aus weitporigen Gefäßen für den Wassertransport besteht. Im Laufe des Jahres werden dann mehr enge Zellen, die der Stabilisierung des Stammes dienen, ausgebildet. Das ist das dunkle *Spätholz*, das sich deutlich von dem vorhergehenden und nachfolgenden *Frühholz* unterscheidet. Die Grenze zwischen dem *Spätholz* des Vorjahres und dem *Frühholz* des neuen Jahres macht nun die Auszählung der Jahresringe möglich. Nicht alle Hölzer lassen diesen Wechsel so klar erkennen wie die Eiche. Bei Linde und Buche sind die Zellen an dieser Trennungslinie nicht so unterschiedlich, man nennt sie daher auch zerstreutporig. Die aussagekräftigste Information, die der Baum für uns bereithält, ist in der Breite der Jahresringe abgespeichert. Die Ringbreite ist klimaabhängig und wechselt von Jahr zu Jahr. War der Sommer feucht oder trokken, der Baum reagiert mit einem entsprechenden Zuwachs. Gegenwärtig versuchen Wissenschaftler, auch den schädigenden Einfluß der Industrieabgase auf das Holzwachstum aus den Jahrringbreiten herauszulesen. Die Schwierigkeit besteht darin, den Klimaeinfluß dabei auszuklammern.

Endloser Baum

In dem heißen Sommer des Jahres 1921 tauchen im Flußbett der Mosel, ganz in der Nähe der alten Trierer Römerbrücke, zahlreiche Holzstämme auf. Es sind die Überreste von Pfahlrostreihen, die aus erstaunlich gut erhaltenem Eichenholz bestehen. Für die herbeigerufenen Archäologen sind diese Pfähle zuerst ziemlich rätselhaft. Aus ihrer genauen Lage geht hervor, daß hier die Reste einer älteren Brücke vorliegen müssen. Bisher galt die solide Steinpfeilerbrücke als das Bauwerk, auf dem im Jahre 70 der römische Feldherr Cerialis die aufständischen Bataver mit ihren Verbündeten zurückschlug. Wenn nun eine ältere Römerbrücke existiert hat, müßte der Kampf des Cerialis nicht unbedingt auf der Steinpfeilerbrücke stattgefunden haben.

Aber das ist nicht die einzige Frage, die von Interesse ist. War diese ältere Brücke nun die erste Brücke von Trier, von Augusta Treverorum[5], der Augustusstadt der Treverer, und wann wurde sie gebaut? Da hilft ein erneuter Fund den Archäologen weiter. Keramikreste aus dem Baugrund der erhaltenen Römerbrücke führen zu der Aussage, daß die Pfeiler wahrscheinlich ab 140 u. Z. aufwärts errichtet worden sind.

[5] Bevor Cäsar im Jahre 51 u. Z. den kelto-germanischen Stamm der Treverer unterwarf, existierte hier bereits ein bedeutendes religiöses Zentrum. Zur Zeit des Kaisers Augustus war Trier eine römische Siedlung, später eine Colonia.

Damit ist nun sicher, daß Cerialis seinen Lorbeer nicht auf dieser Brücke erfochten hat. Weitere Fragen lassen sich nicht beantworten. Holz müßte reden können, wird der eine oder andere gedacht haben. Nach dem ersten Auftauchen der Eichenpfähle sollten noch über vierzig Jahre vergehen, bis dieser Wunsch tatsächlich in Erfüllung gehen sollte.

Die Informationen, die nun dem Holz entlockt wurden, übertrafen alle optimistischen Erwartungen. Genauere Daten waren überhaupt nicht mehr möglich. Sie waren jahrgenau, wie man von nun an sagte. Das war vor allem das Verdienst einer ganz jungen Wissenschaft, die sich gerade erst in Deutschland einen Namen machte und sich *Dendrochronologie*[6] nannte. Die Erkenntnis, daß die Jahresringe auch Botschaften über die klimatischen Verhältnisse zur Zeit des Baumwachstums enthalten, geht bis auf Leonardo da Vinci zurück. In seinen Tagebüchern spricht er davon, daß man aus der Breite der Jahrringe trockene und feuchte Jahre ablesen kann.

Erst am Anfang unseres Jahrhunderts wurde dieser Gedanke weitergeführt und wissenschaftllich ausgebaut. 1908 beschäftigt sich der amerikanische Astronom Dr. Andrew A. Douglas von der University of Arizona mit dem Einfluß der Sonnenflekken auf das Wetter. Ungefähr alle elf Jahre, wenn die Sonne ihre charakteristischen Flecken zeigt, so hatte Dr. Douglas festgestellt, wird das Wetter auf der Erde stürmisch und besonders feucht. Er verfolgte diesen Rhythmus so weit, wie es ging, aber mit dem Ende der Wetteraufzeichnungen verloren seine Überlegungen ihre Grundlage. Da besann sich Douglas auf die Baumringe. Zu seinem Überraschen bestätigten die Jahrringe von Bäumen aus dem Südwesten der USA den elfjährigen Rhythmus besonders deutlich. Immer wenn die Niederschlagsmengen in dem trockenen Klima zugenommen hatten, reagierten die Bäume mit einem verstärkten Wachstum, und das schlug sich in der zunehmenden Breite der jeweiligen Jahrringe nieder. Auf diese Weise konnte Douglas ein Stück Klimageschichte interpretieren.

Allerdings ging das nur bis zum Jahre 1450. Ältere Bäume standen Douglas vorerst nicht zur Verfügung. Er behalf sich mit Holzbalken aus den Ruinen alter Wohngebäude der Pueblo-Indianer, verglich die Jahrringe mit denen seines bereits aufgestellten Baumringkalenders und fand zum Teil Übereinstimmungen in der Ringabfolge. Dadurch war eine Einordnung von älteren Hölzern möglich geworden: Weitere Jahrhunderte konnten überbrückt werden, und am Ende besaß Douglas einen »endlosen Baum«. Wollte er jetzt ein neues Untersuchungsstück datieren, also zeitlich einordnen, verfuhr er so, wie er auch vorher herangegangen war:

Er nahm eine systematische Einordnung der Jahrringe vor, koordinierte sie mit seinem »Kalender« und wußte, zu welcher Zeit dieses Holz zum Baum herangewachsen war. Das war bereits die methodische Anwendung der Dendrochronologie, die sich besonders die Archäologen und Historiker zu eigen machten.

Für den ersten deutschen tausendjährigen Jahrringkalender, der in den 40er Jahren aufgestellt wurde, bildeten die mehrhundertjährigen Eichen des Spessart die wichtigste Grundlage. Holzbalken aus Fachwerkbauten, mittelalterlichen Kirchen, Holzreste aus ur- und frühgeschichtlichen Anlagen und vor allem fossile Hölzer (Mooreichen) haben diesen »Kalender« ständig erweitert. 1984 stellte das Göttinger Institut für Forstnutzung einen Jahrringkalender vor, der bis in das Jahr 4008 v. u. Z. reicht. Die Suche nach geeigneten Hölzern geht weiter, und es wird auch genug gefunden. Doch nicht immer decken sich die Kurven der Jahrringbreiten mit denen des bereits datierten Materials. Bei den Dendrochronologen zählen nur die Stücke, die sich nahtlos einfügen, die also jahrgenau eingepaßt werden können. Bei einigem Glück können so weitere größere Zeiträume überbrückt werden. Aber auch der »endlose Baum« hört irgendwann auf zu existieren. In unserem Raum ist das um 8000 v. u. Z. der Fall. In diesem Zeitraum begannen gerade wieder die ersten Eichen zu wachsen, nachdem die Eiszeiten jegliche Vegetation vertrieben hatten. Auch das Rätsel der Trierer Römerbrücken konnte mit Hilfe der Dendrochronologie gelöst werden. Entscheidend dabei war die Zusammenarbeit zweier Männer, die sich bereits intensiv mit der Geschichte von Trierer Bauwerken beschäftigt hatten. Die Untersuchungen von Dr. Heinz Cüppers, dem jetzigen Direktor des Rheinischen Landesmuseums in Trier, konnten durch die Zählungen des Dendrochronologen Ernst Hollstein präzisiert werden.

[6] Baumchronologie.

Als sich beide im Mai 1963 unter einem Brückenbogen an der Mosel treffen, werden an einer Grabungsstelle bereits einige Holzproben geborgen. Der weitere Verlauf der Untersuchungen verläuft sehr günstig. Bei extremem Niedrigwasserstand ragen aus dem zum Teil felsigen Untergrund des Flußbettes außer den bereits entdeckten Pfählen zum ersten Mal auch die hölzernen Spundwände der Steinpfeilerbrücke bis über die Wasseroberfläche empor. Nachdem erste Ergebnisse zeigen, daß die Jahrringbreiten der Hölzer aus der Römerzeit mit anderen Kurven parallelisiert werden können, läuft die Probeentnahme. Von den über 200 Holzproben gelingt es, 130 Hölzer mit insgesamt 16395 Jahrringen zu datieren.

Mit den neuen Daten wird deutlich sichtbar, wie kompliziert die Baugeschichte der Römerbrücken eigentlich ist: Ausbesserungen und größere Reparaturen im Zuge späterer Baumaßnahmen erschweren die Interpretationen. Nicht immer ist auf die Jahrringe Verlaß, und längst nicht alle Hölzer enthielten alle Jahrringe. Durch Bearbeitung beim Brückenbau, durch Beschädigungen und Zerfall fehlt mitunter das gesamte Splintholz. Aber es finden sich immer wieder Stämme, deren Querschnitt zumindest teilweise erhalten ist. In diesen Fällen zeigt die sogenannte Waldkante das Jahr an, in dem der Baum gefällt wurde. Und da von einer saftfrischen Verarbeitung der Stämme ausgegangen wird, stimmt das Fälljahr auch meist mit dem Baujahr überein. Doch es gelingt, das ungewöhnliche Puzzle zusammenzusetzen.

Da ist ein Vierkantpfahl, der um oder im Jahre 122 v. u. Z. gefällt wurde. Er muß in vorrömischer Zeit in den Untergrund gerammt worden sein, als an dieser Stelle bereits die Mosel überquert wurde. Dann folgen die behauenen Eichenpfähle einer ersten römischen Holzbrücke, die in den Jahren 18–17 v. u. Z. gefällt und verbaut wurden. Danach stammt diese Brücke aus der Gründerzeit von Trier, das 1984 als älteste deutsche Stadt sein 2000jähriges Bestehen feierte. Damals war ein großer technischer Aufwand nötig, um die über 9 m langen Eichenpfähle reihenweise bis zu 2 m tief in den Untergrund zu rammen. Auf Querbalken, die auf den Pfählen befestigt wurden, ruhte dann die ebenfalls hölzerne Fahrbahn (Nutzbreite 7,4 m). Diese einfache Holzkonstruktion konnte auf Dauer der wachsenden Bedeutung eines wichtigen Verkehrsweges und strategischen Bauwerkes nicht gerecht werden. Um das Jahr 71 entstand eine verbesserte Pfahlkonstruktion, die steinerne Brückenpfeiler trug. Der schwankende Wasserstand machte die Pfahlroste jedoch anfällig. Steinpfeiler neigten sich und erforderten kostenaufwendige Reparaturen.

Diese Umstände führten dann zu der Überlegung, die Steinpfeiler direkt im Flußbett zu gründen. Bevor die römischen Bautrupps Steinquader aufschichten konnten, mußten aus doppelwandigen Spundwänden erst einmal Baugruben im Wasser der Mosel errichtet werden. Das brachte viele Probleme mit sich. Nur mit Hilfe von Rammpfählen erhielten die Spundwände einen zuverlässigen Halt. Nachdem eine Grube ausgepumpt war – eine Lehmdichtung verhinderte den Zulauf weiteren Wassers – konnten die Brückenbauer Stein auf Stein setzen. Im Jahre 144 begannen die römischen Bauleute von der alten Brücke aus mit Hilfe von Baurampen und Behelfsbrücken das erstaunliche Brückenbauwerk zu errichten, das noch heute in Trier in den Straßenverkehr miteinbezogen ist. Später trug man auch die Steine von den alten Pfeilern ab, und zurück blieben die Pfahlroste, die die Enträtselung der Trierer Brücken ausgelöst hatten.

Das Beispiel der Trierer Römerbrücken beweist, welche Aussagemöglichkeiten die Jahrringbreiten besitzen. Immer neue Anwendungsbereiche kommen dazu. Auch der Kunsthandel profitiert in neuester Zeit davon. So können Fälschungen von kostbaren Holzbildtafeln niederländischer Meister bis hin zu wertvollen italienischen Geigen durch dendrochronologische Untersuchungen sicher identifiziert werden.

Als der Oberoffizier im *Königl. Generalstab und korrespondierendes Mitglied der Königl. Akademie der Wissenschaften des Instituts von Frankreich,* Moreau de Jonnès, 1825 seine Antwortschrift auf eine Preisfrage der *Königlichen Akademie der Wissenschaften zu Brüssel* der Öffentlichkeit übergibt, beginnt die allgemeine Bedeutung der Wälder für das Wohl der Menschen stärker in das Bewußtsein zu treten. Bisher war nur die rein materielle Seite des Waldes, etwa die des Holzwachstums, beachtet worden. So mußte die Beantwortung der Preisfrage: »Welche Veränderungen kann die Abholzung beträchtlicher Wälder in den benachbarten Landschaften und Gemeinden bewirken, in Beziehung auf die Temperatur und die Gesundheit der Luft, auf die Richtung und Heftigkeit der herrschenden Winde, auf die Reichlichkeit und örtliche Verteilung des Regens, der den Quellen und fließenden Wassern ihre Entstehung gibt und überhaupt in Beziehung auf alles, was ihren gegenwärtigen physischen Zustand ausmacht?« neue grundsätzliche Gesichtspunkte aufwerfen.

Obwohl die später preisgekrönte Schrift des Oberoffiziers auf Kosten der Akademie nur in wenigen Exemplaren gedruckt wurde, ist ihre Veröffentlichung durch mehrere Zeitschriften auch über die Landesgrenzen hinweg möglich geworden und hat damals einiges Aufsehen erregt. In *Dinglers polytechnischem Journal* war 1826 im Juliheft zu lesen: »Für die Finanzminister des festen Landes von Europa ist dieses Werk ebenso wichtig, wie für den Bauern, der an einem Flöße tragenden Wasser seinen Enkeln auch nur ein halb Tagwerk Wald zu hinterlassen hat. Es wäre sehr der Mühe wert, diese Preisschrift in irgend einer gemeinnützlichen Zeitschrift Deutschlands zur Kenntnis des deutschen Volkes zu bringen«.

Zu welchen Erkenntnissen kam nun Moreau de Jonnès, dessen umfangreiche Schrift unter dem vielsagenden Motto »Durch geheime Bande knüpfte die Natur das Schicksal der Sterblichen an das der Wälder« stand und von einem Tübinger Professor ins Deutsche übersetzt wurde? Aus heutiger Sicht überraschen die 1828 veröffentlichten Ergebnisse nicht, denn sie sind inzwischen zum Schulwissen geworden. Daß Wälder Temperaturen regulieren, daß sie ein eigenes Klima erzeugen, Quellen unterhalten, gegen Wind und Erosion einen guten Schutz darstellen, ist heute hinreichend bekannt. Vor mehr als einhundertfünfzig Jahren begann man gerade erst, sich mit den komplizierten Zusammenhängen zwischen Mensch und Umwelt auseinanderzusetzen. Bis dahin hatte man sich stärker auf die Auswirkungen, auf die drohenden Holznöte, angstvoll konzentriert. Durch die Zunahme der menschlichen Eingriffe, das heißt durch die fortschreitende Dezimierung der Wälder, wurden die negativen Faktoren wie Zunahme der Bodenunfruchtbarkeit und generelle Verarmung der Pflanzen- und Tierwelt doch augenfälliger. Auf einmal bekam das ganze Problem, zusätzlich zum Holzbedarf, einen streng wirtschaftlichen Anstrich. Die vielfältigen Wirkungen der Wälder wurden deutlicher erkannt, und damit mehrten sich die Fragen, die mit der Leistungsfähigkeit der Wälder zusammenhängen.

Aber auch die Bedeutung, die der Wald auf das allgemeine Wohlbefinden und Lebensgefühl des Menschen ausübt, wurde in jener Zeit zum ersten Mal formuliert. »Wer den Ländern die Wälder auszieht und besonders wer Berge und Höhen entwaldet, der beraubt den Menschen an seinem köstlichsten Teile«, heißt es bei Ernst Moritz Arndt, dem Kritiker feudaler Mißstände. In seiner ebenfalls 1828 erschienenen Schrift »Ein Wort über die Pflege und Erhaltung der Forsten und der Bauern im Sinne einer höheren d. h. menschlicheren Gesetzgebung« wiederholt er schon früher geäußerte Gedanken und tritt für eine umweltfreundliche, ja eigentlich schon modern zu nennende Waldordnung ein. Nach seiner Meinung »muß jede verständige Regierung dem Menschen sein Notwendiges von Wäldern und Bäumen erhalten oder wieder erschaffen ...«

Besonders einschneidend wirkte sich nach der Jahrhundertwende in den schnellwachsenden europäischen Millionenstädten der Widerspruch zwischen den monotonen Häusermeeren und dem meist fehlenden Vegetationsgrün auf die Volksgesundheit aus. Als in den Arbeitervierteln für die Kinder Mülltonnen auf den düsteren Hinterhöfen zum Spielen übrigblieben, waren die Bäume aus der unmittelbaren Umgebung durch Bodenspekulation und Profitgier fast vollständig verdrängt worden. Wie kein anderer hat der Berliner Heinrich Zille (1858–1929) Bilder aus dem Milieu der »Mietskasernen« so trefflich für die Nachwelt festgehalten. Diese Auswüchse wurden durch die enorme Bevölkerungsexplosion ausgelöst. Besitzt Berlin im Jahre 1880 noch 1,3 Millionen Einwohner, sind es 20 Jahre später sogar 2,7 Millionen und 1910 bereits 3,7 Millionen Menschen! Eine Großstadt platzt aus den Nähten. Schon als 1875 die Millionengrenze erreicht ist, verfügt die Stadt kaum mehr über größere Holzreservoire. Die »Cöllnische Heide« war gegen den Protest der Bürger im Zuge der Bau- und Brennholzbeschaffung kahlgeschlagen worden. Mühsam versucht der Magistrat von Berlin in den Besitz von Wäldern zu kommen, doch der preußische Staat in seiner Funktion als Eigentümer hält sich meist an die finanzkräftigen Käufer, und die sind in der Baubranche zu suchen. Ein Beispiel: Der preußische Staat kassiert 1889 für fast 250 ha Waldfläche von der »Kurfürstendamm-Gesellschaft« 1,20 Mark in Gold pro Quadratmeter, und die wiederum erzielt von den künftigen Bauherren einen zusätzlichen Aufpreis von 1,90 Goldmark. Das ergibt insgesamt 3,10 Goldmark pro Quadratmeter. Die in dem bekannten Schlager besungene »Holzauktion im Grunewald« brachte zusätzliches Geld ein, denn die Preise bezogen sich nur auf den Baugrund. Mit mehreren Anträgen an den Staat versucht der Magistrat die weitere Zerstückelung des Grunewalds zu verhindern. Doch die zuständigen Stellen wollen noch nicht so recht einsehen, daß »aus Gründen der öffentlichen Gesundheitspflege« für die wachsende Bevölkerung der Großstadt Erholungsräume in unmittelbarer Nähe notwendigerweise in den Besitz der Stadt gehören. Wieder sollen besonders attraktive Grundstücke aus dem grünen Areal des Grunewalds herausgelöst und bebaut werden. Doch diesmal überspannen die Spekulanten den Bogen. Im preußischen Abgeordnetenhaus wird 1907 die »Veräußerung und Vernichtung von Wäldern bei Berlin« scharf angegriffen und Abhilfe gefordert.

Aber das dauert seine Zeit. Vier Jahre später werden die Stadtkreise Berlin, Charlottenburg, Schöneberg, Rixdorf, Wilmersdorf, Lichtenberg und Spandau sowie die Landkreise Niederbarnim und Teltow auf der Grundlage eines Gesetzes zu einem Zweckverband zusammengefaßt. Dieser Zweckverband stellt sich unter anderem das Ziel, Grün- und Wasserflächen zu erwerben und auch zu erhalten. Wälder haben dabei natürlich den höchsten Stellenwert. Doch vorerst scheitern die Bemühungen an den finanziellen Möglichkeiten. Für etwas über 11 000 Hektar Wald sieht sich der Zweckverband außerstande, die geforderten 179 Millionen Goldmark zu beschaffen. Die Verhandlungen mit den staatlichen Behörden, in denen auch der Kaiser mitwirkt, laufen indessen weiter, und schließlich kommt es doch zu einer vertraglichen Einigung. Dieser Vertrag, als »Dauerwaldvertrag« in die Geschichte Berlins eingegangen, bringt die Stadt in den Besitz von etwa 10 000 Hektar Wald. Der Preis: 50 Millionen Goldmark, davon 5 Millionen als Anzahlung und der Rest zahlbar in Jahresraten zu je 3 Millionen Goldmark. Bestandteil des Vertrages wird auch die Verpflichtung des Verbandes, die Waldflächen zu erhalten und bei der Notwendigkeit des Verkaufs von Teilflächen sofort Ersatzflächen zu erwerben. In den folgenden Jahren kommen weitere Waldflächen dazu, darunter 3300 ha aus der nördlich gelegenen Herrschaft Lanke.

Mit der Eingemeindung von Vororten und Nachbarstädten und der Schaffung von Groß-Berlin im Jahre 1920 wird der Zweckverband aufgelöst. Das wichtigste Ziel ist erreicht worden. Die Großstadt Berlin besitzt nun einschließlich der Waldflächen von Lichtenberg, Köpenick, Charlottenburg und Spandau eine beachtliche »grüne Lunge« von über 20 000 Hektar. Bei Ausbruch des 2. Weltkrieges sind es sogar über 25 000 Hektar. Bevor der von den Nationalsozialisten entfesselte Krieg auch auf die Berliner Wälder zurückschlug und deren Niedergang einleitete, waren bereits in der »Friedenszeit« einige scheinbar wenig bedeutsame Eingriffe an Bäumen vorgenommen worden, die, zumindest symbolisch gesehen, die bevorstehenden Ereignisse vorwegnahmen. Auf der Promenierstraße Unter den Linden mußten die vielbesungenen alten Bäume einer aufwendigen Propagandaszenerie anläßlich der 1936 in Berlin stattfindenden Olympiade weichen. Die neugepflanzten Bäumchen in der von vielen Bürgern bespöttelten »Kahlbaumallee« wuchsen in eine unsichere Zukunft hinein. Der Rassenwahn, der jüdischen Mitbürgern das Sitzen auf Parkbänken verbot, machte auch vor den Bäumen und Sträuchern nicht halt. Sehr bezeichnend für die weitreichende

Verirrung nationalsozialistischen Denkens ist ein Schreiben aus dem Dezember 1937, in dem der Oberbürgermeister der Reichshauptstadt Berlin den Bezirksbürgermeister des Verwaltungsbezirkes Wedding anweist, »undeutsche Gehölze aus den öffentlichen Anlagen« entfernen zu lassen.

1945 haben die zerschossenen Berliner Wälder in nicht geringem Maße zum Überleben der Bevölkerung beigetragen. Erst 1946 trafen die ersten Schleppkähne mit Holz für Berlin-Mitte am Monbijouplatz ein. Für einen Stundenlohn von 85 Pfennig hatten Berliner Arbeiter das dringend benötigte Holz aus den Wäldern bei Rheinsberg abgeschlagen und verladen. Überleben mit Hilfe der Natur hieß damals auch, die Nahrung direkt von den Bäumen zu beziehen. Besonders der Mangel an Getreidemehl machte erfinderisch und führte zu ungewöhnlichen Lösungen, die auch in früheren Notzeiten praktiziert worden waren. Aus 10 Pfund Eicheln konnte 7 Pfund Eichelmehl gewonnen werden. Auch wenn es heute nicht mehr so recht vorstellbar ist, Eichelmehl galt vielfach als eine Art Delikatesse.

Sparsamkeit war oberstes Gebot. Nach dem Krieg wurden verstärkt fahrbare Holzvergaser zur Treibstoffgewinnung eingesetzt. Lastkraftwagen mit sichtbaren, ofenähnlichen Stahlkesseln hinter dem Führerhaus bewegten sich mit umständlich, aber billig erzeugtem Holzgas über die Straßen. Ein Raummeter Mischholz ersetzte immerhin 115 Liter Benzin. Es ging langsam voran. Der Aufbauwille der Bevölkerung bescherte auch dem Wald in den nächsten Jahren und Jahrzehnten wieder bessere Zeiten.

Um diese riesigen Lücken schließen zu können, wurden umfangreiche Aufforstungen vorgenommen. Doch diesmal wurde aus den Fehlern der Vergangenheit gelernt. Da in den Berliner Wäldern von Anfang an nicht die Wirtschaftlichkeit, sondern der Erholungswert im Vordergrund stand, wurden anstelle der überlebten Monokulturen Mischwälder mit naturnahem Charakter angestrebt. Dort, wo auch die Bodenverhältnisse die entsprechenden Voraussetzungen bieten, lockern Eichen, Birken, Buchen oder Ahorn das Waldbild auf. Eigentlich schon ein Wald der Zukunft, denn Kahlschlag auf großen Flächen und Monokulturen verbietet sich wegen der speziellen Nutzung von selbst.

Im Westen Berlins befinden sich von den mit Wald bestandenen 7027 ha zur Zeit nur 6603 ha im Besitz des Westberliner Senats. Bisher haben die langjährigen Bemühungen, zweckfremde Nutzungen der Waldflächen, wie Spreng- und Schießplätze, Mülldeponien, wieder einzugliedern, nicht den gewünschten Erfolg.

Der östliche Teil Berlins verfügt gegenwärtig über 7600 ha Waldfläche. Weiteren Zuwachs bekommen die Berliner Wälder im Norden und Nordosten, wo auch ehemalige Riesenfelder in die Aufforstung miteinbezogen werden. In nur drei Jahren wurden hier auf 1371 ha über 4 Millionen Bäume und Sträucher gepflanzt.

Pünktlich zum 750jährigen Jubiläum der Stadt konnten die Aufforstungsarbeiten abgeschlossen werden. Die Forderung für die Zukunft lautet: Der Waldbestand muß gehalten und möglichst noch erweitert werden. Dabei kann die Ökonomie durchaus Beachtung finden.

Schließlich liefert der Erholungswald der Berliner auch Holz. Der Forstwirtschaftsbetrieb in Friedrichshagen verarbeitet zum Beispiel vor allem das Dünnholz, das bei der Bestandspflege anfällt. Über 43000 Meter Holzzaun, 25000 Tomatenpfähle und 1000 Bohnenstangen können allein dadurch in jedem Jahr der Bevölkerung zum Verkauf angeboten werden. Das ist allerdings nur ein nützlicher Nebeneffekt, denn neben dem hohen ästhetischen Reiz, den das duftende Grün auf den Menschen ausübt, wissen besonders die Großstädter frische Luft zu schätzen. Bäume spenden bekanntlich nicht nur Schatten, sondern filtern Staub und Abgase aus der Luft und dämpfen darüber hinaus den Lärm.

Gefahr aus der Luft

In der Mitte des 19. Jahrhunderts gilt das industrialisierte England als die »Werkstatt der Welt«. Selten fehlen auf Stichen und Abbildungen aus dieser Zeit rauchende Fabrikschlote. Schon um 1860 greift der neue industrielle Aufschwung auf Europa über: Belgien, Frankreich, Deutschland, später Schweden und Rußland reihen sich ein in den Reigen der aufwärtsstrebenden Industriestaaten. Ein hochentwickeltes Finanzwesen und der Aufschwung des Maschinenbaus setzen einen kraftvollen Prozeß in Gang, mit dem die soziale Entwicklung bald nicht mehr Schritt halten kann. Der technische Fortschritt greift um sich und ist nicht mehr aufzuhalten. Er gerät außer Kontrolle und hinterläßt Schäden an Menschen und Umwelt. Sichtbarer Ausdruck für diese tiefgreifenden Widersprüche sind auch die kranken, absterbenden Bäume. Wo die überhastete Industrialisierung ihre ersten Höhen erklimmt, zeigt die Natur ihre ersten größeren Wunden. In der Umgebung der Sodafabriken von Liverpool und Manchester stoßen die Schlote bisher nicht gekannte Schadstoffmengen aus und ruinieren das umgebende Grün. Die englische Regierung schaltet sich ein und versucht durch die sogenannten »alcali acts« auf die Produktionsbedingungen einzuwirken und so Schaden abzuwenden. Man steht einem riesigen Dilemma gegenüber, denn auf Dauer läßt sich die profitorientierte Industrie nicht gängeln. Der Fortschritt verlangt eben seinen Preis, denkt man, und dabei bleibt es. Wirklichen Schaden von der Natur abzuwenden, gelingt auch weiterhin nicht, denn neue Zwänge stellen sich ein.

Der verhängnisvolle Kreislauf, der Europa in zwei Weltkriege stürzen sollte, beginnt sein Unwesen zu treiben. Die Rivalitäten zwischen den auf verschiedenen Entwicklungsstufen stehenden Industriestaaten spitzen sich zu und enden in der Katastrophe. Doch bis es dazu kommt, muß sich die Umwelt bereits unterordnen. Günstigere Fabrikstandorte und später höhere Schornsteine sollen den Bruch mit der Natur vertuschen. Aber auch das Interesse an der wirklichen Schadensursache ist geweckt worden.

In Deutschland konnten die Erfahrungen der bereits bestehenden Industriestaaten genutzt werden, so daß der Industrialisierungsprozeß nach 1860 besonders rasch vonstatten ging. Rauchende Schlote wurden hier immer mehr zum weit sichtbaren Erfolgs- und Fortschrittssymbol. Vor allem die Großproduktion von Stahl, die in Deutschland durch den Einsatz der modernsten Verfahren vorangetrieben wurde, revolutionierte den Maschinenbau und den Bau von technischen Anlagen. Stahl verdrängte nicht nur im Schiffbau die herkömmlichen Baumaterialien, von denen bis dahin das Holz in vielen Bereichen der wichtigste war. Für das Holz interessierte sich zunehmend die chemische Industrie. Die nach den Grundsätzen der Nachhaltigkeit bewirtschafteten Wälder lieferten den Rohstoff, ohne daß ihre Existenz gefährdet wäre.

Die ersten besorgniserregenden Beobachtungen an rauchgasgeschädigten Nadelwäldern in Deutschland stammen aus dem sächsischen Industriegebiet, aus der Umgebung der erzgebirgischen Schmelzhütten von Freiberg und Schwarzenberg. Bei den großen Rauchgasmengen blieben Fernwirkungen nicht aus. Ganz in der Nähe der Tharandter Forstakademie, im Grillenburger Wald, werden 1861 Schäden erkannt, die nur von Abgasen der Freiberger Hütten stammen können. 1881 umfaßt die Schadensfläche im Oberharz, die durch Hüttenrauch entstanden ist, mehrere tausend Hektar. Als besonders schwefelreiche Erze aus den USA verhüttet werden, nehmen die Schäden noch zu. Auch in anderen Industriegebieten steigen die Schadensflächen an; die Rauchschäden beunruhigen immer stärker die Fachwelt. Von jetzt an gibt es die allgegenwärtige Rauchgasfrage, die uns auch heute in starkem Maße beschäftigt. Bereits um 1880 versucht Professor Stöckhardt in Tharandt mit gezielten Untersuchungen dem neuen Übel auf die Schliche zu kommen.

Die *Rauchschadensforschung* gehört bald zu den wichtigsten Wissenschaftsdisziplinen der sächsischen Forstakademie. Wichtige Erkenntnisse auf diesem Gebiet verhelfen Tharandt zu internationaler Anerkennung. Diese erfolgreiche Tradition wird heute in Tharandt von der Sektion Forstwirtschaft der Technischen Universität Dresden fortgeführt. Aber gehen wir chronologisch vor. Der neue Feind des Waldes war Professor Stöckhardt und danach auch anderen bald bekannt. Als Hauptschadstoffe erwiesen sich nicht, wie zuerst vermutet, allein die festen Bestandteile des Hüttenrauches, sondern vor allem das in den Rauchgasen enthaltene Schwefeldioxid (SO_2), das bei entsprechenden Konzentrationen große Schäden hervorrufen kann. Prof. Stöckhardt war der erste, dem auch die experimentelle Bestätigung der SO_2-Wirkungen auf die Vegetation gelang. Seine Nachfolger kamen zu ähnlichen Ergebnissen und setzten die Untersuchungen fort.

Das Rauchgasproblem wurde immer mehr zu einer chemischen Frage; es führte zu Verbindungen von Forstleuten mit Chemikern. 1883 veröffentlichen der Chemiker Julius von Schroeder und der Oberförster Karl Reuß eine Arbeit über »Die Beschädigung der Vegetation durch Rauch und die Oberharzer Hüttenrauchschäden«. Nur langsam und zögernd gelangt die neue Erkenntnis in das Bewußtsein der Öffentlichkeit.

In der Beurteilung der Waldschäden gehen die Meinungen der Experten jedoch meist auseinander, weil das Problem noch längst nicht in seiner ganzen Komplexität erfaßt ist. Immer neuere Erkenntnisse kommen dazu und machen einfache, leicht zu durchschauende Erklärungen unmöglich. Diese Problematik wird an einem Prozeß deutlich, den ein schlesischer Gutsbesitzer gegen Ende des vorigen Jahrhunderts führt. Es geht um 3500 Hektar geschädigten Wald. Ungefähr 30 Betriebe aus dem oberschlesischen Industriegebiet werden von dem Kläger beschuldigt, mit Rauchgasen chronische Schäden an seinen Bäumen und Zuwachsverluste bis 60 Prozent verursacht zu haben. Für beide Parteien sind namhafte Forstleute als Gutachter tätig, so für den Geschädigten der bereits genannte Oberförster Reuß. Er kommt zu dem Ergebnis, daß sich der Gesamtschaden seines Mandanten auf 200000 Mark belaufe.

Die Gegenseite läßt von dem Direktor der preußischen Forstakademie zu Münden und späteren Oberforstmeister zu Wiesbaden Dr. Bernhard Borggreve ebenfalls ein umfangreiches Gutachten erstellen und schlägt damit empfindlich zurück. Das Ergebnis: Nur ein Teil der Schäden läßt sich auf Raucheinwirkung zurückführen. Insekten hätten den ungleich höheren Anteil an dem trostlosen Zustand des Waldes, heißt es sinngemäß im Gegengutachten. Auch die Höhe des Verlustes an Holzzuwachs wird zurückgewiesen. Dr. Borggreve, offensichtlich die größere Autorität und Gutachter der stärkeren Partei, stellt sich auch gegen bereits anerkannte Schlußfolgerungen, die sich aus der Beschäftigung mit den Rauchgasschäden schon durchgesetzt haben. »Eine Rechtfertigung der Industrie gegen folgenschwere falsche Anschuldigungen« lautet der Untertitel seiner 1895 veröffentlichten Argumente im Streit um die Waldschäden. Das ruft wiederum die Rauchschadensforscher auf den Plan. Es kommt zu Entgegnungen und schließlich zu einem ausgewachsenen Gelehrtenstreit. Später stellte sich nun tatsächlich heraus, daß die Rauchschäden erheblich überwogen und daß die Wirkung der schädlichen Insekten »nur eine Begleiterscheinung bildeten«. Dem Kläger kamen diese Erkenntnisse allerdings nicht mehr zugute. Sein Sohn hatte die Schadensersatzklage zurückgenommen und auch die Prozeßkosten begleichen müssen.

Die Suche nach den konkreten Schadensursachen ging weiter, immer mehr Substanzen wurden in ihrer gefährdenden Wirkung erkannt. 1923 schreibt Professor Schwappach, Eberswalde, in seinem illustrierten Forstwörterbuch unter dem Stichwort Rauchschäden: »Es sind in der Hauptsache die sauren Gase der schwefligen und der Schwefelsäure, der Fluß- und der Salzsäure, der salpetrigen- und der Salpetersäure. Aber auch die sichtbaren Bestandteile des Rauchs, wie Ruß und Flugasche, besonders von Blei, Zink, Arsen usw. können schädlich sein. Die am weitesten verbreiteten und schädlichsten Rauchgase sind die schwefligsauren Gase ...« Und weiter heißt es bei ihm: »Je nach der mit der Konzentration der Rauchgase verbundenen Wirkung unterscheidet man akute und chronische Rauchschäden. Erstere entstehen überall dort, wo stark konzentrierte Rauchgase entweichen, also zunächst in unmittelbarer Nähe der Rauchquellen, chronische Rauchschäden auch schon durch stark verdünnte schädliche Rauchgase, wenn sie dauernd einwirken und von den Pflanzen eingeatmet werden ... Schon Luft von 0,0002 Volumenprozent SO_2[7] kann schädlich wirken, auch ist eine Schädigung auf mehrere Kilometer hin möglich, wenn auch die Größe des Schadens mit der Entfernung von der

[7] Heute gelten kurzzeitige Konzentrationsüberschreitungen ab 0,2 mg/m^3 als schädigend.

Rauchquelle abnimmt.« Zu diesen heute allgemein verbreiteten Erkenntnissen kam die Beobachtung, daß »die einzelnen Holzarten verschieden empfindlich« reagieren. Je mehr man sich mit den Waldschäden auseinandersetzte, desto klarer wurde erkennbar, daß gerade die Nadelhölzer nicht nur gegen die Naturgewalten empfindlicher reagierten. Der Nadelholzanbau in ausgedehnten Monokulturen hatte bereits vor der starken Zunahme der Schadstoffmengen die Abnahme der Widerstandsfähigkeit des Ökosystems Wald erheblich begünstigt. Daß die Laubbäume mit ihren regelmäßig abwerfenden Blättern weniger Schadstoffe aufnehmen als die immergrünen Nadelhölzer ist hinreichend bekannt, aber es gibt auch hier erhebliche Unterschiede zwischen den einzelnen Gattungen und Arten.

Seit dem starken Anwachsen der Waldschäden in unserem Jahrhundert nahmen vielerorts auch die Schornsteine von Kraftwerken und Industriekomplexen erheblich an Höhe zu, so daß die Schadstoffe[8], wenn auch durch die Luft verdünnt, die höher gelegenen Regionen der Mittelgebirge erreichten. Dort, wo die Pflanzen meist auf kargen Böden schon immer stärker um ihre Existenz kämpfen mußten, wuchs deren Bedrohung. Im natürlichen Verbreitungsgebiet der Nadelhölzer, zum Beispiel der Tanne und der Fichte, »erstickten« die Bäume langsam an dem alten, immer noch nicht bewältigten Widerspruch. Ihr Siechen hat wiederum die Wissenschaftler auf den Plan gerufen. Das heißt, eigentlich ist an dem Problem der Erkennung und Bekämpfung von Rauchgasschäden stetig, fast ohne Unterbrechung, gearbeitet worden. Wir leben nur heute in einer Zeit, in der das Umweltbewußtsein der Menschen enorm angestiegen ist – das macht die Waldschäden höchst aktuell.

Neben den Forstschäden in den industriellen Ballungsgebieten Westeuropas, den USA und Kanadas sind die Schadstoffeinwirkungen auch in den Kammlagen des Erzgebirges nicht zu übersehen. Hier kommen alle denkbar ungünstigen Faktoren zusammen. Ob die verhängnisvolle Entwicklung gestoppt wird und darüber hinaus kahle Abschnitte wieder aufgeforstet werden können, muß die Zukunft zeigen. Schon seit einigen Jahrzehnten werden in speziellen Testkammern Forstpflanzen begast, um die verschiedensten Arten auf ihre Widerstandsfähigkeit gegen Emissionen[9] unterschiedlichster Zusammensetzung zu prüfen.

In den Rauchschadensgebieten reagieren selbst die gleichen Holzarten gegenüber den Schadstoffen aus der Luft unterschiedlich. Wenn die Wissenschaftler nun mit Hilfe der vegetativen (ungeschlechtlichen) Vermehrung Reiser von alten widerstandsfähigen Koniferen auf junge Bäume aufpfropfen, versuchen sie damit, diese günstige Eigenschaft zu übertragen. Dabei gilt die Arbeitshypothese, daß die höhere Rauchtoleranz genetisch bedingt ist. Aber man weiß, daß es keine absolute Rauchtoleranz geben kann. Für die Vermehrung von großen Mengen ist diese Methode sehr aufwendig. Außerdem ist die lange Wachstumsphase ungünstig. Um Zeit zu sparen, werden von Laubbäumen bereits *in vitro-Kulturen*[10] von Embryonen aus Kreuzungen mit leistungsstarken und widerstandsfähigen Elternpflanzen in der Forstpflanzenzucht zum Einsatz gebracht. Auf dem Gebiet der in vitro-Vermehrung der Nadelbaumarten muß die Forschung noch ein gewaltiges Stück vorankommen, doch ist der Zukunftstrend erkennbar. Es ist nicht ausgeschlossen, daß irgendwann einmal jeder Baum in einem Nutzforst ein sogenannter *Klon* sein wird, das ist die exakte genetische Kopie einer besonders ausgewählten Zuchtpflanze. Auf diese Weise kann dann die Holzproduktion der Forstpflanzen gesteigert werden. Doch das sind Zukunftsvisionen, denn die Forstpflanzenzüchtung ist auch im internationalen Maßstab gesehen eine junge Wissenschaft.

Vorerst richten sich alle Bestrebungen auf die Wiederaufforstung der entstandenen Blößen. Dabei sind rauchtolerante Nadelbäume wie Lärche, Omorikafichte und Murraykiefer von besonderer Bedeutung. In Zukunft werden auch Laubbäume wie Bergahorn, Rotbuche, Eberesche, Birke und Aspe das Erscheinungsbild des Erzgebirges prägen. Auf die Fichte kann jedoch auch weiterhin in den Mittelgebirgen nicht verzichtet werden. In weniger stark ge-

[8] Dazu gehören nach heutigen Erkenntnissen neben SO_2 zu den wirksamsten: NO_x (Sammelbegriff für Stickoxide NO, NO_2 N_2O) und Fluorverbindungen.

[9] Feste, flüssige und gasförmige Stoffe, die besonders von Kraftwerken und Fabrikanlagen in großen Mengen ausgestoßen werden. Als Immission werden die gleichen Schadstoffmengen bezeichnet, die auf die Vegetation wirken.

[10] Auf Zell- und Gewebekulturen basierendes Verfahren einer vegetativen Massenvermehrung unter künstlichen Bedingungen (wörtlich = im Glas).

schädigten Gebieten wird man widerstandsfähige Klone und generative Nachkommenschaften resistenter Bestände zum Anbau bringen.

Die Forstpflanzenzüchtung kann schon heute mit positiven Ergebnissen aufwarten. In Rauchschadzonen begründete Beispielanlagen von rauchtoleranten Gehölzen beweisen, daß die Bemühungen der Forstwissenschaftler Aussicht auf Erfolg haben. So konnte auf einer Versuchsfläche im Bereich des Staatlichen Forstwirtschaftsbetriebes Dresden 1972 ein Mischwald aus Lebensbaum, Kastanie, Douglasie, Omorika- und Blaufichte, Schwarz- und Murraykiefer, Tanne und Lärche erfolgreich angepflanzt werden. Auf dem Kahlen Berg bei Zinnwald und bei Königstein wurden einige Flächen mit neugezüchteten Hybriden aus zwei Lärchenarten aufgeforstet. Dabei haben sich die Nachkommen aus einer Kreuzung zwischen Larix decidua und Larix leptolepis gut bewährt.

Es wird jedoch keinen »immissionsgerechten Wald« geben, und deshalb können der Einsatz von rauchtoleranten Baumarten oder Düngungen nur therapeutische Maßnahmen sein, um lokale kritische Immissionssituationen besser zu bewältigen. Vorrangig bleiben die Bemühungen der einzelnen Staaten, internationalen Regelungen auf diesem Sektor zum Durchbruch zu verhelfen. Die Strategie dabei ist, den Schadstoffausstoß insbesondere der Großkraftwerke schrittweise zu senken. Wirkungsvolle technische Einrichtungen wie Elektrofilter und Rauchgas-Entschwefelungsanlagen sollen die verstärkte Reinhaltung der Luft möglich machen.

Großflächige Schäden, die Ausdehnung auf nahezu alle Baumarten und Standorte in den europäischen und amerikanischen Wäldern mahnen zur Eile. Was wir gegenwärtig erleben, beschreiben Wissenschaftler als eine »regressive Entwicklungsphase eines durch langanhaltende Störbeeinflussung geschwächten Ökosystems«. Wenn erst einmal ein Höchstmaß an Belastungen überschritten ist, können die komplizierten Waldökosysteme offenbar sehr schnell und nahezu unaufhaltsam zusammenbrechen. Diese durch den Menschen ausgelösten Prozesse müssen nun aber, zumindest in unserem Klimabereich, nicht mit dem vollständigem Zerfall der Wälder enden. Die Natur benutzt ihre eigenen Überlebensmechanismen, für sie ist in diesem Falle Stabilität wichtiger als Produktivität. Das heißt, es besteht die Gefahr, daß unsere Wälder im Begriff sind, sich zu wandeln. So können aus leistungsstarken, komplizierten Ökosystemen leistungsschwächere, einfachere entstehen. Leistungsverweigerung als Folge von konstanter Überbeanspruchung könnte man auch sagen. Wenn wir auch in der Zukunft produktive Wälder haben wollen, müssen wir mit unserem Verständnis noch tiefer in das Wesen unserer Umwelt eindringen. Gesellschaftlicher Fortschritt ist nur dann dauerhaft gesichert, wenn er im Einklang mit den ökologischen Gesetzen steht.

»Unser derzeitiges Wissen über die Verhaltensweisen von Ökosystemen mit und ohne Belastungen ist noch äußerst gering. Und das Verhalten von Waldökosystemen können wir nur dann richtig verstehen, wenn wir die Wälder als Ergebnis der Evolution betrachten. Ihr liegt ein anderer Zeitmaßstab zugrunde als der der wissenschaftlich-technischen Revolution«, schrieb Prof. Dr. sc. silv. Horst Paucke vom Institut für Soziologie und Sozialpolitik der Humboldt-Universität zu Berlin schon im Jahre 1985.

Siebentes Kapitel

Rohstoff mit Zukunft

Der Boden, dicht bedeckt mit den weichen Schichten vermodernder Pflanzen und Blätter, vermag kein Wasser mehr aufzunehmen und hindurchzulassen. Das Wasser steht und kann nur durch Verdunsten aufgesogen werden. Aber die glühenden Sonnenstrahlen, die, sobald der Wolkenbruch vorüber ist, sich machtvoll wieder durch die Wolken drängen, sie in überraschend kurzer Zeit auflösend, reichen nicht bis zum Boden des Dschungels, wo die weiten Lachen hohen Wassers stehen. Der Dschungel ist oben in den Wipfeln der Urwaldbäume so dicht verwachsen und verwoben, daß nur gelegentlich, wenn eine Brise darüber hinzieht, ein paar verlorene Sonnenstrahlen hindurchzittern. Der Regen der vergangenen Wochen hat dem Dschungel eine solche Kraft des Wachsens und Gedeihens verliehen, daß ringsherum alles ein dichtes Gewebe von grünen Pflanzen und Blättern ist. Der Boden bedeckt sich in ein paar Tagen mit dickem Gestrüpp, unter dem alle Pfade verschwinden. Kein Windzug reicht hinein in das Dickicht.
So herrscht unter dem zugewachsenen Laubdach eine nasse, erstikkende Hitze. In Strömen rinnt den Menschen der Schweiß vom Körper. Die Luft ist so feucht, daß sie auch nicht einen Tropfen des Schweißes aufzunehmen vermag, wie sie es so wohltätig und so willig in den offenen Geländen tut, wo im Schatten eines jeden Baumes eine angenehme

Brise weht, erzeugt durch den ewigen Ausgleich der heißen Luft mit derjenigen, die von den Sonnenstrahlen nicht getroffen wird. Im Dschungel rinnt einem der Schweiß unaufhörlich in die Augen und über das Gesicht, und jeder zweite Handgriff gilt dem Fortwischen des Schweißes, weil er ein Brennen der Augen verursacht und das Sehen erschwert. Diese kochende Feuchtigkeit unter dem dichten Laubdach, und dann noch bis an die Hüften in nassem Grün stehend, das macht den Menschen den Kopf dumpf und schwer. Es ist, als habe man einen schweren Stein auf dem Nacken, einen Stein, in dessen Innern Gase wirbeln, die hindurchbrechen wollen. Man möchte entlaufen. Aber wohin man sich auch immer wendet: überall ist dasselbe dichte Laubdach, dieselbe erstickende, schwüle, heiße Feuchtigkeit, dieselbe Gepreßtheit des Atmens. Dies alles allein vermag den Menschen zu entkräften, ihn seiner Sinne und seines Urteilsvermögens zu berauben. Jeder Schlag, den der Caobamann mit seiner schweren Axt gegen das eisenharte Holz des zu fällenden Baumes führt, erscheint ihm der letzte zu sein, den er gerade noch zu führen vermag, und so ist sein Empfinden: Ehe er zum nächsten ausholt wird er hinstürzen, unbekümmert darum, was ihm geschehen könnte. Jedoch sind damit die Qualen des Menschen nicht erschöpft. Denn je tiefer die Natur sich in der Regenzeit befindet, um so zeugungskräftiger werden alle die Tiere, Reptilien und Insekten, für die die Regenzeit das Auferstehungsfest bedeutet. Moskitos schwärmen und stechen im Dschungel das ganze Jahr hindurch. Sie scheinen nie zu sterben oder zu vergehen.

So beschreibt B. Traven in einem seiner zwischen 1931 und 1940 erschienenen Romane aus dem Caoba-Zyklus (Mahagoniserie) die kräftezehrende, überaus anstrengende Tätigkeit eines mexikanischen Holzfällers im Regenwald. Von gerissenen Werbeagenten angeworben, treten die verschuldeten Indios den »Marsch in das Reich der Caoba« an, um dort gegen einen unangemessenen Lohn für nordamerikanische Herren das kostbare Mahagoniholz zu fällen und zu dem nächsten Urwaldstrom zu transportieren. Weitab von Zivilisation und Recht herrscht die Willkür der Mahagoni-Company. Entgegen den Festlegungen im Kontrakt wird zum Beispiel die Tagesleistung der Holzfäller von zwei auf drei Tonnen erhöht. Grausame Strafen sollen die Ausgebeuteten zwingen, die Forderungen zu akzeptieren.

Die von Traven geschilderten Ereignisse haben sich in den Jahren 1909/10, zur Zeit der mexikanischen Diaz-Diktatur, zugetragen. Mit dem Aufstand der unterdrückten Indios in den revolutionären Erhebungen von 1910/17 in ganz Mexiko wurde eine soziale Umwälzung eingeleitet. Seitdem hat sich in den mittel- und südamerikanischen Regenwäldern einiges geändert. Caoba, das Mahagoniholz, ist nach wie vor ein gefragter Exportartikel, aber es wird heute – wie andere Edelhölzer – nicht mehr auf menschenunwürdige Weise aus dem Dschungel geholt. Die Motorsäge und modernes Gerät haben Axt und Ochsengespanne in überwiegendem Maße ersetzt. Dafür tritt ein neues Problem im Urwald zutage.

Immer deutlicher und eindringlicher wird von der Vernichtung der tropischen Feuchtwälder in Lateinamerika und auch in Afrika und Asien gesprochen. Fast täglich erhalten wir neue Nachrichten über dieses beunruhigende Phänomen. Nicht nur die Vegetation nimmt Schaden; auch die in den Regenwäldern lebenden Eingeborenen verlieren zusehends ihren notwendigen Lebensraum. Großkonzerne hinterlassen nach ihren großflächigen Abholzaktionen oft riesige Schlachtfelder. Auch in bisher unberührte Waldgegenden werden tiefe, weitreichende Schneisen geschlagen. Andere Holzgesellschaften dringen in das grüne Dickicht vor und fällen kostbare Edelhölzer. Nicht nur sie zerstören riesige Flächen von tropischen Wäldern. Es sind vielmehr verarmte Ackerbauern, die auf diesen Wegen immer weiter in das Innere vordringen und mit Axt und Feuer die Wälder ruinieren. Oberflächlich betrachtet, sind sie für die Schäden verantwortlich, doch gerade ihr verzweifeltes Ringen um die Existenz zeigt, wie sehr immer noch die sozialen Gegebenheiten den Bedürfnissen nachhinken. Dabei war der Brandrodungs-(Hack-)bau, auch als shifting cultivation[1] bezeichnet, im tropischen Regenwald (besonders im Bergregenwald) und in der tropischen Savanne eine von altersher geübte Praxis, die nicht unbedingt gegen die Natur gerichtet sein mußte. Erst durch die starke Zunahme der Bevölkerung hat der Druck auf die Wälder zugenommen.

Im allgemeinen sind die brandgerodeten Böden im Dschungel nach 12 bis 20 Jahren wieder in der Lage, ihre Fruchtbarkeit zu regenerieren. Aber heute muß der Boden mehr Menschen ernähren, mitunter sogar zusätzlich Teile der Stadtbevölkerung. Dadurch werden die notwendigen Bracheperioden immer kürzer. Geringe Erträge führen zur weiteren Verringerung des Anbauzyklus und schließlich zur Abwanderung in entferntere Gebiete. Ein Teufelskreislauf, der endlich durchbrochen werden muß! Es wird höchste Zeit, daß die Bedürfnisse der Menschen mit denen der Natur in Einklang gebracht werden. Nach Schätzungen der FAO[2] (Soils Bulletin Nr. 24 von 1974) beträgt die gesamte Regenwaldfläche, auf der Brandrodung und Busch-Feld-Wechselwirtschaft betrieben wird, 190 Millionen ha. Auch hier wird wieder deutlich, daß das Zurückgehen der tropischen Waldflächen in erster Linie ein sozialpolitisches Problem ist.

Fragt man nach den tieferliegenden Gründen, kommt man zwangsläufig auf die Rückschrittlichkeit in kolonialer Zeit, das koloniale Erbe und die neuen, durch eine ungerechte Weltfinanzpolitik hervorgerufenen Abhängigkeiten der Entwicklungsländer und ihre hohen Devisenverschuldungen. Warum befeuert Brasilien heute noch seine Hochöfen mit Holzkohle und kann erst jetzt in absehbarer Zeit seine Kohlenlagerstätten ausbeuten? Am Holzverbrauch für die Energiegewinnung ist ablesbar, wo die wirtschaftlichen Möglichkeiten in der Welt noch besonders ungenutzt sind.

In Verkennung der Tatsache, daß unsere Erde ein einziges Ganzes darstellt, wird in diesem Zusammenhang oft von den Schwierigkeiten der sogenannten Dritten Welt geredet. Sogar der Terminus »unterentwickelte Länder« ist im Gebrauch. Warum in den ehemaligen europäischen Kolonien noch heute viele Dinge nicht selbstverständlich sind, ist bekannt. Angesichts der steigenden Weltmarktpreise für viele Rohstoffe sind die Nationalstaaten in Lateinamerika, Afrika und Asien gezwungen, auch stärker auf ihre Wälder und eigene Holzreserven zurückzugreifen.

Das zunehmende ökonomische Gewicht und das damit zusammenhängende Selbstbewußtsein der ehemaligen Kolonien lassen hoffen, daß die Regenwälder in Zukunft weder durch primitive Nutzung noch durch das Treiben von Holzspekulanten auf längere Sicht ernsthaft gefährdet bleiben.

In der Grünen Hölle

Am 30. März 1800 besteigen zwei mutige Naturforscher in San Fernando de Apure (im heutigen Venezuela gelegen) einen Einbaum, der von mehreren Indianern gerudert wird: Alexander von Humboldt und sein französischer Begleiter Aimée Bonpland. Insgesamt zweieinhalb Monate sind sie unterwegs, fast 2800 km legen sie zurück und stoßen dabei in eine phantastische, von Pflanzen und anderen Lebewesen überquellende Region vor, die bis dahin zu den unerforschten Gebieten gehört. Das mit Koffern, Herbarien, Instrumenten und Vogelkäfigen vollgestopfte Holzgefährt macht die Reise nicht gerade zu einer Ausflugstour. Unter einem Schutzdach aus Blattwerk, das die gleißen-

[1] Ein ständig den Ort wechselnder landwirtschaftlicher Anbau. In den Tropen gibt es dafür unterschiedliche Bezeichnungen, und auch die Art der Durchführung variiert: Roca (Brasilien), Conuco (Venezuela), Milpa oder Coamile (Mexiko), Masole (Kongo), Ray (Vietnam, Laos), Kaingin (Philippinen), Ladang (Java), Chena (Sri Lanka).

[2] Die Welternährungsorganisation (Food and Agriculture Organization) ist eine Schwesterorganisation der Vereinten Nationen. Sie tritt konsequent für Verbesserungen im Bereich der Forst- und Landwirtschaft ein.

den Sonnenstrahlen unvollkommen fernhält, können die beiden Weißen nur gebückt sitzen oder liegen. Aber nur in der unbequemen Haltung ist etwas von der vorbeiziehenden Kulisse der überaus üppigen Tropenwelt zu sehen. Die Beobachtungen werden durch die lästigen Insekten und durch die lähmende Hitze noch erschwert.

Nachdem die Wälder immer dichter und undurchdringlicher geworden sind, wird es für die Bootsbesatzung immer schwieriger, an Land zu gehen, um einen Lagerplatz für die Nacht ausfindig zu machen. Das mauerartige Buschwerk wächst sogar über die Uferbegrenzungen hinaus und schiebt sich bis in das Wasser. Aber lassen wir Alexander von Humboldt selbst zu Wort kommen:

»Soll jeder wilde Forst voll dichten Baumwuchses, an den der Mensch nicht die zerstörende Hand gelegt, ein Urwald heißen, so ist die Erscheinung vielen Teilen der gemäßigten und kalten Zone eigen. Liegt aber der Charakter in der Undurchdringlichkeit, in der Unmöglichkeit, sich in langen Strecken zwischen Bäumen von 8–12 Fuß (2,6–4 m) Durchmesser mit der Axt einen Weg zu bahnen, so gehört der Urwald ausschließlich der Tropengegend an. Auch sind es keinesfalls immer die strickförmigen, rankenden, kletternden Schlingpflanzen (Lianen), welche, wie man in Europa fabelt, die Undurchdringlichkeit verursachen. Die Lianen bilden oft nur eine sehr kleine Masse des Unterholzes. Das Haupthindernis sind die allen Zwischenraum füllenden, strauchartigen Gewächse, in einer Zone, wo alles was den Boden bedeckt, holzartig wird.«

Mit der Axt schaffen die Indianer Platz, und die kleine Expedition kann sich von den Strapazen der Flußfahrt erholen. Ein Lagerfeuer muß entfacht werden, denn sonst können Raubtiere, vor allem die Jaguare, den Schlafenden zum Verhängnis werden. Doch im feuchten Urwald geeignetes Brennholz, das die Indianer als »an der Sonne gebacken« bezeichnen, herbeizuschaffen, stellt sich als sehr problematisch heraus. Tagsüber begeistern sich Humboldt und Bonpland auf den Wasserstraßen zwischen Orinoco und Amazonas an der berauschenden Artenfülle, in der sich hier Pflanzen- und Tierwelt gleichermaßen präsentieren. Nach 36 Tagen erreichen sie den mächtigen Rio Negro, den wasserreichsten Nebenfluß des Amazonas. Die alte Vermutung, daß der Orinoco an seinem Oberlauf eine Verbindung zum Rio Negro habe, konnte bestätigt werden. Somit erwies sich die Reise schon dadurch als ein glänzender Erfolg.

Fast die Hälfte seines Vermögens, ungefähr 33500 Taler, hatte Alexander von Humboldt in die fünf Jahre dauernde Unternehmung nach Mittel- und Südamerika investiert. Neben der Vielzahl von naturwissenschaftlichen Einzelbeobachtungen und den rund 6000 gesammelten Pflanzen war auch die Diskussion über »das Zusammenwirken der Kräfte« nicht zu kurz gekommen. Die Einheit von Mensch und Umwelt konnten Humboldt und sein Begleiter aus einer neuen Perspektive sehen. Die anfängliche Entdeckungsreise entwikkelte sich zu einer wahren, allumfassenden Forschungsreise. Nicht zuletzt deshalb findet Humboldts Name auch heute noch in diesen Regionen der Erde tiefe Verehrung.

Der tropische Regenwald ist seit Humboldts Forschungsreise wesentlich zugänglicher geworden, und doch birgt er noch viele Geheimnisse. Durch massive Eingriffe des Menschen in dieses höchst empfindliche Ökosystem besteht sogar die Gefahr, daß einige davon nie enträtselt werden können. Doch dazu muß es nicht kommen. Aber die Zeit drängt, denn die Tropenländer sind aus wirtschaftlichen Gründen gezwungen, ihre Regenwälder zu nutzen.

Im Amazonas- und Orinocogebiet existiert das größte zusammenhängende Laubwaldgebiet (das sind ungefähr 7 Millionen km^2) der Erde. Bäume und Wasser sind in der Hyläa, wie Alexander von Humboldt diese erdgrößte Biomassenkonzentration bezeichnete, die beherrschenden Elemente. Auch die Artenvielfalt ist verwirrend. Ungefähr 4000 verschiedene Baumarten kommen hier vor. Bei Manáus werden sogar über 230 verschiedene Hölzer auf einem einzigen Hektar registriert. Die europäischen Wälder enthalten auf der gleichen Flächengröße nicht einmal zehn Arten. Wie andere Regenwälder[3] besitzt auch die Hyläa eine erstaunliche Eigenart, die paradox erscheint und Fehlschlüsse zulassen kann. Die in einer ununterbrochenen Wachstumsperiode hervorgebrachte Vegetation existiert praktisch auf

[3] Durch unterschiedliche Höhenlage, Bodenbeschaffenheit und Niederschläge bedingt, haben sich auf der Erde über 10 verschiedene Formen von tropischen Regenwäldern herausgebildet.

einem Nichts, genauer gesagt, auf einer vergleichsweise dünnen Humusschicht (bis zu 30 cm). Darunter befinden sich verarmte, nahezu unfruchtbare Böden. Die meisten Wurzeln der Bäume sind deshalb nicht tief im Untergrund verankert. Flachwurzelnde, bis zu 60 Meter hohe Bäume halten sich mit Hilfe von Brett- und Stützwurzeln, die ihrerseits bis in Haushöhe emporragen können. Das Humusangebot kann von den Pflanzen direkt genutzt werden, weil Hitze und Feuchtigkeit das herabfallende Laub sehr schnell zersetzen. So ist es auch möglich, daß in verschiedenen Stockwerken Pflanzen existieren können, ohne daß ihre Wurzeln überhaupt in Bodennähe gelangen. Durch diese abgestuften Lebensbereiche ist letztlich die große Dichte des Regenwaldes überhaupt erst möglich.

Fatale Folgen stellen sich ein, wenn durch Feuerlegen die Vegetationsschicht verletzt oder zerstört wird. Die Wanderfeldbauern finden in der Asche der brandgerodeten Flächen für ihre Sämlinge nur wenig Nährstoffe vor und müssen nach einigen mageren Ernten dann weitere Urwaldareale einäschern. Die starken Regengüsse, die normalerweise, von einem dichten Blätterdach zurückgehalten, erst nach einer Reihe von Minuten den Waldboden erreichen, können das Erdreich rasch ausschwemmen, und der Boden wird erodiert. Zurück bleibt dann meist ein ausgelaugter, durch Eisenoxid typisch rötlich gefärbter Untergrund. Bis darauf wieder Vegetation Fuß fassen und ein ähnlich kompliziert aufgebautes Ökogebilde geschaffen werden kann, vergehen im schlimmsten Falle vielleicht Jahrtausende.

Wissenschaftler sind nach neueren Erkenntnissen der Bodenkunde zu dem Schluß gekommen, daß 85 Prozent der gesamten Tropenwaldfläche der Erde sich nicht für eine intensive landwirtschaftliche Bebauung nutzen lassen. Auch die künstliche Düngung bewirkt hier nicht viel, weil die Böden nach der Zerstörung der Wälder auf Grund ihrer zu geringen Austauschfähigkeit keine Möglichkeiten mehr besitzen, die Nährstoffe festzuhalten. Beim intakten Tropenwald ist das ganze System noch gegen Nährstoffverluste abgesichert. Bis zu 80 Prozent der Feinwurzelmasse bilden ein stark verzweigtes Netz innerhalb der oberen Bodenzone. Dazu kommen Bodenpilze (Mycorrhizae) in der Umgebung der Wurzeln, die als ausgesprochene »Nährstoff-Fallen« dienen. Während sie von den oberirdischen Pflanzen mit lebensnotwendigen Photosyntheseprodukten versorgt werden, erleichtern sie für ihren Wirt den Transport der Nährstoffe. Mit dem Verlust der Mycorrhizae verschlechtern sich die Eigenschaften der Tropenböden weiterhin.

Diese Erscheinung ist auch von europäischen Böden bekannt. Allerdings ist hier die Umwandlung von Waldfläche in Ackerland möglich, weil infolge anderer Verwitterungsbedingungen im Boden die Hauptmenge der Nährstoffe gespeichert wird und deshalb je nach Bodenbeschaffenheit eine größere Menge für die angebauten Kulturen bereitgestellt werden kann. Gerodeten Urwaldboden der feuchten Tropen in produktive Anbauflächen für Getreide, Hülsenfrüchte oder Knollengewächse umzuwandeln, bleibt deshalb meist eine Illusion und hängt stark von den Bodenverhältnissen ab. Trotzdem gibt es auch noch heute Versuche, diesen Weg weiter zu beschreiten. Neben der Brandrodung der »kleinen Leute« gibt es auch die der Großgrundbesitzer. Allein in Brasilien gehen jährlich Tausende Quadratkilometer Urwald in Flammen auf, damit auf neugeschaffenen Flächen riesige Rinderherden weiden können. Im Zuge dieser rücksichtslosen Ausdehnung ist es auch zu gewaltsamen Vertreibungen von Ureinwohnern aus ihren staatlich zugesicherten Schutzgebieten gekommen.

Im Jahre 1970 beginnt einer der größten Angriffe auf die Urwälder der Amazonas-Region. Unter der Losung »Land ohne Menschen für Menschen ohne Land« versucht sich die brasilianische Regierung gewaltsam von einem Übel zu befreien, dessen Wurzeln tief bis in die Kolonialzeit reichen. Längst fällige Bodenreformen sind immer wieder an der Macht der einflußreichen Großgrundbesitzerclique gescheitert. Erst als eine langanhaltende Dürre zu Hungersnöten führt und etwa 30 Millionen Bauern im Nordosten des Landes um ihre nackte Existenz kämpfen, muß sich die Staatsführung unter dem Druck der Verhältnisse zu Maßnahmen durchringen. Daß dabei nur ein Ausweg zustande kommt und keine richtige Lösung, liegt eindeutig an den Versäumnissen der Vergangenheit.

Zuerst fressen sich Bulldozer in die *Grüne Hölle* und hinterlassen riesige Breschen für lange, schnurgerade Trassen. Die geplante Transamazonica, eine größtenteils unbefestigte, 3200 km lange

Straße wird 1975 fertiggestellt. Entlang dieser Magistrale und an den daran angrenzenden Erschließungstrassen sollen sich nach den Vorstellungen der Regierungsbehörden 1980 bereits eine Million Kleinbauern niederlassen und den gerodeten Wald bewirtschaften. Doch dazu kommt es nicht. Zwei Jahre vor Beendigung des Straßenbaues werden keine neuen Siedler mehr ins Land gerufen. Nur 57000 Menschen wagen den Schritt in die warmfeuchte Wildnis, und über die Hälfte davon scheitert an Krankheiten wie der Malaria und an Mißernten. Schließlich ist auch den Planern klar, was Biologen und Ökologen prophezeit haben: Das Mammutprojekt ist endgültig gescheitert. Der Regenwald hat zurückgeschlagen, doch auf den gerodeten Strecken dringen immer mehr Menschen tiefer in ihn ein.

Landlose, desillusionierte Bauern entziehen sich der staatlichen Kontrolle und versuchen, sich auf eigene Faust mit der Brandrodung durchzuschlagen. Auch die *Transamazonica* kommt nicht ungeschoren davon. Regengüsse schwemmen Teile des nackten Untergrundes weg und machen ganze Abschnitte in kurzer Zeit unpassierbar, andere werden nie benutzt und verfallen. Trotzdem bleibt am Ende der Mensch doch Sieger über die Natur.

Es wird sich zeigen, ob es ein dauerhafter Sieg sein wird. Ein Wandel in den Anschauungen über die *Grüne Hölle*, ausgelöst durch schlechte Erfahrungen, ist bereits eingetreten. Schon längst nicht mehr gilt der Amazonaswald als Feind der Zivilisation.

Da sind zum Beispiel die Edelhölzer, die besonders Brasilien in den nächsten Jahrzehnten Devisen einbringen werden. Außerdem lagern unter dem Dschungelboden reichhaltige Schätze: Kohle, Mangan, Kupfer und sogar Gold. Brasilien trägt inzwischen eine Schuldenlast von weit über 100 Milliarden Dollar und ist gezwungen, schnell zu handeln. Der Amazonaswald, die letzte große Reserve an tropischen Hölzern in der Welt, kann keine unberührbare »Ökologie-Insel« bleiben. Gerade auch weil in Afrika und Asien die tropischen Holzvorräte immer knapper werden, wird die Amazonasregion in Zukunft größere Bedeutung erlangen.

Die Sorgen um den größten tropischen Feuchtwald sind vollauf berechtigt, zumal die ökologische Bedeutung der Amazonasregion noch nicht einmal in seiner jetzigen Form eindeutig erkannt werden kann. Noch schwieriger ist es, die Gefahrenpotentiale für die Zukunft richtig vorauszusehen. Die Ergebnisse von zwei Jahrzehnten Forschungstätigkeit haben bewiesen, daß die Amazonaswälder ohne große Schwierigkeiten auf natürliche Weise verjüngt werden können. Bei einer kontrollierten Waldnutzung wird die lebenswichtige Humusschicht nicht ausgewaschen, und der Wald kann sich von selbst regenerieren.

Das Urwald-Imperium

Was treibt einen Milliardär in die *Grüne Hölle*? Sicherlich nicht das Naturerlebnis; schließlich gibt es erholsamere Plätze für Leute mit ausreichendem Kleingeld. Vielleicht der Vorsatz, sich selber noch einmal zu beweisen, die Natur mit der Kraft des eigenen Kapitals niederringen zu können. Und da das Ganze selbstverständlich einen Sinn ergeben muß, berechnet man unter dem Strich eine mehrstellige Gewinnsumme.

Der amerikanische Tankerflottenmilliardär Daniel K. Ludwig sucht einen geeigneten Zeitpunkt, um an die Realisierung dieses Traumes zu gehen. 1967 scheint dafür das richtige Jahr zu sein. Die brasilianische Regierung ist bereit, im Rahmen eines überdimensionalen Holzplantagenprogramms auch an finanzkräftige Privatpersonen großflächige Urwaldareale zu verkaufen. Ausländische Investoren sollen auf eigenes Risiko im abgelegenen Busch mit moderner Technik Zellstoff produzieren. Da es so aussieht, als ob sich eine allgemeine Papierknappheit in naher Zukunft auf dem Weltmarkt einstellen wird, hoffen beide, Staat und Investor, auf goldene Zeiten. Für nur drei Millionen Dollar erwirbt Daniel K. Ludwig ein rund 20000 km^2 großes Urwaldterritorium am Jari-Fluß, einem Nebenfluß des Amazonas. Das Gebiet entspricht ungefähr der halben Flächengröße der Niederlande.

Ludwig investiert in seinen Besitz am Jari, der 400 km vom Atlantischen Ozean entfernt ist, riesige Summen. Er kommt schließlich an die Milliardengrenze. Der Finanzier ist es gewohnt, immer »ganz groß« an seine Projekte heranzugehen. Hier, im Amazonasdschungel, wird er sich selbst übertreffen, immerhin ist er nun der Besitzer des größten Tropenholzunternehmens der Welt. Nie zuvor hat ein Mensch ein so großes Land privat erworben. Aus Japan läßt er sich eine komplette Zellstofffabrik auf dem über 25 000 km langen Wasserweg bis in die Einöde am Jari schleppen. Später soll sie täglich 800 t hochwertigen Zellstoff produzieren und die Haupteinnahmequelle werden. Die Energie wird dann von einem Kraftwerk bezogen, das die Japaner ebenfalls fabrikfertig nach Südamerika auf die Reise schicken.

Aber vorher muß erst einmal eine Infrastruktur geschaffen werden. Im Endausbau sind es dann 4500 km Straßen und Wege, auf denen 500 LKW, Geländewagen und schwere Spezialmaschinen rollen. Zwischen Sägewerk und Dschungel werden zusätzlich 40 km Eisenbahnschienen verlegt. Auf drei Flugplätzen starten und landen die Maschinen des Plantagenbesitzers. Mehrere Dschungelsiedlungen mit den Unterkünften für das große Heer von Arbeitskräften werden förmlich aus dem Boden gestampft. Die größte von ihnen, hier leben über 25 000 Menschen, erhält den Namen Monte Durado. Einfache Massenquartiere wechseln mit Zwei- und Einfamilienhäusern; die Dienststellung bestimmt die Art der Unterbringung. In Monte Durado gibt es auch soziale Einrichtungen, Schulen und ein Krankenhaus. Um die Versorgung der insgesamt 30 000 Menschen zum größten Teil aus eigener Kraft zu organisieren, gründet der Plantagenbesitzer die *Agricultural Company*, die Reis, Gemüse, Früchte und Fleisch produziert. Zusammen mit der bedeutenderen *Jari-Forest* entsteht ein agroindustrielles Mammutunternehmen, das unter diesen Bedingungen wohl einzigartig in der Welt dasteht.

Von kleineren Schwierigkeiten abgesehen, läuft alles hervorragend in dem privaten Urwaldimperium. Eines Tages wird von den Erkundungstrupps sogar ein Kaolinlager entdeckt, das in einem Jahr allein 300 000 Tonnen hergibt. Im Regenwald ist bereits Ludwigs Großtechnologie zum Angriff auf die Vegetation angetreten. Innerhalb von wenigen Minuten fallen die ersten Urwaldriesen krachend zu Boden. Kräne ziehen die Stämme bis an die Fahrwegränder, zusammengetragenes Unterholz geht in Flammen auf. Von den weit über 500 Holzarten, die hier am Jari allein auf einem Hektar vorkommen, können jedoch nur die wenigsten gewinnbringend abgesetzt werden. Doch damit hat der reiche Amerikaner natürlich gerechnet. Er will sowieso sein Waldimperium schrittweise roden lassen und dann den Baum seiner Wahl, seinen »Wunderbaum«, in millionenfacher Stückzahl kultivieren.

Ludwig ist von diesem »Wunderbaum«, der GMELINA ARBOREA heißt, mehr als fasziniert. Er verspricht die Erfüllung all seiner hochgesteckten Vorstellungen. In der asiatischen Heimat hat der Baum seine überragende Fähigkeit unter Beweis gestellt. Er wächst dreimal so schnell wie ein anderer Baum und kann nach ungefähr zehn Jahren bereits gefällt werden. Time is money, auch wenn es ihm nicht mehr vergönnt sein wird, den ganzen unproduktiven Dschungel in einen »Wunderwald« zu verwandeln, ein unauslöschliches Monumentaldenkmal bleibt es ohnehin. So denkt ein Milliardär, aber Erwartungen und Realität decken sich nicht immer.

Bereits beim Niederwalzen des Dschungels machen Forstingenieure eine Beobachtung, die ein anderes Vorgehen erfordert. Das hohe Gewicht der Großmaschinen verdichtet die lockere Humusschicht stellenweise so stark, daß auf diesem »Wachstumsfilm« kaum noch etwas wächst. Schweren Herzens entschließt sich Ludwig daraufhin, mit traditionellen Mitteln weiterarbeiten zu lassen. Das heißt in diesem Falle, mit Machete, Kettensäge und auch mit Feuer dem Urwald zu Leibe rücken. Während Tausende Forstleute die Rodungsfläche bis auf 100 000 Hektar vergrößern, kommen viele teure Maschinen überhaupt nicht mehr zum Einsatz.

Um den Boden möglichst schnell wieder zu befestigen, wird zügig mit GMELINA ARBOREA aufgeforstet. Die Setzlinge gehen gut an, aber dann gibt es wieder einen Einbruch. Es stellt sich heraus, daß der sandig-lehmige Untergrund für den schnellwachsenden Baum nicht geeignet ist. Hier kann er seine hervorragenden Eigenschaften nicht ausbilden. Dazu kommt, daß das wuchernde Unterholz zu viel Humus verbraucht. Nur durch den aufwendigen Einsatz von Arbeitskräften, die mit der Machete das ständig nachwachsende Grün niederhalten, kann etwas bewirkt werden. Trotzdem bleiben die Wuchsleistungen viel zu gering.

Auch das Anpflanzen von karibischen Kiefern und anderen besser geeigneten Holzarten kann das Jari-Unternehmen nicht mehr retten. Der geldversessene Plantagenbesitzer hatte sich zu sehr in seinen »Wunderbaum« verliebt und gegen elementare Regeln der Forstwirtschaft verstoßen. Nach über zehn Jahren liefert seine Zellstoffabrik noch nicht einmal die Hälfte der erwarteten Produktionsmenge, die Kosten waren gewaltig angestiegen, und weitere Kredite blieben aus. Kurz, das Dschungelprojekt war längst unrentabel geworden. Plantagenbesitzer Ludwig schrieb schon seit einiger Zeit rote Zahlen. In dieser Situation konnte nur noch verkauft werden. Neuer Eigentümer wurde ein brasilianisches Firmenkonsortium, das die Regierung mit dem Kauf der *Jari Forest* und der *Agricultural Company* beauftragt hatte. In den Jahren 1980 bis 1983 mußten für die Übernahme 280 Millionen Dollar aufgewendet werden.

Die Plantagenwirtschaft hat schon immer viele Profitsüchtige angezogen. Mit schnellwüchsigen Baumarten wie Eucalyptus, Gmelina und ihren idealen Wuchsbedingungen hofften viele Unternehmer, in den Tropen rasch zu noch mehr Geld zu kommen. Meist war das Verständnis für die Natur unzureichend und der Mißerfolg deshalb früher oder später unausbleiblich. Nicht nur Produktionsbeeinträchtigungen können Plantagen zum Risiko werden lassen.
Es sind vorwiegend Schädlinge und Krankheiten, die allen Monokulturen zusetzen können und das Aufforstungswerk zunichte machen. Ein kurzfristig angestrebter Erfolg, der die Rückgewinnung des investierten Kapitals und außerdem noch Gewinn verlangt, ist in den Tropen sehr selten möglich.

Obwohl tropische Holzplantagen in ihrer Wirksamkeit umstritten sind, werden sie auch in Zukunft nicht wegzudenken sein. Im Gegenteil, ohne Plantagen werden die Nationalstaaten ihre Probleme, insbesondere die Beschaffung von Brennholz, zukünftig nicht bewältigen können. Noch sind viele Fragen im Hinblick auf die ökologische Beherrschbarkeit von Holzplantagen offen. Ein Optimum zwischen den Bodenverhältnissen und geeigneten Holzarten muß jeweils für den entsprechenden Standort gefunden werden. Das ist nicht kurzfristig erreichbar. Wir erinnern uns: Auch in Europa haben Monokulturen die Lücken einer unbedachten jahrhundertelangen Holzentnahme ausfüllen helfen. Erst danach war die Forstwirtschaft in der Lage, wieder zu natürlicheren Wirtschaftsformen überzugehen. Aber die Erfahrungen aus dem gemäßigten Klimabereich sind nur bedingt übertragbar; neue Erkenntnisse sind nötig.

Zur Zeit kann in den Tropen nur ein Zehntel der gerodeten Flächen durch Plantagen ersetzt werden. Professor Dr. Hansjürg Steinlin von der Forstwissenschaftlichen Fakultät der Universität Freiburg im Breisgau schätzt die Situation so ein: »Eine Selbstversorgung der tropischen Länder mit Holz und Holzprodukten zu Beginn des nächsten Jahrhunderts kann nur erreicht werden, wenn bis zum Jahre 2000 in Asien und im Fernen Osten mindestens 150 Millionen Hektar, in Afrika 60 Millionen Hektar und in Lateinamerika 30 Millionen Hektar solcher Pflanzungen geschaffen werden.«

Dabei wird unterstellt, daß ohne den Einsatz anderer Energiequellen in den dichtbesiedelten Regionen der Holzbedarf stark ansteigen wird, während der Wald bereits weitgehend zerstört sein wird. Brennholzplantagen werden dann die einzige billigere Energiereserve darstellen. Holz aus anderen Regionen einzuführen, wird den ohnehin schwachen Finanzhaushalt zusätzlich belasten. Schon jetzt ist die Lage bedenklich, wenn man sich vor Augen führt, daß in jedem Jahr eine Fläche von über 11 Millionen Hektar Tropenwald der Brandrodung und anderen Eingriffen ersatzlos zum Opfer fällt.

Afrikanisches Rundholz

Im Auftrag der *Karl Danzer Furnierwerke Reutlingen* geht im Herbst 1972 ein gigantischer Baumstamm aus der Republik Côte d'Ivoire auf eine weite und beschwerliche Reise. Noch nie zuvor ist ein so großer und schwerer Holzstamm über größere Entfernungen bewegt worden. Für den Abtransport aus dem Urwald wird ein Spezial-Tieflader benötigt, um den fast 80 t schweren Makoré-Stamm bis in den Hafen im Golf von Guinea zu bringen. Schon beim Beladen ist der Edelholzriese, der einen Durchmesser von 4,3 m und eine Länge von 11,4 m besitzt, schwer zu bewältigen. In einer vorbereiteten Grube bezieht der Tieflader Position, und dann schieben die Schilde mehrerer Bulldozer den höher gelegenen Stamm langsam und vorsichtig auf die Pritsche. Für die Kraftfahrer ist das Verladen dieses Riesenbrokkens keine alltägliche Arbeit. Sie sind froh, als der Stamm sicher auf dem Fahrzeug ruht.

Dann beginnt der mühselige Transport quer durch den Regenwald auf abenteuerlichen Pisten. Umwege müssen in Kauf genommen werden, denn nicht jede von den wenigen Brücken ist diesem kolossalen Gewicht gewachsen. So kommen insgesamt über 700 km zusammen, bis der Tieflader nach 11 Tagen endlich das Hafengelände von Abidjan erreicht. Hier wartet bereits der Frachter *Mario Delmas* auf den Urwaldriesen mit der Verladenummer 4518 A. Dann fährt der Tieflader auf einen Ponton, der von Schleppern bis an das Schiff bugsiert wird. Mühsam, die Manöver dauern einen Tag lang, hievt ein Schwimmkran die ungewöhnliche Last an Bord. Von Abidjan aus geht es nach Rotterdam und von dort wiederum auf Wasserstraßen über Rhein und Main bis nach Nürnberg. Der Rest der Strecke bis zum Messegelände der Stadt München wird mit Bahn und Tieflader bewältigt.

Der Riesenblock aus Afrika wurde dem Institut für Holzforschung und Holztechnik der Universität München zur Verfügung gestellt. Das Alter dieses außergewöhnlichen Exemplares konnte nur grob mit 700–800 Jahren angegeben werden, weil sich unter den Bedingungen des tropischen Klimas keine scharfbegrenzten, regelmäßigen Jahresringe ausbilden. Wie schon gesagt, Stämme in derartigen Dimensionen werden im allgemeinen nicht außer Landes gebracht. Aber auch die Beschaffung der normalen handelsüblichen Rundhölzer aus den afrikanischen Tropenwäldern ist nicht gerade leicht und erfordert den Einsatz von modernen Großmaschinen.

Da die afrikanischen Nationalstaaten meist nicht über ausreichende Mittel verfügen, vergeben sie Konzessionen an ausländische Firmen, die in den tropischen Tiefland-Regenwäldern und halbimmergrünen Wäldern[4] die Rundholzgewinnung organisieren.

Begleiten wir einen Prospekteur des Danzer-Unternehmens bei seiner Arbeit im Urwald: Mit einem Kleinflugzeug konnte bereits aus der Luft das Gebiet, für das die Nutzungsrechte erworben wurden, in Augenschein genommen werden. Die topographischen Gegebenheiten sind nicht gerade ungünstig, und verschiedene Edelhölzer konnten ausgemacht werden. Aber jetzt geht es darum, die genauen Standorte von Makoré, Cipo, Tiama und Aboudikrou im unübersichtlichen Gelände genau zu erkunden und die Ergebnisse in eine Karte einzuzeichnen.

Dabei geht man ganz systematisch vor: Das zu erkundende Territorium wird in sogenannte *Chantiers*, das sind quadratische Urwaldabschnitte von fünf mal fünf Kilometern, eingeteilt. Wochen und Monate ist nun der Prospektionstrupp unterwegs, kartiert und kennzeichnet alle interessierenden Bäume. An Komfort jeglicher Art ist in dieser Zeit nicht zu denken. Das eilig hergerichtete Nachtlager wird am nächsten Morgen schon wieder verlassen. Weiter geht es durch das scheinbar undurchdringliche grüne Dickicht, in dem nur die Machete ein Fortkommen möglich macht. Dann sind die Kartierungsarbeiten abgeschlossen, und auf den einzelnen Chantier-Blättern können die Trassen der Erschließungswege entsprechend der Verbreitung der zum Einschlag vorgesehenen Edelhölzer festgelegt werden.

Mit diesen Unterlagen kann der Straßenbau im Urwald beginnen. Ohne Transportwege ist eine rationelle Rundholzgewinnung im Urwald undenkbar. Wenn später LKW mit einer Nutzlast bis zu 35 t rollen sollen, müssen bestimmte Vorkehrungen getroffen werden. Dazu gehören auch Straßengräben für die Aufnahme des Regenwassers und das Aufbringen eines Lateritbelages. Sind die auserwählten Bäume erst einmal erreicht, geht alles weitere sehr schnell. Früher hat ein Trupp von sechs Männern vielleicht zwei Bäume pro Tag eingeschlagen, und das unter großen Mühen. Mit Motorsägen kann heute eine gleiche Anzahl von Forstarbeitern bis zu zehn Bäume fällen.

Wenn die Krone vom Stamm getrennt ist, werden die Hölzer entrindet und zum Teil entsplintet. Der fertige Holzblock kann dann von dem Rundholzabnehmer begutachtet werden. Dabei sind die Maße und

[4] Entsprechend der abnehmenden Niederschlagsverteilung schließen sich nach außen die Feucht- und Trockensavannen an.

die Qualitätsmerkmale wichtig. Bevor der Abtransport der Blöcke beginnt, erhalten die Stammquerschnitte noch einen Schutzanstrich und werden meist im ganzen mit einem Antischädlingsmittel besprüht. Sind Flüsse in der Nähe, erfolgt der Transport der Blöcke auf dem Wasser. Die riesigen Flöße werden von Motorbooten bis in die Verarbeitungswerke gezogen. Einige Holzarten, zum Beispiel Mukulungo, Wengé und Lati, sind auf Grund ihrer hohen Dichte nicht schwimmfähig. Sie gelangen auf Pontons ins Verarbeitungswerk. Dabei müssen mitunter sehr große Entfernungen überbrückt werden. In Zaïre befinden sich die am weitesten entfernten Konzessionsgebiete des Danzer-Unternehmens ungefähr 1700 km vom Holzverarbeitungswerk bei Maluku am Zaïre-Strom (Kongo) entfernt.

Zaïre gehört zu den Staaten Afrikas, die erst seit einigen Jahren eine zunehmende Rolle auf dem Holzexportsektor spielen. Von einem starken wirtschaftlichen Druck auf die Regenwälder kann hier noch nicht gesprochen werden. Reiche Bodenschätze, insbesondere die Kupfer- und Kobaltvorkommen, sind die Haupteinnahmequellen im Außenhandel Zaïres. Doch in Zukunft wird auch der Holzreichtum stärker dem Landeswohl dienen müssen. Schon die sehr hohe jährliche Bevölkerungszunahme weist auf einen künftig steigenden Eigenbedarf hin. 1984 lag der Holzeinschlag bei 33 Millionen m^3, davon wurden über 90 Prozent als Brennholz in ländlichen Siedlungen zur Energiegewinnung verwendet. Das hohe hydroenergetische Potential des Zaïre-Stromes bietet bei seiner Ausnutzung die Chance, einmal ganz darauf verzichten zu können. Gerade weil Zaïre nicht von der Holznutzung grundsätzlich abhängig ist, kann hier verhindert werden, daß der Regenwald wie in anderen Regionen schnell und unwiderbringlich zerstört wird. Schon seit Jahren achtet der Staat strikt darauf, daß die ausländischen Holzkonzessionäre seine Auflagen einhalten. Das *Office Nationale du Bois* registriert und kontrolliert, ob die Menge und die Art des eingeschlagenen Holzes entsprechend den Vorgaben übereinstimmen und daß Mindestdurchmesser eingehalten werden.

Wichtig für die Schaffung von bleibenden Arbeitsplätzen ist auch die Forderung, daß eine bestimmte Menge an Holz im Land verbleibt und für den Inlandbedarf verarbeitet wird. Die zum Holztransport geschaffenen Straßen sollen für den Ausbau einer ländlichen Infrastruktur mitgenutzt werden können. Dann gibt es noch wie in allen tropischen Erzeugerländern ein großes Problem bei der Edelholznutzung. Von den mehr als 150 geeigneten Hölzern stoßen nur 15, gelegentlich auch die doppelte Anzahl, auf wirtschaftliches Interesse im Ausland. Zaïre ist wie alle Erzeugerländer daran interessiert, diese Marktabhängigkeit möglichst klein zu halten, und drängt auf Intensivierung der Holznutzung. Anders als beim Einschlag für die Zellstoff- und Papierindustrie werden bei der Edelholzgewinnung pro Hektar vielleicht drei oder vier Bäume gefällt, denn nur auf die gesuchten Hölzer und dabei wiederum auf die besten Exemplare richtet sich das Interesse. Es läßt sich denken, daß diejenigen Länder, die stark vom ausländischen Kapital abhängig sind und nur auf ihr »grünes Gold« als devisenträchtige Rohstoffquelle zurückgreifen können, keine strengen Auflagen erteilen werden.

Im Bereich des Kongo-Beckens unterliegen die Wälder von Zaïre, Kongo und Gabun zur Zeit noch den geringsten Veränderungen. In anderen Regionen werden die Regenwälder schon seit Jahrzehnten wesentlich stärker genutzt: Côte d'Ivoire, Kamerun und Liberia sind die führenden Holzexportländer mit der größten jährlichen Entwaldung. Nicht immer werden die eingeschlagenen Flächen im erforderlichen Maße aufgeforstet. Ghanas Waldbestand hat ursprünglich zwei Drittel des Landes ausgemacht, heute sind es nur noch 10 Prozent. Neben unzureichenden waldbaulichen Maßnahmen und dem Wanderfeldbau verursachen auch übereilte Projekte große Einbußen. So sind bei der Anlage des Volta-Staudammes in Ghana ganze Wälder überstaut worden, ohne daß eine wirtschaftliche Nutzung erfolgen konnte. Außerhalb der Feuchtwaldgebiete Afrikas sind die regengrünen Wälder und besonders die Trockenwälder von einer starken Dezimierung betroffen. In Ostafrika sind es die Bergwälder, die vor allem in Nord-Tansania stark zurückgehen.

Trotz teilweise gewaltiger Anstrengungen gerade in den gefährdetsten Gebieten sind es immer wieder die Sünden der Vergangenheit, die sich am stärksten auswirken. Als Beispiel kann Äthiopien dienen: Das Land war einmal zu 40 Prozent von Wald bedeckt. Heute ist nur noch ein Zehntel von Äthiopien grün.

Auf einer schwarzfigurigen attischen Amphore
aus dem 6. Jahrhundert v. u. Z.
sind Bauern bei der Olivenernte dargestellt.
Staatliche Museen zu Berlin,
Antikensammlung.

Hölzerner Opferkasten des Sen,
etwa 1900 v. u. Z.
Staatliche Museen zu Berlin,
Ägyptisches Museum.

Zedernholzsarg aus dem Mittleren Reich,
um 1800 v. u. Z.
Staatliche Museen Preußischer Kulturbesitz Berlin,
Ägyptisches Museum.

Zimmerleute bei der Arbeit.
Stuckmalerei aus Theben, etwa 1490 v. u. Z.
Staatliche Museen zu Berlin,
Ägyptisches Museum.

Der spätgotische Holzbildhauer
Tilman Riemenschneider
schuf eine neue Sicht für die Realität.
Seine Figuren
scheinen von Fleisch und Blut zu sein
und nehmen eigentlich schon die Stilmittel
der Renaissancezeit in Deutschland vorweg:
Die vier Evangelisten vom Münnerstädter Altar,
1490–92.
Staatliche Museen Preußischer Kulturbesitz Berlin,
Skulpturengalerie.

Auch in der Kunst ist an der Wende des 15.
zum 16. Jahrhunderts der Aufbruch in die Neuzeit
deutlich spürbar.
Albrecht Altdorfer malt als erster
eine Waldlandschaft ohne religiösen Hintergrund:
Landschaft mit Burg (Donaulandschaft),
um 1525/26.
Alte Pinakothek München.

Germanien zur Römerzeit.
Kartographischer Stich von Willem Blaeus
aus dem Jahre 1630.
Hermann Haack
Geographisch-Kartographische Anstalt Gotha.

Februarbild
aus dem Stundenbuch des Herzogs von Berry.
Bibliothèque Nationale, Paris.

Das Novemberbild des Breviarium Grimani
mit der Schweinemast im Eichenwald.
Bayerische Staatsbibliothek, München.

Waldlandschaft mit Hirt und Herde.
Das Gemälde von Friedrich Wilhelm Hirt aus dem 18. Jahrhundert
illustriert eindrucksvoll die Waldweide.
Schloß Kiel, Rantzaubau.

Pan und Syrinx,
Gemälde von Arnold Böcklin, 1854.
Sächsische Landesbibliothek Dresden,
Abt. Deutsche Fotothek.

Die Bauern lebten vom und mit dem Holz.
Brennholz, Stecklinge für Zaunpflanzungen
und Flechtruten für Korbwaren wurden
in dem von der Natur vorgegebenen Rhythmus
der Vegetation entnommen.
Gemälde von Pieter Brueghel:
Der düstere Tag, 1565.
Kunsthistorisches Museum Wien.

Hirschjagd des Kurfürsten Johann Friedrich, 1544.
Gemälde von Lucas Cranach d. J.
Kunsthistorisches Museum Wien.

Die Wildschweinjagd von Peter Paul Rubens, um 1618/20.
Sächsische Landesbibliothek Dresden, Abt. Deutsche Fotothek.

Grüne Mauern aus verschnittenen Laubbäumen: im Park von Schloß Schönbrunn, Wien.

Ein Baum wird mit der Steinaxt gefällt
(Neuguinea).
Staatliche Museen Preußischer Kulturbesitz Berlin,
Museum für Völkerkunde.

Holzbearbeitung mit steinzeitlichem Hohlmeißel.

Die Forstwirtschaft der USA
verfügt besonders im Südosten
über moderne Technologien.

Die märkische Kiefer
dient auch heute noch der Harzgewinnung.

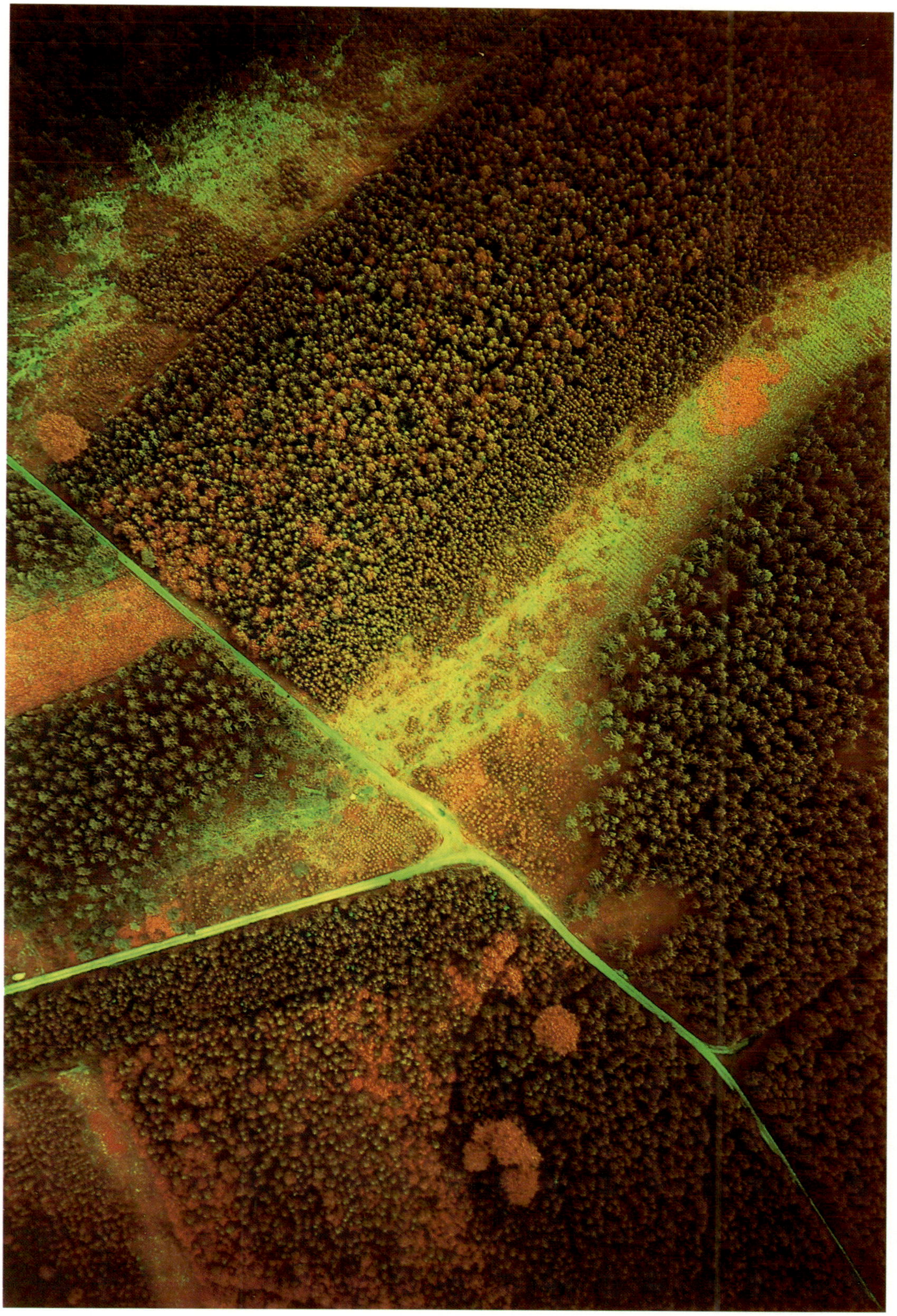

Die moderne Forstvermessung kommt ohne Luftbildauswertung längst nicht mehr aus. Die Falschfarben des Spezialfilms zeigen den Zustand und die Zusammensetzung des Waldes. Hier ist es ein gesunder Mischwald, z. T. mit Reinbeständen: Laubbäume (rot), Nadelbäume (braungrün), z. T. mit aufgeforsteten Kahlschlägen (gelb, rot, lindgrün).
Foto: Interflug-Betrieb Fernerkundung, Industrie- und Forschungsflug.
Freigabe unter Registriernummer ZLB/L 33/65–112.

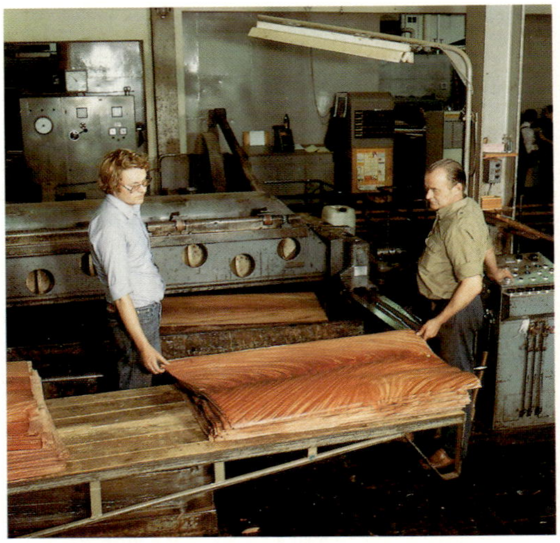

Pyramidenmahagoni, erstklassiges Furnier, geschnitten von der Flachmessermaschine.

Viel Erfahrung erfordert das Aufarbeiten der Blöcke.

Eine Mahagoni-Pyramide von 9 t Gewicht aus Zaïre.

Eichenfurnier wird taxiert.

Die innere Schönheit
eines Makassar-Ebenholzstammes.

In der jakutischen Taiga:
Hölzerner Ostrogturm aus dem 17. Jh.

Die Pionierzeit
ist im über 350 Jahre alten Jakutsk
noch immer gegenwärtig.

Unberührte Taiga.

Die ältesten Lebewesen auf der Erde:
Grannenkiefern in den White Mountains,
Kalifornien/USA.

Dieser kleine Dreispitzahorn-Wald
ist ungefähr 30 Jahre alt.
Er besteht aus Bonsai-Miniaturbäumen,
die noch nicht einmal 40 cm hoch sind.

Herabgestürzte Kreidemassen
engen den Lebensraum der Vegetation ein.
Stubbenkammer/Insel Rügen.

Buchen kämpfen an der Steilküste um ihre Existenz.

Durch den Wind verkrüppelte Bäume.
»Gespensterwald« bei Nienhagen an der Ostsee.

Max Robert Preßler (1815–1886) –
der Begründer der Bodenreinertragslehre.
Die Büste steht im Forstbotanischen Garten
der Technischen Universität Dresden in Tharandt.

Heinrich Cottas Büste
im Forstbotanischen Garten
der Technischen Universität Dresden in Tharandt.

»Lebende Fossilien«, wie Gingko …

… und Metasequoia kommen rezent
und als Versteinerungen vor.
Museum für Naturkunde, Berlin.

Auch heute noch
werden Urwaldbäume mit der Axt gefällt,
denn nicht immer und überall
ist moderne Technik verfügbar.

Ein riesiger Makoré-Stamm wird abtransportiert.

Sägewerk, Hobelwerk und Furnierwerk
sind in einem Komplex zusammengefaßt.
Danzer-Werke bei Maluku/Zaïre.

Teakholzstämme aus Burmas Urwäldern
werden am Irawadi-Fluß zu Flößen zusammengestellt.

In Indien und Südostasien
leisten Arbeitselefanten unter der Anleitung
ihres Mahaut eine erstaunliche Arbeit.

Der Holzhafen von Abidjan.

In der Regenzeit ist der Rundholztransport besonders abenteuerlich.

Waldzerstörung durch Wanderrodungshackbau.

Nicht immer werden Holzabfälle,
wie hier in Vavoua, Côte d'Ivoire (Elfenbeinküste),
zu Holzkohle verarbeitet.

Brandrodung.

Außerhalb der Einschlagsregionen
bieten Kanadas Wälder Schutz vor Erosion
und regulieren den Wasserhaushalt.

Die Bodenerosion macht der Aufforstung zu schaffen. Von 1980 bis 1985 wurden über 450 Millionen Stecklinge gepflanzt, von denen aber nur 40 Prozent eine reale Überlebenschance haben. In den Trockensavannen sind es die Dürrekatastrophen, die den Afrikanern immer wieder alle Überlebenskräfte abverlangen. Wo die Vegetation sich mit spärlichem Wachstum zufrieden geben muß, führen Überweidung, Brandrodung, Hackfeldbau und Abholzung zu Schäden, die irreparabel anmuten. In der Sahel-Zone dringt die Wüste jährlich etwa 15 km nach Süden vor.

Aber es gibt einen Ausweg. Schon jetzt ist der Trockenheit der Kampf angesagt. Mit der zunehmenden sozialen Umgestaltung Afrikas und der wachsenden Zusammenarbeit, besonders der Sahel-Länder Niger, Obervolta, Senegal und Mali, werden in der Zukunft wirkungsvolle Wasserbaumaßnahmen möglich werden. Gewaltige Bewässerungsprojekte in der Sowjetunion (Kara-Kum-Kanal) und in der Mongolei haben bewiesen, daß die von der Wüste eroberten Landstriche wieder in blühende Gärten zurückverwandelt werden können.

Asiens Holzländer

In Indonesien wächst die Bevölkerung trotz fortschreitender Erfolge bei der Geburtenkontrolle um mindestens 2,4 Prozent jährlich an. Auf der 132 174 km² großen Insel Java (das entspricht ungefähr der Fläche Griechenlands) leben heute über 100 Millionen Menschen. Von den 165 Millionen der Gesamtbevölkerung bewohnen also fast zwei Drittel nur 7 Prozent der Gesamtfläche des Inselstaates. Bei der heutigen Bevölkerungsdichte von annähernd 790 Menschen pro Quadratkilometer ist es nicht verwunderlich, daß der tropische Regenwald hier einen besonders großen Schwund zu verzeichnen hat. Sogar bis auf die Flanken der Vulkankegel ist der Akkerbau vorgedrungen.

Bei dem starken Relief ist Erosion unausbleiblich, Erdrutsche zerstören die Anbauflächen auf den Hängen, und Regenfluten spülen den Ackerboden bis in das Meer. Ohne Erosion wären die Probleme nicht so groß, denn der vulkanische Untergrund auf Java hat nährstoffreiche, fruchtbare Böden entstehen lassen. Darin liegt auch der Grund, weshalb gerade dort schon immer mehr Menschen lebten als auf den anderen, zum Teil bedeutend größeren Inseln. Borneo und Sumatra sind mit Regenwäldern überzogen, die ähnlich wie die Amazonasregion zum großen Teil auf einem nährstoffarmen Untergrund wachsen und deshalb sehr verletzbar sind.

Um einer weiteren Überbevölkerung von Java entgegenzuwirken, beschloß die indonesische Regierung, bereits 1974 ein großangelegtes Umsiedlungsprogramm ins Leben zu rufen. Bis zu 15 Millionen Menschen sollten in den Küstenregionen von Südostsumatra, Ost-Kalimantan und Irian-Jaya, mit dem Notdürftigsten ausgerüstet, auf durchschnittlich zwei Hektar Land eine neue Existenz gründen und dort vor allem Reisbauern werden. Inzwischen sind die Planungen bescheidener geworden. Von 1979 bis 1984 sind 326 000 Familien in die neuen Siedlungszentren ausgewandert. Die bisherigen Ergebnisse sind sehr enttäuschend. Wenn die Siedler auf ihren zugewiesenen Flächen weder Reis, Kaffee, Sojabohnen, Maniok, Papayas, Bananen oder Erdnüsse in den notwendigen Mengen ernten werden und der Boden nach und nach der Erosion weichen wird, werden sie wohl den nahen Urwald niederbrennen und von der Brandrodungswirtschaft leben müssen.

Viel hängt jedoch von dem Durchsetzungsvermögen der Siedler ab und von der tatkräftigen wirtschaftlichen Unterstützung durch die indonesische Regierung. Je besser die zukünftigen Bauern auf ihre Rolle vorbereitet werden, desto besser werden sie sich in ihrer neuen Umwelt behaupten können. Die Anwendung von neuen landwirtschaftlichen Produktionssystemen kann Fehlschläge, wie sie in Brasilien vorgekommen sind, in gewissem Maße verhindern helfen.

Allein mit der Transmigration von Menschen sind Indonesiens wirtschaftliche Probleme nicht zu lösen. Neben dem Export von Erdöl hat sich der Holzexport zu einem bedeutenden Faktor entwickelt. Indonesien ist der größte asiatische Holzexporteur mit gewaltigen Zuwachsraten. Von 1969 bis 1979 stieg die Exportmenge auf über 450 Prozent an!

Vor allem amerikanische Holzmultis operieren mit modernem Gerät in den Wäldern von Kalimantan, Sumatra und Borneo. Ihre Methoden sind mitunter rücksichtslos gegen Natur und Menschen. Es soll vorkommen, daß die von der Regierung geforderten Aufforstungen nach dem Holzeinschlag schleppend oder überhaupt nicht vorgenommen werden. Eigentumsrechte werden mißachtet und Entschädigungen mit Verzögerung gezahlt. Für die indonesischen Regierungsstellen ist es sehr schwer, die Übersicht zu behalten. Bis 1978 wurden offiziell insgesamt 683 Abbau-Konzessionen an ausländische Firmen erteilt, die eine Gesamt-Investitionssumme von 1,3 Milliarden US-Dollar vorsahen. Die Konzessionen erstrecken sich auf rund 675 000 km^2 Tropenwald – das sind nach Schätzungen von Experten die gesamten Tieflandregenwälder Indonesiens! Heute führt Indonesien die Holzexportländer der südostasiatischen Inseln an, und diese wiederum gehören zu den größten Exporteuren von Rund- und Schnittholz auf der ganzen Welt. Bevor Indonesien seine gewaltigen Exportsteigerungen vornahm, hatte Malaysia diese Position inne und galt als größter Laubholzexporteur der Welt.

Die starke Ausfuhr von Hölzern aus dem südostasiatischen Inselraum (Indonesien, Malaysia, Philippinen, Ozeanien) bringt selbstverständlich große Gefahren für die Erzeugerländer mit sich. Zusammen mit dem steigenden Eigenbedarf und der gleichzeitigen Zerstörung durch Brandrodung kann es bereits um das Jahr 2000 nach der Meinung von FAO-Experten dazu kommen, daß das Exportpotential stark schwindet oder nicht mehr vorhanden ist. Andererseits wird auch in diesen Ländern der Ausbau der holzverarbeitenden Industrien und die konsequentere Anwendung forstwirtschaftlicher Methoden stärker vorangetrieben. So wird zunehmend verhindert, daß nur einige wenige Edelhölzer und billige Holzprodukte außer Landes gehen.

Machen wir einen Sprung auf das asiatische Festland. In Südostasien ist Thailand der größte Holzexporteur. Der starke Einschlag von Teakholz hat zu einem Exportverbot geführt. Heute gehören andere Hölzer wie Yang und Chingchan (Chinawood) zu den devisenbringenden Holzarten. Im ebenfalls tropischen Burma sind die Vorräte an Teak trotz des in den letzten 100 Jahren sehr stark angewachsenen Exports nicht erschöpft. In früheren Zeiten war der »königliche« Teakbaum durch Brandrodung und Einschlag gefährdet. Während der britischen Kolonialherrschaft sind dann bis heute gültige einfache Bestimmungen erlassen worden, die sich aber für den Schutz der Wälder als sehr wirksam erwiesen haben. Die herumziehenden Bauern mußten sich verpflichten, bevor sie in andere Gebiete zogen, nach ihrer letzten Ernte Baumsamen in die Erde zu bringen.

In Vietnams Wäldern sind besonders in den letzten Jahrhunderten durch starke Bevölkerungszunahme viele Bestände infolge Brandrodung (Ray-Wirtschaft) verwüstet oder ganz vernichtet worden. In der 80jährigen französischen Kolonialherrschaft, in der Zeit der japanischen Besetzung und im Befreiungskrieg gegen die Franzosen verschlechterte sich der Zustand der Wälder weiterhin. Dann kamen die »Entlaubungsaktionen« der amerikanischen Militärs. Im Vietnamkrieg haben Chemikalien auf 2 Millionen Hektar ein bisher nicht gekanntes Ausmaß an Vernichtung geschaffen. Neubegrünungen waren unerläßlich. Nach der Vertreibung der Aggressoren sind auf der Grundlage eines vietnamesischen Forstgesetzes umfangreiche waldbauliche Maßnahmen eingeleitet worden. Die Leistungen der vietnamesischen Forstwirtschaft sind bemerkenswert. In den kommenden Jahren sollen insgesamt 700 000 Hektar aufgeforstet werden.

Zu den Staaten in Asien, die durch außergewöhnliche Aufforstungsleistungen Holznöte beseitigen halfen, gehört insbesondere China. 1958 regte Mao Zedong an, daß auf dem Lande jede Familie an den vier Ecken ihres Gehöftes einen Baum pflanzen solle. Das war der Auftakt zu einer spektakulären Massenaktion, die wohl einzigartig in der Geschichte des Rohstoffes Holz ist. Die Bäume, die überall in großen Stückzahlen auch entlang von Straßen und Kanälen gepflanzt wurden, gehörten meist zu der einheimischen Gattung Paulownia. Besonders ihrem bemerkenswerten Wachstum, man kann sie bereits nach einem Jahrzehnt wirtschaftlich nutzen, ist es mit zu verdanken, daß Chinas Holzversorgung gewährleistet werden konnte. Nicht überall gibt es in Asien derartige positive Entwicklungen.

Indien, der mächtige Subkontinent, hat große Schwierigkeiten mit seinen Wäldern. Hier haben die alten, überlebten

Traditionen dazu geführt, daß der Holzzuwachs nahezu gestoppt wurde. Millionen Rinder und Haustiere berauben die Wälder um einen Großteil ihrer Biomasse. Akkerflächen dehnen sich aus, und kurzsichtige Verwaltungsbehörden vergeben weiterhin Einschlagskonzessionen. Regierungsstellen haben diese tiefgreifenden Probleme jedoch längst erkannt, aber erst die Zukunft wird zeigen, wie mit Hilfe von bereits eingeleiteten Forstmaßnahmen der weitere Rückgang der Wälder abgewendet werden kann.

Wesentlich ernster ist die Lage im benachbarten Königreich Nepal. In dem einst dicht bewaldeten kleinen Land am Süddach des Himalaja zerstören heute Monsunregen die Reisterrassenfelder. Illegale Holzverkäufe ins Ausland und die fast ausschließliche Deckung des Energiebedarfes mit Holz haben die latent vorhandene ökonomische Krise des armen Landes noch verschärft. Das rückständige Nepal rangiert auf der LDC-Liste[5] der UNO auf den hinteren Plätzen. Durch die wirtschaftliche Rückständigkeit kann in Nepal das überreichliche Angebot an billiger Wasserenergie nicht genutzt werden. Aber auch hier gibt es schon etwas Hoffnung: Mit Hilfe der FAO sollen in den nächsten fünf Jahren 150 000 Hektar aufgeforstet werden.

Wald und Entwaldung

Was ist Wald, wie wird er definiert? Um zu einer weltweiten Holzbilanz zu gelangen, muß diese Frage zum Schluß unserer Rohstoffgeschichte noch einmal ganz genau beantwortet werden. Angefangen vom »geschlossenen Wald« sind bis zu wald- und vegetationslosen Regionen alle Übergänge möglich: Savannenwälder, Buschvegetationen (Maccien), Tundren. Besondere wirtschaftliche Bedeutung besitzen zweifelsohne die »geschlossenen Wälder«, aber dieser Begriff erfährt in den verschiedensten Gebieten der Erde eine unterschiedliche Wertung[6].

Hinzu kommt, daß auch die Savannen, die »offenen Wälder«, zumindest eine lokale ökonomische Rolle spielen. Auf Afrika beispielsweise entfallen nur 6,8 Prozent der Erdfläche an »geschlossenem Wald«, aber über 40 Prozent der »offenen Wälder« unserer Erde werden hier beherbergt. Die letzteren spielen für die Landbevölkerung eine sehr große Rolle als Brennholz- und Nutzholzquelle. Während die dramatische Abnahme der Regenwälder immer mehr Aufsehen erregt, droht dieses Phänomen, das ebenfalls große Gefahren in sich birgt, zumindest zeitweise in Vergessenheit zu geraten. Aber gerade hier wird der Widerspruch, in den die ehemaligen Kolonialstaaten gestürzt wurden, am augenfälligsten.

Das »Schuldempfinden« ehemaliger Kolonialmächte Europas ist im Hinblick auf den Regenwaldabbau weniger groß, denn die Nationalstaaten »verdienen« ja schließlich an der Vernichtung ihrer Wälder. Wie wenig hilfreich diese überholte, aber noch nicht völlig überlebte Denkweise ist, wie wenig sie in das neue Bild von unserer Erde paßt, und wie sehr sie uns allen letztlich schadet, muß immer wieder deutlich gemacht werden. Wieviel Wald existiert nun überhaupt auf der Erde? Eine Auskunft erteilt Tabelle 1 (Seite 176). Danach beträgt die Fläche der »geschlossenen Wälder« 2,8 Milliarden Hektar, die der »offenen Wälder« 1,7 Milliarden Hektar.

Als im mittelalterlichen Europa mit der raschen Dezimierung der Wälder begonnen wurde, kannte man noch nicht die negativen Auswirkungen auf die Umwelt. Ein schrittweises Erkennen der Probleme und die Schaffung einer leistungsfähigen Forstwirtschaft haben dazu geführt, daß sich heute die Waldfläche in den entwickelten Industriestaaten nicht mehr verringert. Erst die Erfahrungen einer Reihe von Generationen haben dieses Ziel ermöglicht und den Blick auf globale Zusammenhänge freigegeben.

1968 kam eine internationale Konferenz, die sich die Erforschung der Biosphäre zum Ziel gesetzt hatte, zu dem Schluß, »daß jegliche soziale und ökonomische Entwicklung eng verbunden ist mit der vernünftigen Nutzung erneuerbarer Ressourcen und daß der Schutz dieser Ressourcen ein integraler Bestandteil, nicht

5 LDC = least developed countries. Das sind die 36 am wenigsten entwickelten Länder.

6 Eine Definition der FAO geht davon aus, daß eine »geschlossene« Waldfläche ein bedeckendes Kronendach von mindestens 20 Prozent aufweisen muß.

Tabelle 1
Waldflächen der Erde (in Millionen Hektar)

Region	»Geschlossene Wälder«	»Offene Wälder«	Total
Nordamerika	500	290	790
1. Kanada	250	90	340
2. USA	220	85	305
3. Mexiko	30	115	145
Europa	144	31	175
UdSSR	770	160	930
Afrika	188	740	928
1. Nordafrika	1	8	9
2. Sahelzone	–	31	31
3. Ostafrika und Inseln	18	246	264
4. Westafrika	169	431	600
5. Südafrika	–	24	24
Zentral- und Südamerika	631	282	913
1. Zentralamerika	26	3	29
2. Karibik	2	2	4
3. Tropisches Südamerika	244	98	342
4. Brasilien	347	146	493
5. Gemäßigtes Südamerika	12	33	45
Asien und Ferner Osten	537	200	737
1. Südasien	71		
2. Kontinental-Südostasien	91		
3. Südostasiatische Inseln	125		
4. Ostasien	161		
5. Ozeanien	89		
Summe	2770	1703	4473

Quelle: nach Steinlin (1979)

etwa ein Hindernis bei der sinnvollen Nutzung dieser Ressourcen ist«.

Sicher, der Wald muß geschützt werden. Aber deshalb darf der Mensch nicht ausgesperrt werden. Für die Holznutzung trifft das besonders zu, für eine vernünftige Nutzung wohlgemerkt. Wie weit wir davon, im Weltmaßstab gesehen, noch entfernt sind, demonstrieren die Zahlen der jährlichen Entwaldung in den Tropen (Tabelle 2).

Es gibt Berechnungen, wonach die Aufforstungen in den Tropen dreizehnmal höher liegen müßten, als es heute der Fall ist. Das Verhältnis zwischen Entwaldung und Aufforstung soll derzeit 10:1 betragen.

Und wie sieht die Zukunft aus? Hier gehen die Meinungen weit auseinander. 1977 gab der damalige amerikanische Präsident Carter eine umfassende Prognose, die auch forstliche Voraussagen bis in das Jahr 2000 enthalten sollte, in Auftrag. Ein Stab von Wissenschaftlern erarbeitete auf der Basis allen verfügbaren Datenmaterials das *Weltmodell Global 2000* und wies nach, daß sich die Weltwaldfläche mit einem jährlichen Verlust von 18–20 Millionen Hektar verringern und sich erst um das Jahr 2020 stabilisieren wird. Bei der Simulation ergaben sich die stärksten Rückgänge in den asiatischen Tropen; mit 50 Prozent rechnete man. Nicht unerwähnt bleiben darf, daß die Randbedingungen für *Global 2000* als konstant angesehen wurden, das hieß keine Änderungen in der politischen und sozialökonomischen Situation.

Tabelle 2
Jährliche Entwaldung in den Tropen
(in Millionen Hektar)
im Zeitraum von 1981–1985

Region	»Geschlossene Wälder«	»Offene Wälder«
Amerikanische Tropen	4,34	1,27
Afrikanische Tropen	1,33	2,35
Asiatische Tropen	1,83	0,19
Summe	7,50	3,81

Quelle: nach Fähser (1984)

Als ein überraschendes Ergebnis stellte sich heraus, daß – nach *Global 2000* – im asiatischen Raum besonders die Wälder in China und in der Mongolei dem verhängnisvollen Trend nicht folgen; sie werden stetig wachsen. Der Grund: überdurchschnittliche Leistungen in der Aufforstung. Sollte das nicht auch mit den dort herrschenden politischen und sozialökonomischen Bedingungen zusammenhängen?

Welthandelsware Holz

Ende Mai 1986 wird die Ruhe in den Arbeitszimmern des kanadischen Finanzministeriums plötzlich durch ein aufgeregtes Stimmengewirr gestört. Soeben ist ein Beschluß der US-Regierung bekannt geworden, der die kanadische Holzindustrie schwer treffen wird und vielleicht 4000 Beschäftigten im Bundesstaat British-Columbia den Arbeitsplatz kosten kann. Ab 6. Juni wollen die Amerikaner für kanadisches Zedernholz[7] einen Einfuhrzoll von 35 Prozent erheben. Und das zu einem Zeitpunkt, in dem beide Staaten über den Abbau von Handelsschranken beraten. Das bedeutet Handelskrieg, denn Kanada ist nicht gewillt, klein beizugeben. »Die berechtigten Interessen Kanadas müssen gewahrt bleiben. Die USA sollen erkennen, daß ihr protektionistischer Druck seinen Preis fordert«, erklärt der kanadische Finanzminister Michael Wilson in einer ersten Stellungnahme den Journalisten. Kanada will im Gegenzug amerikanische Halbleiter, Computer, Bücher und anderes mit Zöllen belegen. Weitere Produkte stehen auf der schwarzen Liste, falls Washington seinen Kurs nicht korrigieren will.

Holz, Papier und Zellulose gehören zu den Hauptexportartikeln des zweitgrößten Landes der Erde. Kanada verfügt nach der Sowjetunion und Brasilien über die drittgrößten Forstgebiete. Das bekannte Wahrzeichen Kanadas, das Ahornblatt, weist nicht direkt auf die »Wirtschaftsbäume« dieser Forstnation hin. In den riesigen Territorien von der Größe Europas dehnen sich vom Stillen Ozean bis zum Atlantik überwiegend Nadelwälder aus. Nur ein Fünftel sind Laubwälder.

Besondere Wachstumsbedingungen herrschen in den Küstenregionen von British Columbia. Mildes Klima und ausreichende Niederschläge lassen hier Forstbestände mit geradezu überdimensionalen Bäumen (Durchschnittshöhe 60 m) wachsen, wie sie außerhalb der Tropen selten vorkommen. Es ist daher kein Zufall, daß aus British Columbia annähernd ein Viertel des kanadischen Holzaufkommens stammt. Und das aus einer Gegend, die flächenmäßig nur 2 Prozent der gesamten Forstterritorien des Landes ausmacht. Die nächstgrößeren Holzeinschlaggebiete liegen im Gebiet der Hudson Bay (Bundesstaaten Ontario und Quebec). Wegen seiner immensen Rohstoffquellen – Holz spielt dabei eine überragende Rolle – ist der Außenhandel besonders stark entwikkelt.

Kanada, der einstige Zankapfel der französischen und englischen Kolonisten, ist heute ein beachtenswerter Industriestaat. Doch die einseitige Exportorientierung machte die Wirtschaft auch verletzbar, zumal Kanada in keiner Handelsvereinigung integriert ist und sowieso mit Zöllen leben muß. Dazu kommt, daß die USA als größter Außenhandelspartner selbst zu den mächtigen Holzländern gehören.

Die Amerikaner sind gleichzeitig die größten Holzproduzenten und -verbraucher. Neben der intensiven Nutzung der eigenen Wälder für den Binnenmarkt führen sie noch große Mengen ein. Ihr Exportaufkommen ist vergleichsweise gering. Wenn also durch Erhöhung der Importzölle kanadisches Holz auf dem amerikanischen Markt teurer wird, können davon in erster Linie inländische Produzenten profitieren. Indem der wirtschaftlich Stärkere dem Schwächeren seine Bedingungen diktiert, versucht er eigene wirtschaftliche Schwierigkeiten auf seinen ungleichen Partner abzuwälzen. Nun gibt es auf der Welt holzexportierende Länder, die ökonomisch gesehen ungleich schwächer als Kanada sind. Auch ohne Protektionismus, ohne das Wettrennen nach Marktanteilen, ist der Druck, der besonders wegen wirtschaftlicher Verschuldung auf ihnen lastet, sehr groß.

Inzwischen wird die Hälfte des gesamten auf der Erde eingeschlagenen Holzes

[7] Es handelt sich um *Western red cedar* (THUJA PLICATA).

Tabelle 3
Holznutzung der Welt im Jahre 1984

Regionen	Nutzholz		Brennholz		
	Millionen m³	Prozent der Weltnutzung	Millionen m³	Prozent Brennholz	Summe Millionen m³
Nordamerika	498	34,2	122	19,7	620
1. Kanada	155	10,6	6	3,7	161
2. USA	336	23,1	102	23,3	438
3. Mexiko	7	0,5	14	66,7	21
Europa	288	19,8	55	16,0	343
UdSSR	276	19,0	80	22,5	356
Afrika	53	3,6	370	87,5	423
1. Nordafrika	2	0,1	7	77,8	9
2. Sahel-Zone	2	0,1	21	91,3	23
3. Ostafrika und Inseln	10	0,7	157	94,0	167
4. Westafrika	24	1,7	171	87,7	195
5. Südafrika	15	1,0	14	48,3	29
Zentral- und Südamerika	85	5,8	247	74,4	332
1. Zentralamerika	3	0,2	23	88,5	26
2. Karibik	1	0,1	9	90,0	10
3. Tropisches Südamerika	10	0,7	33	76,7	43
4. Brasilien	57	3,9	165	74,3	222
5. Gemäßigtes Südamerika	14	0,9	17	54,8	31
Asien und Ferner Osten	256	17,6	721	73,8	977
1. Süd- und Westasien	36	2,5	309	89,6	345
2. Kontinental-Südostasien	11	0,7	83	88,3	94
3. Südostasiatische Inseln	70	4,8	155	68,9	225
4. Ostasien	113	7,8	165	59,4	278
5. Ozeanien	26	1,8	9	25,7	35
Summe	1456	100	1595	52,3	3051

Quelle: nach FAO, Yearbook of forest products (1986)

allein zur Brennholz- und Holzkohlenerzeugung genutzt, Jahr für Jahr. Tabelle 3 zeigt diesen Widerspruch sehr deutlich. Während in den hochentwickelten Industriestaaten längst andere Energieträger eingesetzt werden, sind die Nationalstaaten gezwungen, den größten Teil ihres Holzes zu verheizen (Afrika fast 90 Prozent, Lateinamerika und Asien über 70 Prozent).

Die ungleiche Verteilung der Holzreserven und der unterschiedliche Holzbedarf haben zu einer komplizierten Verflechtung der Holzmärkte geführt. Das trifft besonders für Europa zu. Den größten Rohholzproduzenten Schweden und Finnland (1984 zusammen fast 95 Mio m³) und den traditionellen Holzländern in Ost- und Mitteleuropa stehen die heute waldarmen Regionen in Großbritannien, Irland und den Beneluxstaaten (1984 zusammen nur 5,3 Millionen m³) gegenüber. Über 20 Millionen m³ Rundholz verbleiben heute nicht in den Erzeugerländern; sie kommen auf den europäischen Markt. Darüber hinaus wird auch ungefähr ein Viertel des europäischen Schnittholzes, der Preßplatten und des Zellstoffes außerhalb des Einschlaglandes verkauft. In einigen europäischen Ländern hat eine leistungsfähige holzverarbeitende Industrie dazu geführt, daß trotz ausreichender Holzproduktion große Rohholzmengen für die Weiterverarbeitung importiert werden. Generell kann gesagt werden, daß der Zuwachs der europäischen Wälder heute über den Holznutzungen liegt. Das gilt auch für die intensiv genutzten Wälder Schwedens und Finnlands. Abgesehen von einigen speziellen Holzprodukten versorgen sich die europäischen Länder zu 90 Prozent aus eigenen Vorräten. Trotzdem gehört Europa mit Japan zu den größten Holzimporteuren der Welt. Bei der hohen Eigenerzeugung ist der europäische Importüberschuß allerdings nicht allzu groß. Abhängig von den Holzprodukten, steigt er kaum über 10 Prozent an.

Anders verhält es sich im Falle Japans. Bei gleichem Importvolumen beträgt die

Rundholzerzeugung nur etwa ein Zehntel der europäischen. Vor allem Rundholz und Holzschnitzel werden billig importiert und im Land veredelt. Außerdem liegt der Holzeinschlag in den japanischen Wäldern deutlich unter dem Zuwachs. Hier ist, wie in Australien und Neuseeland, die Bemühung erkennbar, im großen Stil neue, leistungsstarke Forstregionen zu schaffen.

Durch den Anbau nichtheimischer Baumarten (zum Beispiel Douglasien in Mitteleuropa, Murraykiefer in Schweden, Pinus radiata in Neuseeland, Australien und Südamerika; Eukalyptusarten in subtropischen und tropischen Ländern) kann international das Holzaufkommen stark vermehrt werden. Die Steigerung der Holzproduktion ist heute jedoch ohne Forstpflanzenzüchtung nicht mehr denkbar. Durch den Anbau von ausgesuchten Zuchtsorten kann eine Zunahme der Holzmasse von über 50 Prozent erzielt werden.

Epilog

Aufmerksam blickt der Fotograf Robert Perron aus Branfort, Connecticut durch das Kabinenfenster des Jets in die Tiefe. Seine Kamera hält er schußbereit in seinen Händen. Unter ihm breitet sich der grüne Teppich des tropischen Regenwaldes aus, die *Grüne Hölle* Amazoniens. Kraftstrotzende Baumwipfel, soweit man sehen kann. Wenn da nicht das Gewirr der Flußschlingen mit den bewaldeten Inseln wäre, säße man nach einiger Zeit sicherlich etwas gelangweilt im bequemen Sessel und würde mit mehr Abstand den brasilianischen Dschungel betrachten. Hier, aus dieser Perspektive, ein außergewöhnliches Foto zu machen, dürfte trotzdem unmöglich sein.

So hatte Robert Perron bisher gedacht, aber dann sah er ein faszinierendes Landschaftspanorama, das sein Herz höher schlagen ließ. Zum Fotografieren war es jedoch zu spät, die besten Augenblicke waren verpaßt. Deshalb hatte er beschlossen, noch einmal in diese Gegend zu kommen, irgendwo östlich vom Amazonas-Delta bei São Luis. Gleich muß er wieder an dieser Stelle sein. Und dann ist es soweit. Dort, wo eigentlich der tropische Regenwald sein müßte, breitet sich eine weiße Wüste aus. Riesige, sichelförmige Dünen haben den Urwald erstickt, haben ihn unter sich regelrecht begraben. Nur ab und zu ragen kümmerliche Reste aus dem Sandmeer heraus und täuschen kleine Oasen vor.

Die Beobachtung des amerikanischen Fotografen beweist, daß auch noch in unseren Tagen völlig überraschende Einblicke in die Natur unseres Erdballs möglich sind. Seine beeindruckenden Fotos gingen vor einigen Jahren um die ganze Welt. Sie sind augenfälliger Beleg dafür, wie auch durch die Naturkräfte bestehende Ökosysteme zerstört werden. Der Amazonas wird sich weiterhin nahe der Atlantikküste seiner Sandfracht entledigen. Wenn dann im Deltagebiet die Sande trockenfallen, wird der Wind den vorrükkenden Dünen ständig neues Material zuwehen. Bisher sind die Sande in einer

Front von 100 km gegen den Dschungel vorgerückt und bedecken ihn an einigen Stellen schon bis in eine Tiefe von 30 km. Entdeckungen dieser Art werden seltener werden. Längst haben Wettersatelliten die globale Vegetationserkundung und -überwachung übernommen. Farbige Computerbilder geben uns einen immer besseren Überblick vom jahreszeitlichen Wechsel und von den Eingriffen in die Pflanzenwelt. So wurde zum Beispiel 1985 nach der Auswertung von Satellitenfotos vom brasilianischen Waldforschungsinstitut gemeldet, daß Riesenameisen eine Urwaldfläche von Tausenden Quadratkilometern verwüstet hatten.

Andere Katastrophen brechen unabwendbar über Mensch und Umwelt herein: Erdstöße und Explosionen des über 120 Jahre ruhigen Vulkans Mount St. Helens im US-Staat Oregon richten im Mai 1980 eine intakte Naturparklandschaft auf mehreren hundert Quadratkilometern völlig zugrunde. Die Druckwellen zerfetzen 160 Millionen Kubikmeter Koniferenholz. Es bietet sich ein erschreckender Anblick, der an die zerschossenen Wälder auf den europäischen Schlachtfeldern der beiden Weltkriege oder an den Aufschlag des Tunguska-Meteoriten 1908 in der sibirischen Taiga erinnert.

Zuerst sind die Behörden ratlos. Es sind 31 Menschenopfer zu beklagen, und im Umkreis von 50 Kilometern ist organisches Leben nahezu erloschen. Entwurzelte Bäume, zerbrochene Stämme und Geäst behindern später die Aufforstungsarbeiten. Die Japaner erscheinen mit einer schwimmenden Holzfabrik an der Pazifikküste. Brauchbares Holz wird aus dem riesigen »Holzfriedhof« mühsam herausgesägt und für die Spanplattenherstellung gewonnen. Der Rest wird haufenweise verbrannt. Um den Boden zu stabilisieren, werfen Forstleute aus Hubschraubern tonnenweise Grassamen ab. Der Wettlauf mit der Erosion muß gewonnen werden. Je mehr von der Bodenkrume verweht wird, desto schlechtere Bedingungen bestehen für die Setzlinge. Millionen von jungen Bäumen wachsen in der Vulkanasche des Mount St. Helens heran, aber es wird noch einige Jahrzehnte dauern, bis der neue Wald die Katastrophe vergessen läßt und in Flüssen und Seen wichtige Fischarten wieder lebensfähig sind.

Auch in Europa sind die Wälder den Naturgewalten bisweilen schutzlos ausgeliefert. Immer wiederkehrende Waldbrände, in den meisten Fällen werden sie durch Fahrlässigkeit im Umgang mit Feuer und durch vorsätzliche Brandstiftung ausgelöst, vernichten jährlich riesige Waldflächen. Durch das schnelle und umsichtige Handeln gutorganisierter Waldbrandbekämpfungstrupps werden selbst in extremen Trockenjahren Waldbrände in Grenzen gehalten. Es bedarf einer unermüdlichen Aufklärungsarbeit, damit Brandkatastrophen verhindert werden können.

500 000 Jahre sind seit dem ersten Gebrauch des Feuers, der den Anfang der menschlichen Kultur markiert, verflossen. Die Holzfeuer sind bis heute noch nicht verloschen, aber wir kennen inzwischen auch das atomare Feuer. Holz ist nach wie vor gefragt. Weit über 12 000 Produkte und Anwendungsarten sind gegenwärtig bekannt. Gerade weil sich Holz auch nach seinem Gebrauch ohne Schwierigkeiten in den Naturkreislauf wieder einfügt, wird dieser Rohstoff immer eine Zukunft besitzen. In dem langen Zeitraum der Rohstoffgeschichte des Holzes hat der Erkenntnisprozeß des Menschen gewaltige Schritte nach vorn machen können. Immer mehr begreifen wir uns heute als einen Teil der natürlichen Umwelt und sind zu der Einsicht gekommen, daß wir uns deshalb in dieses Gefüge eingliedern müssen, wollen wir nicht unsere eigene Lebensgrundlage zerstören.

Nicht immer ist uns dieser Aspekt ausreichend bewußt gewesen, und nur so erklärt sich unser bisheriges Handeln. Wenn wir umdenken wollen, müssen wir begreifen, weshalb wir erst jetzt zu einer Änderung fähig sind. Der Schlüssel zum Verständnis der Gegenwart liegt also in der Vergangenheit. Aus diesem Verständnis heraus können wir auch den Blick hoffnungsvoll in die Zukunft richten. Dabei wird uns das Holz weiterhin zeigen, ob wir auf dem richtigen Weg sind, oder, wie eine Redensart sagt, wir uns auf dem Holzweg befinden und uns der Wälder nur bedienen. Wir sind jetzt in der Lage, die Signale gequälter Ökosysteme, die dringende Botschaft der Jahresringe, zu empfangen und werden uns danach richten.

In Europa stehen die Chancen für die Wälder trotz aller besorgniserregenden Meldungen nicht so schlecht. 21 Industriestaaten haben sich verpflichtet, bis 1993 den Ausstoß an Schwefeldioxid um 30 Prozent zu senken. Das wird bedeutende Erleichterungen für die Umweltsituation mit sich bringen.

Außerdem sind die Bemühungen um Aufforstung innerhalb und außerhalb von Europa sehr bemerkenswert. Dazu einige Beispiele aus dem Jahre 1987: Über die gezielte Nachzucht von besonders widerstandsfähigen Baumarten wird angestrebt, daß das heute noch baumlose Island wieder einmal Wälder beherbergen wird. In Portugal wurde damit begonnen, den Baumbestand auf 200000 Hektar zu erneuern. In Algerien haben Baumpflanzungen dazu beigetragen, Sanddünen zum Stehen zu bringen. Neuangelegte Waldschutzstreifen in der UdSSR garantieren der Landwirtschaft einen wirksamen Schutz vor der Bodenerosion. Verstärkte Wiederaufforstungsarbeiten werden auch aus der Mongolischen Volksrepublik gemeldet.

Problematisch bleibt der Kampf gegen Bodenerosion, Brandrodung und Raubbau in den tropischen Regenwäldern. Auf dem 1985 in Mexiko stattgefundenen Weltforstkongreß ist wiederholt darüber diskutiert worden, wie diese unheilvolle Entwicklung gestoppt werden kann. Patentlösungen sind nicht in Sicht. Trotz aller Einsichten leiden die Wälder also weiter. Wir müssen handeln. Wenn die Natur nicht mehr »mitspielen« will, wird es höchste Zeit die »Spielregeln«, das heißt die sozialökonomischen Bedingungen, im Sinne des Menschen und seiner Umwelt stärker zu verändern.

Dieser Prozeß ist bereits weltweit in Gang gesetzt worden, doch es kommt jetzt darauf an, daß ihn immer mehr Menschen mit aller Kraft unterstützen. Daß dies nur auf der Grundlage eines dauerhaften Friedens möglich ist, versteht sich von selbst. Dann werden uns auch die Wälder mit ihrer ungebrochenen Wachstumskraft als unversiegbare Rohstoffquellen für das unentbehrliche Holz, als Naturschönheiten und Quellen unserer Erholung und auch als Garant für unsere Existenz weiterhin zur Verfügung stehen.

Anhang

Literaturverzeichnis

Amman, J.: Das Ständebuch von 1688. Leipzig 1975.

Arndt, E. M.: Ein Wort über die Pflegung und Erhaltung der Forsten und der Bauern im Sinne einer höheren d. h. menschlicheren Gesetzgebung. Schleswig 1820.

Autorenkollektiv: Biblisch-Historisches Handwörterbuch. Göttingen 1966.

Autorenkollektiv: Die Arbeitswelt der Antike. Leipzig 1983.

Autorenkollektiv: Die Germanen. Berlin 1983.

Autorenkollektiv: Lexikon Früher Kulturen, 2 Bände. Leipzig 1984. Bauer, H.: Der grüne Ozean. Leipzig 1963.

Baumgarten, W.: Beziehungen zwischen Forstwirtschaft und Berg- und Hüttenwesen im Kommunionharz. Braunschweig 1933.

Beck, A.; Amman, M.: Der Milliardentraum des Daniel K. Ludwig. In: Neue Züricher Zeitung. 13./14. 9. 1980.

Beltz, W.: Das Tor der Götter. Berlin 1978.

Bernhardt, K.-H.: Der alte Libanon. Leipzig 1976.

Christoph Columbus: Schiffstagebuch. Leipzig 1981.

Craig, M.: Der Millionenumzug. In: GEO Nr. 6, Juni 1986.

Das Stundenbuch des Herzogs von Berry: Text von Edmond Pognon. Fribourg-Genève 1983.

Die Bibel, Evangelische Haupt-Bibelgesellschaft zu Berlin. Leipzig 1967.

Dresdnerisches Magazin von 1759: Zuverlässige Nachricht von einem zu Steine gewordenen Baume, nebst dessen eigentlicher Abbildung.

Fähser, L.: Der Zustand der Welt im Jahre 1984 – Entwaldung und Holzverknappung. In: Allgemeine Forstzeitschrift, *39* (1984) 25/26.

Fiedler, H. J.; Thakur, S. D.: Wirkungen von Schwefeldioxid und sauren Niederschlägen auf Bodenfruchtbarkeit und Pflanzenernährung in Waldökosystemen. In: Beiträge für die Forstwirtschaft, *19*, (1985) 1.

Flade, H.: Holz – Form und Gestalt. Dresden 1979.

Fontane, T.: Wanderungen durch die Mark Brandenburg – Die Grafschaft Ruppin. Berlin 1976.

Freytag, G.: Gesammelte Werke. Leipzig 1888.

Gampe, St.: Ist das die Zukunft? Forstliche Aspekte des amerikanischen Weltmodells für das Jahr 2000. In: Allgemeine Forstzeitschrift, *36* (1981) 16.

Gayer, K.: Die Forstbenutzung, herausgegeben von L. Fabricius. Berlin-Hamburg 1949.

Götterlieder der Älteren Edda. Stuttgart 1962.

Goerss, H.: Die ältesten, die massenreichsten und die höchsten Bäume unserer Erde. In: Baum-Zeitung, *18* (1984) 2.

Großkopff, J. A.: Neues und wohl eingerichtetes Forst-Jagd- und Weidewercks-Lexicon. Langensaltza 1759.

Harzmann, L.: Tropische Forstwirtschaft – Studienmaterial der Technischen Universität Dresden, Sektion Forstwirtschaft. Tharandt 1976.

Heinz, L.: Mühlen und Hämmer im Schleusegebiet – Ein Beitrag zur Wirtschaftsgeschichte Südthüringens. Suhl 1980.

Herrmann, J.: Zwischen Hradschin und Vineta. Leipzig–Jena–Berlin 1976.

Heß-Beck: Forstschutz, 2 Bände. Neudamm 1927.

Hey, C.: Ein Erzieher des deutschen Waldes. Halberstadt 1891.

Hilf, R. B.; Röhrig, F.: Wald und Weidwerk, 2 Bände. Potsdam 1938.

Hollstein, E.: Mitteldeutsche Eichenchronologie. In: Trierer Grabungen und Forschungen, *11* (1980).

Holz aktuell – Eine Zeitschrift der Danzer-Unternehmen für die Holzverarbeiter in aller Welt. Reutlingen 1979–1985.

Klengel, H.: Handel und Händler im alten Orient. Leipzig 1979.

Kohlstock, N.; Matschke, J.; Bolland, G.: Rauchharte Gehölze – Herausforderung für Forstpflanzenzüchter. In: Wissenschaft und Fortschritt, *36* (1986) 3.

Kuczynski, J.: Geschichte des Alltags des deutschen Volkes, Band 1. Berlin 1980.

Lange, E.: Pollenanalyse – ein methodisches Bindeglied zwischen Botanik und Archäologie. In: Das Altertum, *30* (1984) 4.

Langendorf, G.: Holz – Naturrohstoff mit Zukunft. Leipzig 1982.

Makowski, H.; Buderath, B.: Die Natur dem Menschen untertan – Ökologie im Spiegel der Landschaftsmalerei. München 1983.

Mania, D.; Dietzel, A.: Begegnung mit dem Urmenschen. Leipzig 1980.

Mantel, K.: Forstgeschichte des 16. Jahrhunderts unter dem Einfluß der Forstordnungen und Noe Meurers. Hamburg–Berlin 1980.

Mecklenburgische Polizei- und Land-Ordnung vom 2. Juli 1572, Staatsarchiv Schwerin.

Meister, G.; Schütze, Ch.; Sperber, G.: Die Lage des Waldes. Hamburg 1984.

Moreau de Jonnès, M. A.: Untersuchungen über die Veränderungen, die durch die Ausrottung der Wälder in dem physischen Zustand der Länder entstehen. Aus dem Französischen übersetzt von W. Wildemann. Tübingen 1828.

Nikel, U. (Herausgeber): O schöner grüner Wald – Der Wald in Literatur und Kunst, München 1983.

Noth, M.: Biblischer Kommentar Altes Testament, Band IX, Könige. Neukirchen 1968.

Nurijew, S. N.: Über Maßnahmen zur weiteren Verbesserung des Schutzes des Waldes und zur rationellen Nutzung der Waldbestände und ein Entwurf der Grundlagen der Forstgesetzgebung der UdSSR ... In: Prawda vom 17. 6. 1977, Moskau.

Page, J.: Der Planet Erde – Wälder. Amsterdam 1984.

Paucke, H.: Der Wald – ein verletzbares Ökosystem. In: Spectrum 6/1985.

Pfeil, F. W. L.: Über die Ursachen des schlechten Zustandes der Forsten und die allein möglichen Mittel, ihn zu verbessern, in besonderer Rücksicht auf die Preußischen Staaten.
Züllichau–Freistadt 1816.

Richter, A.: Heinrich Cotta – Leben und Werk eines deutschen Forstmannes. Radebeul–Berlin 1952.

Richter, A.: Auf Hans Carl von Carlowitz' Spuren. In: Archiv für Forstwesen, *6* (1954) 4.

Riehl, G.: Die Forstwirtschaft im Oberharzer Bergbaugebiet von der Mitte des 17. Jahrhunderts bis Ausgang des 19. Jahrhunderts. Dissertation. Göttingen 1968.

Ruffer, H.; Schwartz, E.: Die Forstwirtschaft der DDR. Berlin 1984.

Rüffler, R.; Schwartz, E.: Zum 200. Geburtstag Wilhelm Pferls. In: Beiträge für die Forstwirtschaft, Heft 1/1983.

Scamoni, A.: Unsere Wälder. Berlin 1982.

Schlette, F.: Germanen zwischen Thorsberg und Ravenna. Leipzig–Jena–Berlin 1974.

Schmidt-Vogt, H.: Probleme des Nadelwaldes. In: Allgemeine Forstzeitung, *96* (1985) 8.
Schuldt, E.: Betrachtungen über den Burgenbau bei den nordwestslawischen Stämmen. In: Das Altertum, *29*(1983) 1.
Schwappach, A. (Herausgeber): Illustriertes Forst-Wörterbuch. Neudamm 1924.
Scurla, H.: Alexander von Humboldt. Berlin 1985.
Steinlin, H.: Die Holzproduktion der Welt – Ökologische, soziale und ökonomische Aspekte. In: Schweizerische Zeitschrift für Forstwesen, *130* (1979) 2.
Stern, H., u. a.: Rettet den Wald. München 1983.
Stöckhardt, A.: Untersuchungen über die schädliche Einwirkung des Hütten- und Steinkohlenrauches auf das Wachstum der Pflanzen, insbesondere der Fichte und Tanne. In: Tharandter Forstliches Jahrbuch, *21* (1871).
Tacitus: Germania. Stuttgart 1981.
Tokarew, S. A.: Die Religion in der Geschichte der Völker. Berlin 1978.
Thomasius, H.: Wald – Landeskultur und Gesellschaft. Jena 1978.
Thomasius, H.: Die Wälder der Sozialistischen Republik Vietnam. In: Petermanns Geographische Mitteilungen, *124* (1980) 1.
Trauboth, V.: Pflege von Waldschutzgebieten am Beispiel des NSG »Ibengarten«. In: Archiv Naturschutz und Landschaftsforschung, *21* (1981) 3.
Traven, B.: Die Rebellion der Gehenkten. Berlin 1981.
Uhlig, P.: Altzwickaus Holzbedarf im 16. Jahrhundert. In: Tharandter Forstliches Jahrbuch 1937.
von Berg, C. H. E.: Geschichte der deutschen Wälder bis zum Schlusse des Mittelalters. Dresden 1871.
von Divivere, B.: Das letzte Paradies. Frankfurt/Main 1984.
Wagenknecht, E.: Fragt die Bäume ...! In: Archiv für Forstwesen, *9* (1960) 4.
Wagenknecht, E.: Der Waldbaum zwischen heute und morgen. In: Archiv für Forstwesen, *10* (1961) 4–6.
Warnke, D.: Tempel und Götterbilder bei den Lutizen. In: Das Altertum, *29* (1983) 1.
Wolf, J.; Burian, Z.: Menschen der Urzeit. Leipzig 1979.
Yearbook of forest products 1973–1984, Food and Agriculture Organization of the United Nations. Rome 1986.
Zohary, M.: Pflanzen der Bibel. Stuttgart 1983.

Bildnachweis

1. Farbfotos
Kunsthistorisches Museum Wien (2)
Klaus Imlau, Berlin (6)
Karin Ludwig, Eggersdorf (1)
Günter Ludwig, Eggersdorf (11)
Staatliche Museen zu Berlin (3)
Staatliche Museen Preußischer Kulturbesitz (4)
Hermann Haack, Geographisch-Kartographische Anstalt Gotha (1)
Sächsische Landesbibliothek Dresden, Abteilung Deutsche Fotothek (2)
Bayerische Staatsbibliothek, München (1)
Schloß Kiel, Rantzaubau (1)
Bibliothèque Nationale, Paris (1)
Alte Pinakothek, München (1)
Karl-Danzer-Furnierwerke, Reutlingen (16)
Interflug-Betrieb Fernerkennung, Industrie- und Forschungsflug (Freigabe unter Reg.-Nr. ZLB/L 33/65-112) (1)
Agentur Nowosti, Berlin (1)
Department of External Affairs, Canada (1)

2. Schwarz-Weiß-Fotos
Museum für Ur- und Frühgeschichte, Schwerin (1)
Günter Ludwig, Eggersdorf (4)
Sektion Forstwirtschaft der TU Dresden, Tharandt (1)
Museum für Deutsche Geschichte, Berlin (3)
Sächsische Landesbibliothek Dresden, Abt. Deutsche Fotothek (1)
Historisches Museum, Hannover (1)
Rheinisches Landesmuseum Trier (1)

Der Autor bedankt sich für die großzügige Unterstützung durch die Karl-Danzer-Furnierwerke, Reutlingen, bei Herrn Klaus Imlau, Museum für Naturkunde, Berlin, und bei allen Institutionen, die ihn bei der Bildbeschaffung unterstützten.

Redaktionsschluß: März 1990

ISBN 3-349-00588-8

Am Friedrichshain 22, Berlin 1055
Lizenz-Nr. 122 (508/90)
LSV 0309-01
Printed in Germany
Satz und Druck:
Interdruck GmbH Leipzig
Bestell-Nr.: 676 406 5